新工科·普 列教材

互换性与测量技术

第 2 版

主　编　刘卫胜
副主编　魏永杰　陈航伟
参　编　杨泽青　张　鹏　杨伟东

机械工业出版社

本书是高等学校机械类专业、测量技术与仪器类专业的学科基础课教材。全书共7章，主要内容有：产品几何量的加工误差与公差，零件几何量精度的设计基础，圆柱齿轮精度及应用，螺纹、单键、花键结合的公差与配合，尺寸链以及检测技术基础。

全书以几何量精度设计为主线，削枝强干，有利于教学和工程设计及应用。

本书可供机械类专业、测控技术与仪器专业的师生使用，也可供有关工程技术人员应用参考。

图书在版编目（CIP）数据

互换性与测量技术/刘卫胜主编. —2版. —北京：机械工业出版社，2023.3（2025.1重印）

新工科·普通高等教育机电类系列教材

ISBN 978-7-111-73031-6

Ⅰ.①互… Ⅱ.①刘… Ⅲ.①零部件-互换性-高等学校-教材②零部件-测量技术-高等学校-教材 Ⅳ.①TG801

中国国家版本馆 CIP 数据核字（2023）第 068236 号

机械工业出版社（北京市百万庄大街 22 号 邮政编码 100037）

策划编辑：王玉鑫 责任编辑：王玉鑫
责任校对：丁梦卓 王明欣 封面设计：张 静
责任印制：郜 敏

北京富资园科技发展有限公司印刷

2025 年 1 月第 2 版第 2 次印刷

184mm×260mm · 14.5 印张 · 359 千字

标准书号：ISBN 978-7-111-73031-6

定价：48.00 元

电话服务 网络服务

客服电话：010-88361066 机 工 官 网：www.cmpbook.com
010-88379833 机 工 官 博：weibo.com/cmp1952
010-68326294 金 书 网：www.golden-book.com

封底无防伪标均为盗版 机工教育服务网：www.cmpedu.com

前　言

"互换性与测量技术"课程是机械类、测量技术与仪器类专业的一门重要的技术基础课，它由互换性与测量技术两个联系密切的部分组成。该课程虽然经历多次教学改革，教材体系几度变革，但其互换性与测量技术这两方面的知识，始终是有关专业的学生和工程技术人员所必须掌握的。

近年来，该课程教材的版本已有几十种，可谓百花齐放、各具特色，但体系大都按典型零件及公差标准进行划分，而且内容又多以宣传贯彻标准为重点进行选取，以致"内容多而学时少"的矛盾日渐突出，也使"学以致用"的原则受到一定影响。

"互换性与测量技术"作为重要的学科基础课，也是落实立德树人的关键思政课程，全面把握新时代中国特色社会主义思想的深刻内涵，全面把握中国式现代化的要求和原则，快速推进党的二十大精神融入教材，内化贯穿，传递最新的理论成果。

本书是以几何量精度设计为主线，按突出重点的原则来编写的。全书共7章。

第1章绪论。介绍互换性与测量技术的基本概念。

第2章产品几何量的加工误差与公差。介绍产品几何量加工误差与公差的基本知识，并结合"产品几何技术规范（GPS）线性尺寸公差 ISO 代号体系""产品几何技术规范（GPS）几何公差""表面粗糙度"等基础标准进行阐述。

第3章零件几何量精度的设计基础。介绍零件几何量精度设计的基础内容，着重介绍产品几何技术规范（GPS）线性尺寸公差 ISO 代号体系、几何公差及表面粗糙度的选用。这三方面（尺寸公差、几何公差、表面粗糙度）的内容，约占实际零件设计及零件图样精度标注的90%以上，是几何量精度设计内容的核心，也是学生举一反三的基础。本章还列举了一些示例，并在书后安排了综合性作业题，以加强学生几何量精度设计方面初步能力的锻炼。

第4章圆柱齿轮精度及应用。这一章内容较复杂、难度较大，介绍典型零件的公差、配合与检测。

第5章螺纹、单键、花键结合的公差与配合。这一章可不在课堂讲授，学生在较好地掌握了前面几章内容之后，自学本章并不困难。

以上各章内容，覆盖了除"机械制图"之外的六项机械工业重要基础标准。

第6章尺寸链。本章是从几何量精度设计的角度讲解尺寸链的基本概念。

第7章检测技术基础。本章介绍检测技术的基础知识，宜结合实验课来学习。

本书在河北工业大学多年课堂教学的基础上，对内容进行了精选、调整和补充，力求削枝强干，强调少而精，全部采用现行国家标准。

本书由刘卫胜担任主编，魏永杰、陈航伟担任副主编。前言、第1~3章由刘卫胜编写，第4章由魏永杰编写，第5章由刘卫胜、张鹏、杨伟东编写，第6章由杨泽青编写，第7章由陈航伟编写。刘卫胜、张鹏进行了统稿工作，全书全部章节由刘卫胜审阅定稿。

由于编者水平有限，书中难免有不妥之处，望读者批评指正。

编　者

目 录

第1章

绪　论

1.1　机械产品与零件的精度要求及几何量误差

1.1.1　机械产品与零件的精度要求

现代机械产品的质量，包括工作精度、耐用性、可靠性、效率等，与产品的精度（尺寸、几何公差、表面粗糙度等）密切相关。在合理设计结构和正确选用材料的前提下，零、部件和整机的精度，就是产品质量的决定性因素。

当前，随着科学技术的发展和生产水平的提高，对产品精度的要求也越来越高。例如，生产车间使用的精度等级最低为 $630mm \times 400mm$ 的划线平板，其平面度误差，即工作面不平的误差，不得超过 $70\mu m$，和一般人的头发直径差不多。而 0 级千分尺测砧测量面的平面度误差，要求不大于 $0.6\mu m$。又如，作为尺寸传递媒介的量块（详见第 7 章），尺寸精度要求更高，尺寸为 $10mm$ 的 00 级量块，其长度的极限偏差不得超过 $\pm 0.06\mu m$。体现现代科技水平的大规模集成电路，要在 $1mm^2$ 面积的硅片上集成数以万计的元器件，其上的线条宽度约为 $1\mu m$，形状误差要小于 $0.05\mu m$。

当两个或多个零件相互配合组装在一起时，需要进一步考虑装配后的配合精度要求。例如，一般磨床主轴与滑动轴承装配后的间隙要求为几微米，间隙过小将旋转不灵活，润滑不充分，甚至烧伤卡死，损坏磨床；间隙过大则旋转精度不能满足加工要求。

对传动件，如齿轮副、丝杠副等，还有运动准确性、平稳性、可靠性及承载能力等要求。高精度的丝杠，其螺距误差也只允许几微米。

对部件和整机，也同样要有精度要求。例如，精度并不高的 CA6140 车床两顶尖的同轴度，即两顶尖轴线的重合程度，最大偏差不得超过 $10\mu m$；$0 \sim 25mm$ 的 0 级千分尺两测砧测量面的平行度误差，要求不大于 $1\mu m$，否则不能满足加工精度和测量精度的要求。

1.1.2　影响机械产品质量的几何量误差

任何零件都是由若干个实际表面形成的几何实体。因此，其几何量误差，不外乎单一表面尺寸大小的误差、表面的形状误差、表面之间的方向和位置误差及相互关联的尺寸误差（如两孔之间的中心距误差等）。在零件装配成部件或整机后，也有位置误差和关联尺寸的误差。例如，上面所说的量块长度偏差属于尺寸误差，划线平板和千分尺测量面的平面度误差属于形状误差，而千分尺两测量面的平行度误差和车床两顶尖的同轴度误差，则属于方向和位置误差。

其中，表面形状误差按产生的原因、表现形式和对产品质量影响的不同可分为以下三种：

（1）微观形状误差 一般称为表面粗糙度（旧国家标准曾称之为表面光洁度）。它是在机械加工中，因切削刀痕、表面撕裂、振动和摩擦等因素，在被加工表面上留下的间距较小的微小的起伏。它影响零件的配合松紧性质、疲劳强度、耐磨性和耐蚀性及美观等性能。

（2）中间形状误差 一般称为表面波度。它有较明显的周期性的波距和波高，只是在高速切削条件下才有时呈现，常见于滚动轴承套圈等零件。表面波度的波距一般认为是 1～10mm，小于 1mm 属微观形状误差，大于 10mm 属宏观形状误差。

（3）宏观形状误差 一般简称为形状误差。它产生的原因主要是加工机床和夹具本身有形状、方向和位置误差，还有零件加工中的受力变形和受热变形，以及较大的振动等。零件上的直线不直，平面不平，圆截面不圆，都属形状误差。

表面形状误差如图 1-1 所示。

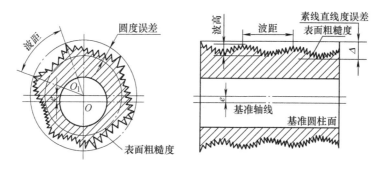

图 1-1 表面形状误差

宏观形状误差、方向和位置误差有许多相近之处，通常合称为几何量误差（形位误差）。它们影响零件的配合性质和密封性，加剧磨损，降低联接强度和接触刚度，直接影响整机的工作精度和寿命。

综合上述，机械产品的几何量误差分类如图 1-2 所示。

图 1-2 几何量误差分类

1.2 机械零件与产品的互换性

1.2.1 互换性的概念及其作用

现代化机械产品的生产是建立在互换性原则基础之上的。所谓互换性，是指按规定的技术条件和要求（主要是精度要求）来分别制造机械产品的各组成部分和零件，使其在装配和更换时，不需任何挑选（对批量生产）、辅助加工和修配，就能顺利地装入整机中的预定位置，并能满足使用性能要求。例如，汽车、拖拉机以至人们日常使用的自行车、手表等产品，都是按互换性要求生产的，如果有零件损坏，修理时可很快地用同样规格的备件直接换上，并能恢复其使用性能。当然，这样的零部件都具有互换性。广义的互换性除几何量参数外，还应包括机械性能（如硬度、强度）及理化性能（如材质成分、电气性能）等内容，本书讨论的主要是几何量参数的互换性。

互换性的优越性可分述如下：

（1）从生产的角度看 按互换性原则组织生产，可实行大规模的分工协作，尽可能多地采用标准化的刀、夹、量具和高效率的专用设备，组织专业化的流水生产线，从而有利于提高产品质量和生产效率，并降低成本。装配时不用修配，效率和工艺性也明显提高和改善。

（2）从设计的角度看 可大量采用按互换性原则设计，并经过生产实践检验的标准零、部件，以大幅度减少设计工作量；可采用标准化的计算方法和程序，进行高效率的优化设计。

（3）从使用角度看 不仅修配方便，而且有利于获得物美价廉的产品，在许多情况下，还有更明显的效益。例如，拖拉机等农用机械，迅速更换易损零件，可保证不误农时；发电设备的及时修复，可保障连续供电；战场上武器弹药的互换性，可保证不贻误战机等。由上述可知，互换性是机械制造中的重要生产原则和效果显著的技术经济措施。虽然互换性是伴随近代大规模生产，特别是军火生产而出现的，但互换性原则并不是仅限用于大批量生产。例如近年发展起来的，被称为机械工业生产重大改革阶段的柔性生产系统（F. M. S）和计算机集成生产系统（CIMS），可迅速在生产线上改变产品的规格和品种，以适应高精度、高效率、小批量的多品种生产，它对产品零、部件以及生产线本身的互换性和标准化程度要求更高。

1.2.2 保证互换性生产的基本技术措施

为使零件具有互换性，最理想的是使同一规格的零件的功能参数（包括几何量参数及材质等）完全相同。但这是办不到的，也不需这样要求。实际生产中，将零件的有关参数（主要是几何量参数）的量值，限制在一定的能满足使用性能要求的范围之内，这个允许参数量值的变动范围，就叫作"公差"。

公差的大小，主要应按产品和零件的使用性能要求来设计规定。例如，前面讲到的磨床主轴与滑动轴承装配后的间隙，有的要求为 $4 \sim 5 \mu m$，它决定于主轴和轴承直径的尺寸公差及相应的工艺措施；0 级千分尺测量面的平面度误差要求不大于 $0.6 \mu m$，是它的形状公差，装配后两测量面的平行度误差不大于 $1 \mu m$，是它的方向公差。

规定公差是保证互换性生产的一项基本技术措施。在设计机械产品时，合理地规定公差十分重要。公差过大，不能保证产品质量；公差过小，加工困难且成本增加。所以在设计规定公差时，要力求获得技术与经济的最佳综合效益。

至于生产出来的零件和产品是否都满足公差要求，那就要靠正确的测量和检验来保证，所以测量检验是保证互换性生产的又一基本技术措施。

实现互换性生产，还要求广泛的标准化。产品的品种规格要标准化、系列化；各种尺寸、参数要标准化；各种零件的公差与配合以及一些检测方式、方法也都要标准化。在满足使用要求的前提下，产品的规格、品种、参数以及公差与配合的种类，应尽可能减少，以利于互换性生产。

由以上可知，合理地规定公差，正确地测量和检验，广泛地实施标准化，都是保证互换性生产的基本技术措施。

1.3 标准化与优先数系

1.3.1 标准化

从概念上讲，标准化是指制定和贯彻技术标准，以促进经济发展的整个过程。而技术标准（简称标准）是从事生产、建设以及商品流通等活动的一种共同技术依据。它是以生产实践、科学试验及理论分析为基础而制定的，经一定程序批准后发布，作为共同遵守的准则和依据，在一定范围内具有强制性或推荐性约束力的标准。

1. 标准按适用的范围，标准可分为以下四类

（1）国际标准 国际标准化组织（ISO）是制定各种国际标准的主要组织，我国是正式成员国。由国际标准化组织制定的标准即国际标准。

（2）国家标准 我国的许多国家标准（GB）都是在结合我国生产实践的基础上，参照或参考 ISO 标准制定或更新的。

（3）行业标准 不同的行业，有不同的规范和技术依据，如有机电、化工标准。

（4）企业标准 新产品的研发和生产，如果没有合适的标准参考，为了规范企业的技术和生产活动，制定企业标准（QB）。

标准的国际化是当前标准化发展的重要特点。

2. 按标准化对象的特性，标准又可分为以下四类

（1）基础标准 是针对生产中最一般的共性问题，依据普遍的规律性而制定的，它具有广泛的指导意义，通用性很广泛。例如，各种公差与配合标准、制图标准、优先数与优先数系、标准长度和直径等，都是基础标准。

（2）产品标准 是对产品规格和质量所做的统一规定，它又分为产品系列标准和产品质量标准两类。

（3）方法标准 是对设计、生产、验收过程中的重要程序、规则和方法等所做的规定。

（4）安全和环境保护标准 是以安全和保护环境为目的而制定的标准。

在实际应用中，标准还有许多分类方法，如生产中除产品标准外，还有零件部件标准、原材料标准、工艺及工装标准等。有的部门标准还称为规程或规范，如各种计量器具的检定规程等。

总之，标准化的范围很广泛，作用很重要，涉及社会生产和生活的各个领域，而互换性生产更是和标准化分不开的。

本书所涉及的主要国家标准如下：

GB/T 321—2005《优先数与优先数系》。

GB/T 1804—2000《一般公差 未注公差的线性和角度尺寸的公差》。

GB/T 1800.1—2020《产品几何技术规范（GPS）线性尺寸公差 ISO 代号体系 第 1 部分：公差、偏差和配合的基础》。

GB/T 1800.2—2020《产品几何技术规范（GPS）线性尺寸公差 ISO 代号体系 第 2 部分：标准公差带代号和孔、轴的极限偏差表》。

GB/T 38762.1—2020《产品几何技术规范（GPS）尺寸公差 第 1 部分：线性尺寸》。

GB/T 38762.2—2020《产品几何技术规范（GPS）尺寸公差 第2部分：除线性、角度尺寸外的尺寸》。

GB/T 38762.3—2020《产品几何技术规范（GPS）尺寸公差 第3部分：角度尺寸》。

GB/T 3177—2009《产品几何技术规范（GPS）光滑工件尺寸的检验》。

GB/T 39645—2020《技术制图 几何公差符号的比例和尺寸》。

GB/T 13319—2020《产品几何技术规范（GPS）几何公差 成组（要素）与组合几何规范》。

GB/T 1182—2018《产品几何技术规范（GPS）几何公差 形状、方向、位置和跳动公差标注》。

GB/T 18780.1—2002《产品几何量技术规范（GPS）几何要素 第1部分：基本术语和定义》。

GB/T 18780.2—2003《产品几何量技术规范（GPS）几何要素 第2部分：圆柱面和圆锥面的提取中心线、平行平面的提取中心面、提取要素的局部尺寸》。

GB/T 17851—2010《产品几何量技术规范（GPS）几何公差 基准和基准体系》。

GB/T 1184—1996《形状和位置公差 未注公差值》。

GB/T 1958—2017《产品几何技术规范（GPS）几何公差 检测与验证》。

GB/T 4249—2018《产品几何技术规范（GPS）基础概念、原则和规则》。

GB/T 16671—2018《产品几何技术规范（GPS）几何公差 最大实体要求（MMR）、最小实体要求（LMR）和可逆要求（RPR）》。

GB/T 17852—2018《产品几何技术规范（GPS）几何公差 轮廓度公差标注》。

GB/T 131—2006《产品几何技术规范（GPS）技术产品文件中表面结构的表示法》。

GB/T 3505—2009《产品几何技术规范（GPS）表面结构 轮廓法 术语、定义及表面结构参数》。

GB/T 1031—2009《产品几何技术规范（GPS）表面结构 轮廓法 表面粗糙度参数及其数值》。

GB/T 10610—2009《产品几何技术规范（GPS）表面结构 轮廓法 评定表面结构的规则和方法》。

GB/T 12764—2019《滚动轴承 无内圈冲压外圈滚针轴承 外形尺寸、产品几何技术规范（GPS）和公差值》。

GB/T 7811—2015/ISO 15241：2012《滚动轴承 参数符号》。

GB/T 39741.2—2021《滑动轴承 公差 第2部分：轴和止推轴承的几何公差及表面粗糙度》。

GB/T 12764—2019/ISO 3245：2015《滚动轴承 无内圈冲压外圈滚针轴承 外形尺寸、产品几何技术规范（GPS）和公差值》

GB/T 307.1—2017《滚动轴承 向心轴承 产品几何技术规范（GPS）和公差值》。

GB/T 10095.1—2022《圆柱齿轮 ISO齿面公差分级制 第1部分：齿面偏差的定义和允许值》。

GB/T 10095.2—2008《圆柱齿轮 精度制 第2部分：径向综合偏差与径向跳动的定义和允许值》。

GB/Z 18620.1—2008《圆柱齿轮 检验实施规范 第1部分：轮齿同侧齿面的检验》。

GB/Z 18620.2—2008《圆柱齿轮 检验实施规范 第2部分：径向综合偏差、径向跳动、齿厚和侧隙的检验》。

GB/Z 18620.3—2008《圆柱齿轮 检验实施规范 第3部分：齿轮坯、轴中心距和轴线平行度的检验》。

GB/Z 18620.4—2008《圆柱齿轮 检验实施规范 第4部分：表面结构和轮齿接触斑点的检验》。

GB/T 13924—2008《渐开线圆柱齿轮精度 检验细则》。

GB/T 4459.2—2003《机械制图 齿轮表示法》。

GB/T 6443—1986《渐开线圆柱齿轮图样上应注明的尺寸数据》。

GB/T 5847—2004《尺寸链 计算方法》。

GB/T 14791—2013《螺纹 术语》。

GB/T 192—2003《普通螺纹 基本牙型》。

GB/T 193—2003《普通螺纹 直径与螺距系列》。

GB/T 9144—2003《普通螺纹 优选系列》。

GB/T 196—2003《普通螺纹 基本尺寸》。

GB/T 197—2018《普通螺纹 公差》。

GB/T 15756—2008《普通螺纹 极限尺寸》。

GB/T 9145—2003《普通螺纹 中等精度、优选系列的极限尺寸》。

GB/T 9146—2003《普通螺纹 粗糙精度、优选系列的极限尺寸》。

GB/T 2516—2003《普通螺纹 极限偏差》。

GB/T 1414—2013《普通螺纹 管路系列》。

GB/T 12716—2011《60°密封管螺纹》。

GB/T 3934—2003《普通螺纹量规 技术条件》。

GB/T 1095—2003《平键 键槽的剖面尺寸》。

GB/T 1096—2003《普通型 平键》。

GB/T 1144—2001《矩形花键尺寸、公差和检验》。

GB/T 6093—2001《几何量技术规范（GPS）长度标准 量块》。

GB/T 1957—2006《光滑极限量规 技术条件》。

1.3.2 优先数与优先数系

标准化要求各种参数系列化和简化，需将参数值（如公差值等）合理地分级分档，使其有恰当的间隔，以便应用。优先数系是国际上统一的数值分级制度，我国也采用这种制度。它有许多优点，应用广泛。

常用的数系有等差数系和等比数系，现行标准优先采用等比数系即优先数系。例如，数值系列1，2，3，…，10，11，12，…，100，101，102，…，其参数值按等差级数分档，虽然其相邻项的绝对差相等，但相对差不等，如1与2相对差为100%，而100与101为1%，这样先疏后密，参数值分档不合理。而采用等比级数分档，则可以避免等差级数的缺点。

优先数系可分为以下几种：

（1）基本系列 优先数系是一种十进制的等比级数。在现行标准中，规定了五个公比的数系，其表示方法和公比见表1-1。其中R5、R10、R20和R40为基本系列。

（2）补充系列 在表1-1中，R80为补充系列。现行标准规定的五公比数系中有四个基本系列和一个补充系列。

表1-1 优先数系及公比

优先数系	R5	R10	R20	R40	R80
公比	$\sqrt[5]{10}\approx1.6$	$\sqrt[10]{10}\approx1.25$	$\sqrt[20]{10}\approx1.12$	$\sqrt[40]{10}\approx1.06$	$\sqrt[80]{10}\approx1.03$

在1~10之间，R5系列有5个优先数，即1（不计），1.6，2.5，4，6.3，10；R10系列有10个优先数，即在R5的上列5个优先数中再插入1.25，2，3.15，5，8五个数（均为比例中项），依次类推。项值可从1开始向大于1和小于1两边延伸。理论优先数位数很多，或为无理数，需予以圆整，圆整后见表1-2。

表1-2 优先数基本系列数值（摘自 GB/T 321—2005）

R5	R10	R20	R40	R5	R10	R20	R40	R5	R10	R20	R40
1.00	1.00	1.00	1.00			2.24	2.24		5.00	5.00	5.00
			1.06				2.36				5.30
		1.12	1.12	2.50	2.50	2.50	2.50			5.60	5.60
			1.18				2.65				6.00
	1.25	1.25	1.25			2.80	2.80	6.30	6.30	6.30	6.30
			1.32				3.00				6.70
		1.40	1.40		3.15	3.15	3.15			7.10	7.10
			1.50				3.35				7.50
1.60	1.60	1.60	1.60			3.55	3.55		8.00	8.00	8.00
			1.70				3.75				8.50
	1.80	1.80	1.80	4.00	4.00	4.00	4.00			9.00	9.00
			1.90				4.25				9.50
	2.00	2.00	2.00			4.50	4.50	10.00	10.00	10.00	10.00
			2.12				4.75				

（3）派生系列 由于生产的需要，优先数还有派生系列。派生系列是从基本系列或补充系列 Rr 中，每p项取值导出的系列，以Rr/p表示，比值r/p是1~10，10~100等各个十进制数内项值的分级数。

派生系列的公比为

$$q_{r/p} = q_r^p = \left(\sqrt[r]{10} \right)^p = 10^{p/r}$$

比值 r/p 相等的派生系列具有相同的公比，但其项值是多义的。例如，派生系列 R10/3 的公比 $q_{10/3} = 10^{3/10} \approx 2$，可导出三种不同项值的系列：

$$1.00, 2.00, 4.00, 8.00$$
$$1.25, 2.50, 5.00, 10.0$$
$$1.60, 3.15, 6.30, 12.5$$

上述三种数列在工程生产中应用较为广泛。

（4）复合系列   由于生产需要，优先数系在取值时还可以采用不同的公比，形成多个公比的混合系列即复合系列。例如，10，16，25，35.5，50，71，100，125，160，…，这一数值系列，就是由 R5、R20/3 和 R10 三个系列值组成的复合系列。

1.3.3   优先数系主要特点

优先数系是等比数系，其主要优点如下：

1）各种相邻项的相对差相等，分档合理，疏密恰当，简单易记，有利于简化统一。

2）便于插入和延伸。例如，在 R5 系列中插入比例中项，即得 R10 系列，在 R10 系列中插入比例中项，即得 R20 系列，依此类推。数系两端都可按公比任意延伸。

3）计算方便。理论优先数（未经近似圆整）的积、商、整数乘方仍为优先数，其对数为等差数列，这对数值的传播有利。工程中一些常数也近似为优先数，如 $\pi \approx 3.15$，$\pi/4 \approx 0.8$，$\pi^2 \approx 10$，$\sqrt{2} \approx 1.4$，$\sqrt[3]{2} \approx 1.25$ 等，又如直径采用优先数，则传播到圆面积 $A = \pi D^2/4$，仍为优先数。

1.4   几何量检测技术及其发展概况

正确的测量和检验，是保证机械产品精度和互换性生产的基本措施之一。对于机械产品的检测，其中几何量检测是占比最大和最重要的部分。从机械制造发展的历程来看，几何量检测技术的发展，是与机械加工精度的提高相辅相成的。加工精度的提高，一方面要求并促进测量器具的测量精度也跟随提高；另一方面，加工精度本身也要通过精确的测量来体现和验证。

19 世纪中叶出现了游标卡尺，当时机械加工精度可达 0.1mm；20 世纪初，加工精度达到 0.01mm，可用千分尺测量；20 世纪 30 年代开始，成批生产了光学比较仪、测长仪、光波干涉仪和万能工具显微镜等当前仍在生产中广泛使用的光学精密量仪。当时相应的机械加工精度提高到了 1μm 左右。近年，精密机械加工的水平又有了很大的提高，高精密机床主轴的跳动误差要求不超过 0.01μm，导轨直线度要求为 0.3μm/m，空气轴承的回转精度在径向和轴向都要求为 0.02μm，这些参数的测量都要使用高精度的仪器和新的测量方法。几何量测量技术的发展，不仅促进了机械工业的发展，而且对其他工业部门，对科学技术，对内外贸易乃至对现代社会生活的方方面面，都起着重要的推动作用。美国的阿波罗登月计划，各种测试费用约占总开支的 40%；我国最近发射的可载人的宇宙飞船，所用测试设备数以万计，用以检测包括几何量在内的各种物理量。由此可见，测试技术对发展高科技的重要作用。我国有光辉灿烂的古代文明，检测技术就是这个文明的重要组成部分。早在商代我国就开始有象牙尺，秦始皇统一度量衡制，已有互换性加工的萌芽，这从西安秦兵马俑中出土的箭镞和弩机（一种远射的箭头和扳机）中得到证实。

新中国建立后，经过 70 多年的努力，我国已走过了西方发达国家 100 余年的科技发展历程，取得了很大成就。就几何量计量测试技术来说，主要的基准、标准（包括"米"定义的复现）已经建立，经国际对比，达到一般国际水平，个别项目还处于先进行列。全国建立了比较完善的计量机构，有统一的量值传递网。我国不仅可生产一般的精密量仪，还研制成功了许多先进的高科技仪器。近年各工矿企业的计量测试工作也发展迅速，解决了生产中的许多重大难题，取得了很好的经济效益。我国还颁布了《中华人民共和国标准化法》和《中华人民共和国计量法》，使标准化与计量工作走上了法制轨道。

目前几何量检测技术在大尺寸与微尺寸测量、超高温与超低温测量、超高压与超低压测量和动态检测技术等方面的新技术研究，仍然是重点发展方向。

1.5 本课程的研究对象及任务

本课程由互换性与测量技术两个联系密切的部分组成，是一门技术基础课。目前，本课程涉及的范围，还只限于几何量参数的互换性和检测。前者主要是学习研究偏差与配合的国家标准内容及其初步应用，是从精度的观点去分析研究机械零件及其结构的几何量参数，属精度设计的范畴；后者是学习测量技术的基本知识与技能，属计量学的范围，许多内容要通过实验课来学习。很多国家的高等院校，是将这两部分内容分设于两门或多门课程之内。总之，这两方面的知识，都是机械类和仪器仪表类专业的学生必须掌握的。

与本课程密切相关的前导课程有"工程图学""金属工艺学""机械原理"等，后续课程有"机械设计""机械制造工程"及有关专业的设计课程和工艺课程。特别是公差、偏差与配合的选用这一部分内容，更有待后续课程和课程设计及毕业设计去实践提高。

本课程需要掌握的内容如下：

1）掌握互换性和标准化的基本概念。

2）掌握几何量误差和公差的主要内容和特点，包括尺寸误差和公差、几何误差和公差、表面粗糙度以及它们之间的相互关系（公差原则和要求）。

3）能够根据机器和零件的功能要求，合理选用公差、偏差与配合，并在图样上正确标注。

4）掌握几何参数测量的基础知识和测量方法。

本课程要培养在装备制造领域掌握几何量精度设计方法、检测技术知识的设计和应用人才，为国民经济发展和中国特色社会主义建设服务。学习本课程时要理论联系实际，本课程术语代号及标准规定很多，实践性及实用性很强，在课程学习时要以精度设计的概念为基础，不断归纳、对比和总结，掌握互换性与测量技术学科内在的联系和规律，要重视实验课和实践课，它是验证基本知识、训练和掌握基本技能的重要教学环节。

习题与思考题

1-1 影响机械产品质量的几何量误差有哪些？各有什么特征？

1-2 试述互换性的含义、优越性及实现互换性生产的基本技术措施。

1-3 试列举若干互换性应用实例。

1-4 优先数系有什么优点？写出 R10 系列从 0.1～100 的全部优先数。

第2章
产品几何量的加工误差与公差

2.1 加工误差的基本概念

任何加工和测量都不可避免有误差存在，所谓精度较高，只是误差较小而已。

尺寸的加工误差是加工后得到的尺寸与设计要求的理想尺寸之差。关于理想尺寸，迄今还没有法定的定义，但一般理解为公差带中点的尺寸（公差带的概念后面再介绍）。测量误差，是测量结果与被测的量的真值之差。

误差按性质可分为以下三类。

（1）**系统误差** 在一定的加工或测量条件下，误差的数值（大小）和正负号（方向）均恒定不变或按一定可知规律变化的误差，称之为系统误差。

1）定值系统误差（常值系统误差）：当用钻头加工孔时，若钻头直径比要求的大0.05mm，则所加工的孔受该因素影响，将都有 +0.05mm 的定值系统误差。

2）变值系统误差：若钻头在加工孔的过程中有磨损，且磨损量有如图2-1所示规律，则所加工的一批孔，其直径误差也有按该规律变化的变值系统误差。

用游标卡尺测量尺寸，若游标卡尺有"-0.01"mm的对零误差，则所测尺寸都将因此而比正确结果小0.01mm，这是测量的系统误差。

对待系统误差，应仔细查找其大小和规律，并从测量结果中修正，或尽可能从根源上消除。

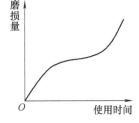

图2-1 刀具磨损
产生的误差

（2）**随机误差** 在一定的加工或测量条件下，误差的数值（大小）和正负号（方向）都以不可预知的方式变化，即数值在一定范围内可大可小、符号可正可负的误差，称之为随机误差。例如，加工时因材料性能不均匀，温度的波动变化，以及"机床-刀具-工件-夹具"组成的、工艺系统不规则的振动等因素引起的工件尺寸误差都是随机误差。由于这种误差具有随机性，故无法修正或完全消除。

对待随机误差，除查找根源并尽可能部分消除或减弱外，还要用数理统计的方法作理论分析，及通过试验估计出误差分布的大小范围和规律，以便心中有数，妥善处理。

（3）**粗大误差** 粗大误差是由于加工或测量人员的失误，或环境条件的突变（如较大的冲击、振动和来自电源的突变干扰等），或其他不正常因素造成的，其误差值也较大，故称粗大误差。

粗大误差应尽量避免，对混在一系列统计数据中，数值虽较大（或较小）但不明显的可疑数据，可按基于统计原理的一些准则来判断，如发现含有粗大误差，该数据应予以剔除。

前已述及，产品几何量误差按其特征可分为尺寸误差、几何误差和表面粗糙度。其中，几何误差包括形状、方向、位置和跳动误差。这里的形状误差是指宏观形状误差，而表面粗糙度是微观形状误差。下面分别予以介绍。

2.2　尺寸误差与公差

加工零件对极限与配合的需求主要是批量生产的、加工方法不精确的零件的互换能力造成的，这种需求与所发现的大多数工件要素没有要求尺寸"正确"的事实是吻合的。为了满足配合功能，在保证产品功能配合要求的前提下在加工制造中可以允许给定工件的尺寸有尺寸变动量，实际尺寸可以位于两个允许的极限尺寸之间。同样，两个不同零件的配合要素之间需要特定配合条件的场合，需要将一个变化量（或容量）赋予公称尺寸以得到所需要的间隙或过盈。基于国家标准 GB/T 38762 的产品几何技术规范（GPS），尺寸公差可以分为3 个部分：线性尺寸，除线性、角度尺寸外的尺寸及角度尺寸。

2.2.1　线性尺寸

1. 线性尺寸范围

GB/T 38762.1—2020 建立了线性尺寸的缺省规范操作集（见 GB/T 24637.2），并规定了面向"圆柱面""球面""圆环面""两相对平行面"以及"两相对平行直线"等尺寸要素类型的线性尺寸若干特定规范操作集，此外还规定了线性尺寸的规范修饰符及其图样表达。

线性尺寸的范围如下：

（1）局部尺寸　包括两点尺寸、球面尺寸、截面尺寸、部分尺寸。

（2）全局尺寸　包括直接和间接全局线性尺寸。

直接全局线性尺寸包括最小二乘尺寸、最大内切尺寸、最小外接尺寸、最小区域尺寸。

（3）计算尺寸　包括周长直径、面积直径、体积直径。

（4）统计尺寸　包括最大尺寸、最小尺寸、平均尺寸、中位尺寸、极值平均尺寸、尺寸范围、尺寸的标准偏差。

2. 术语和定义

（1）尺寸要素（feature of size）　由一定大小的线性尺寸或角度尺寸确定的几何形状，有线性尺寸要素（尺寸的线性要素）或角度尺寸要素（尺寸的角度要素）。

1）线性尺寸要素（feature of linear size）是具有线性尺寸的尺寸要素，有一个或者多个本质特征的几何要素，其中只有一个可以作为变量参数，其他的参数是"单参数族"中的一员，且这些参数遵守单调抑制性。线性尺寸要素分别为圆柱面、球面、两相对平行平面、圆（回转面与垂直于回转面轴线的平面的交线）、两相对平行直线（圆柱面与过圆柱面轴线的平面的交线，或者棱柱面与垂直于棱柱面中心面的平面的交线）、两相对圆（一对同轴回转面与垂直于公共轴线的平面的交线，即管的壁厚）。

2）角度尺寸要素（feature of angular size）属于回转恒定类别的几何要素，其母线名义上倾斜一个不等于0°或90°的角度，或属于棱柱面恒定类别，两个方位要素之间的角度由具有相同形状的两个表面组成。一个圆锥和一个楔块是角度尺寸要素。

（2）公称组成要素（nominal integral feature） 由设计者在产品技术文件中定义的理想组成要素。

1）公称要素（nominal feature）是由设计者在产品技术文件中定义的理想要素。公称要素可以是有限的或者是无限的，缺省时，它是有限的。

2）组成要素（integral feature）属于工件的实际表面或表面模型的几何要素。组成要素是从本质上定义的（如工件的肤面），它是从表面模型上或从工件实际表面上分离获得的几何要素，是工件不同物理部位的模型，特别是工件之间的接触部分，各自具有特定的功能。组成要素是实有定义的，即看得到、摸得着、直接感觉到的要素。例如，直线、曲线、圆柱面、球面等，都是组成要素。

（3）尺寸（size） 尺寸要素的可变尺寸参数，可在公称要素或拟合要素上定义。

线性尺寸（linear size）是以长度单位表征尺寸要素的尺寸。对不同线性尺寸要素类型而言，术语"直径""宽度"或"厚度"均与"尺寸"含义相同。

（4）尺寸特征（size characteristic） 与尺寸有关的特征，由提取组成要素定义。一个尺寸可由多个尺寸特征评定（如由提取要素获得的两点直径或拟合要素直径）。

（5）极限尺寸（limits of size） 尺寸要素的尺寸所允许的极限值。

1）上极限尺寸（upper limit of size，ULS）是尺寸要素允许的最大尺寸。孔用 D_{max} 表示，轴用 d_{max} 表示。

2）下极限尺寸（lower limit of size，LLS）是尺寸要素允许的最小尺寸。孔用 D_{min} 表示，轴用 d_{min} 表示。

（6）局部尺寸（local size） 根据尺寸特征的定义，沿和/或绕着尺寸要素的方向上，尺寸要素的尺寸特征会有不唯一的评定结果。对于给定要素，存在多个局部尺寸。

1）两点尺寸（two-point size）是提取组成要素线性尺寸要素上的两相对点间的距离。圆柱面上的两点尺寸称为"两点直径"，两相对平面上的两点尺寸称为"两点距离"。

2）球面尺寸（spherical size）是最大内切球面的直径。可用最大内切球面定义内尺寸要素及外尺寸要素的球面尺寸。

3）截面尺寸（section size）是提取组成要素给定横截面的全局尺寸。截面尺寸为完整被测尺寸要素的局部尺寸，横截面与直接全局尺寸的定义准则相同，在圆柱面型的提取要素上，可以得到无限多个横截面，进而可以定义拟合圆的直径（基于特定的拟合准则），即截面尺寸。

4）部分尺寸（portion size）是提取要素指定部分的全局尺寸。部分尺寸为完整被测尺寸要素的局部尺寸。

（7）全局尺寸（global size） 根据尺寸特征的定义，沿和/或绕着尺寸要素的方向上，尺寸要素的尺寸特征具有唯一的评定结果。

1）直接全局尺寸（direct global size）。全局尺寸等于拟合组成要素的尺寸，该拟合组成要素与尺寸要素的形状类型相同，其建立不受尺寸、方向或位置的限制。拟合组成要素（由提取组成要素获得）具有与尺寸要素相同的理想形状，其尺寸值是可变的。可采用不同的准则进行拟合操作，所得结果依赖于选用的准则。常见的拟合准则包括最小二乘、最大内切、最小外接以及最小区域准则。

① 最小二乘尺寸（least-squares size）：采用总体最小二乘（简称最小二乘，即要求拟合

组成要素与提取组成要素间的距离平方和最小）准则从提取组成要素中获得拟合组成要素的直接全局尺寸。

②　最大内切尺寸（maximum inscribed size）：采用最大内切准则从提取组成要素中获得拟合组成要素的直接全局尺寸。对于内尺寸要素而言，最大内切尺寸曾被称为"内要素的配合尺寸"，即拟合组成要素须内切于提取组成要素，且其尺寸为最大（提取组成要素与拟合组成要素相接触）。

③　最小外接尺寸（minimum circumscribed size）：采用最小外接准则从提取组成要素中获得拟合组成要素的直接全局尺寸。对于外尺寸要素而言，最小外接尺寸曾被称为"外要素的配合尺寸"，即拟合组成要素须外接于提取组成要素，且其尺寸为最小（提取组成要素与拟合组成要素相接触）。

④　最小区域尺寸（minimax size）/切比雪夫尺寸（chebyshev size）：采用最小区域准则从提取组成要素中获得拟合组成要素的直接全局尺寸。最小区域准则给出了包含提取组成要素的最小包络区域，且不受内、外材料约束，即提取组成要素与拟合组成要素上所有点之间距离的最大值最小，且不受材料约束。

2）间接全局尺寸（indirect global size）。间接全局尺寸可以是提取圆柱面上一组两点尺寸的平均值。间接全局尺寸可以是全局计算尺寸或统计尺寸。

（8）计算尺寸（calculated size）　通过数学公式计算得到的尺寸，反映了尺寸要素的本质特征与要素的一个或几个其他尺寸之间的关系。计算尺寸可以为局部尺寸，也可以为全局尺寸。

1）周长直径（circumference diameter）是（提取圆柱面的）计算尺寸，其直径 d 由下式获得：

$$d = \frac{C}{\pi}$$

式中，C 为横截面的提取组成轮廓线长度，所取横截面垂直于最小二乘拟合圆柱面的轴线。

周长直径由所取横截面决定；可用不同的准则进行拟合操作以确定横截面的方向，所选准则不同，则结果不同，缺省准则为圆柱面要素的最小二乘拟合（见 GB/T 24637.3—2020）；对于非凸要素，周长直径将大于最小外接直径；周长直径取决于所使用的滤波准则。

2）面积直径（area diameter）是（提取圆柱面的）计算尺寸，其直径 d 由下式获得：

$$d = \sqrt{\frac{4A}{\pi}}$$

式中，A 为横截面的提取组成轮廓线所围成的面积，所取横截面垂直于最小二乘拟合圆柱面的轴线。

面积直径由所取横截面决定；可用不同的准则进行拟合操作以确定横截面的方向，所选准则不同，则结果不同，缺省准则为圆柱面要素的最小二乘拟合（见 GB/T 24637.3—2020）。

3）体积直径（volume diameter）是（提取圆柱面的）计算尺寸，其直径 d 由下式获得：

$$d = \sqrt{\frac{4V}{\pi L}}$$

式中，V 为提取组成圆柱面所围体积；L 为圆柱面的长度，圆柱面位于两平行平面（垂直于最小二乘拟合圆柱轴线且两平面间距离最大）间，并包含要素的一个完整截面。

体积直径可用不同的准则进行拟合操作以确定横截面与圆柱面交线的方向以及定义 L，所选准则不同，则结果不同，缺省准则为圆柱面要素的最小二乘拟合（见 GB/T 24637.3—2020）；垂直于拟合最小二乘圆柱面拟合轴线的两平行平面，其间距最大且包含要素的一个完整截面。

（9）统计尺寸（rank-order size）　用数学方法，在沿和/或绕着被测要素获得的一组局部尺寸中定义的尺寸特征。可以用统计尺寸从局部尺寸中确定间接全局尺寸（两点尺寸、球面尺寸、截面尺寸、部分尺寸）；可以用统计尺寸从一个局部尺寸确定另一个局部尺寸，如通过截面内的两点尺寸获得统计截面尺寸。

1）最大尺寸（maximum size）是沿和/或绕着被测要素获得的一组局部尺寸的最大值定义的统计尺寸。

2）最小尺寸（minimum size）是沿和/或绕着被测要素获得的一组局部尺寸的最小值定义的统计尺寸。

3）平均尺寸（average size）是沿和/或绕着被测要素获得的一组局部尺寸的平均值定义的统计尺寸。

4）中位尺寸（median size）是沿和/或绕着被测要素获得的一组局部尺寸的中位值定义的统计尺寸。中位值允许局部尺寸总体均分为相等的两部分；中位尺寸与平均尺寸可能相同也可能不同，这取决于总体分配的函数。

5）极值平均尺寸（mid-range size）是沿和/或绕着被测要素获得的一组局部尺寸的最大值与最小值的平均值定义的统计尺寸。

6）尺寸范围（range of sizes）是沿和/或绕着被测要素获得的一组局部尺寸的最大值与最小值的差值定义的统计尺寸。

7）尺寸的标准偏差（standard deviation of size）是沿和/或绕着被测要素获得的一组局部尺寸的标准偏差定义的统计尺寸。标准偏差通过平方和的方式表示，即为对应符号中第二个字母"Q"的具体含义（见表2-1）。

（10）包容要求（envelope requirement）　最小实体尺寸控制两点尺寸，同时最大实体尺寸控制最小外接尺寸或最大内切尺寸。"包容要求"曾被称为"泰勒原则"。

1）用于外尺寸要素的包容要求（envelope requirement for external features of size）是由下极限尺寸控制两点尺寸，同时上极限尺寸控制最小外接尺寸。

2）用于内尺寸要素的包容要求（envelope requirement for internal features of size）是由上极限尺寸控制两点尺寸，同时下极限尺寸控制最大内切尺寸。

（11）公共被测尺寸要素（common toleranced feature of size）　将几个具有公共公差且相互独立的单一尺寸要素视为一个尺寸要素。

（12）联合尺寸要素（united feature of size）　将两个或多个单一组成要素的集合视为一个尺寸要素。联合尺寸要素是联合要素的子集。联合要素应为组成要素，但不一定为尺寸要素。

（13）相交平面（intersection plane）　由工件提取要素建立的平面，确定了提取平面（组成平面或者中心平面）内的一条线或提取线上的一点。

（14）方向要素（direction feature） 由工件提取要素建立的要素，确定了用以定义某一特征的距离和方向。

3. 规范修饰符与符号

GB/T 38762.1—2020 给出了 16 个线性尺寸规范修饰符和 13 个尺寸的补充规范修饰符，也可以采用尺寸特征类型、子类型及其拟合修饰符在尺寸规范中为上/下极限规范定义尺寸特征的特定类型。

线性尺寸规范修饰符见表 2-1。

表 2-1 线性尺寸规范修饰符（摘自 GB/T 38762.1—2020）

修饰符	描述	对应内容和说明
LP	两点尺寸	两点尺寸（two-point size）：（局部尺寸）提取组成要素线性尺寸要素上的两相对点间的距离
LS	由球面定义的局部尺寸	球面尺寸（spherical size）：（局部尺寸）最大内切球面的直径
GG	最小二乘拟合准则	最小二乘尺寸（least-squares size）：采用总体最小二乘准则从提取组成要素中获得拟合组成要素的直接全局尺寸
GX	最大内切拟合准则	最大内切尺寸（maximum inscribed size）：从提取组成要素中获得拟合组成要素的直接全局尺寸。对于内尺寸要素而言，最大内切尺寸曾被称为"内要素的配合尺寸"，即拟合组成要素须内切于提取组成要素，且其尺寸为最大
GN	最小外接拟合准则	最小外接尺寸（minimum circumscribed size）：从提取组成要素中获得拟合组成要素的直接全局尺寸。对于外尺寸要素而言，最小外接尺寸曾被称为"外要素的配合尺寸"，即拟合组成要素须外接于提取组成要素，且其尺寸为最小
GC	最小区域（切比雪夫）拟合准则	采用最小区域准则从提取组成要素中获得拟合组成要素的直接全局尺寸。最小区域准则给出了包含提取组成要素的最小包络区域，且不受内、外材料约束，即提取组成要素与拟合组成要素上所有点之间距离的最大值最小，且不受材料约束
CC	周长直径（计算尺寸）	周长直径（circumference diameter）：（提取圆柱面的）计算尺寸，其直径 d 由周长获得
CA	面积直径（计算尺寸）	面积直径（area diameter）：（提取圆柱面的）计算尺寸，其直径 d 由面积获得
CV	体积直径（计算尺寸）	体积直径（volume diameter）：（提取圆柱面的）计算尺寸，其直径 d 由体积获得
SX	最大尺寸[①]	最大尺寸（maximum size）：沿和/或绕着被测要素获得的一组局部尺寸的最大值定义的统计尺寸
SN	最小尺寸[①]	最小尺寸（minimum size）：沿和/或绕着被测要素获得的一组局部尺寸的最小值定义的统计尺寸
SA	平均尺寸[①]	平均尺寸（average size）：沿和/或绕着被测要素获得的一组局部尺寸的平均值定义的统计尺寸

（续）

修饰符	描述	对应内容和说明
(SM)	中位尺寸[1]	中位尺寸（median size）：沿和/或绕着被测要素获得的一组局部尺寸的中位值定义的统计尺寸
(SD)	极值平均尺寸[1]	极值平均尺寸（mid-range size）：沿和/或绕着被测要素获得的一组局部尺寸的最大值与最小值的平均值定义的统计尺寸
(SR)	尺寸范围[1]	尺寸范围（range of sizes）：沿和/或绕着被测要素获得的一组局部尺寸的最大值与最小值的差值定义的统计尺寸
(SQ)	尺寸的标准偏差[1]	尺寸的标准偏差（standard deviation of size）：沿和/或绕着被测要素获得的一组局部尺寸的标准偏差定义的统计尺寸

[1] 统计尺寸可用作计算部分尺寸、全局部尺寸和局部尺寸的补充。

尺寸的补充规范修饰符见表2-2。

表2-2 尺寸的补充规范修饰符（摘自 GB/T 38762.1—2020）

修饰符	描述	标注示例和说明
UF	联合尺寸要素	UF 3 × ϕ10 ± 0.1 (GN)：规范缺省适用于完整被测线性尺寸要素。当被测要素为完整要素时，无须添加额外标注。当规范应用于联合尺寸要素（UF）时，应在规范前标注 UFn×。3个单一组成要素的集合视为一个尺寸要素，并且该尺寸要素遵守最小外接拟合准则
(E)	包容要求	10 ± 0.1 (E)：极限尺寸遵守包容要求，最小实体尺寸控制两点尺寸，同时最大实体尺寸控制最小外接尺寸或最大内切尺寸。"包容要求"曾被称为"泰勒原则"
/Length	要素的任意限定部分	10 ± 0.1 (GG)/5：若规范应用于完整尺寸要素或尺寸要素固定限定部分的任一限定部分，应按照规范顺序标注，极限尺寸遵守最小二乘拟合准则，并在规范修饰符"/"后写出限定部分的长度值5mm（视为理论正确尺寸）
ACS	任意横截面	10 ± 0.1 (GX) ACS：线性尺寸要素的任意横截面内，极限尺寸遵守最大内切拟合准则
SCS	特定横截面	10 ± 0.1 (GX) SCS：线性尺寸要素的特定横截面内，极限尺寸遵守最大内切拟合准则
ALS	任意纵向截面	10 ± 0.1 (GX) ALS：线性尺寸要素的任意纵向截面内，极限尺寸遵守最大内切拟合准则
数字×	多个要素	2 × 10 ± 0.1 (E)：若规范作为独立要求应用于多个尺寸要素，规范修饰符"数字×"应作为规范的第一组成部分，注明规范应用的要素数目。表示两个尺寸要素的极限尺寸遵守包容要求

（续）

修饰符	描述	标注示例和说明
CT	公共被测尺寸要素	$2 \times 10 \pm 0.1$ Ⓔ CT：若规范应用于多个尺寸要素的集合且此集合可视为一个尺寸要素，规范修饰符"数字×"应作为规范的第一组成部分，注明规范应用的要素数目，且规范修饰符"CT"应按照其位置标注在规范中。将两个具有公共公差且相互独立的单一尺寸要素视为一个尺寸要素，表示公共被测尺寸要素遵守包容要求
Ⓕ	自由态条件	10 ± 0.1 Ⓛ︎Ⓟ ⓈⒶ Ⓕ：规范修饰符"Ⓕ"应用于非刚性零件，表示柔性零件自由态条件下尺寸要素的统计平均尺寸的两点尺寸在上、下极限尺寸间
←→	区间	$10 \pm 0.1A$ ←→ B：使用两个字母表明固定限定部分的起始和终点，标注在尺寸公差之后，并用"←→"符号隔开
◁ // A	相交平面	5 ± 0.02ALS ◁ // A：相交平面为由工件提取要素建立的平面，确定了提取平面（组成平面与基准 A 相交）内的一条线或提取线上的一点，表示尺寸特征为最小外接尺寸并且该尺寸定义在两提取组成线间的任意纵向截面内
← // A	方向要素	5 ± 0.02ALS ← // A：方向要素由工件提取要素建立的平面，确定了用以定义某一特征的距离和方向，表示尺寸特征为最小外接尺寸，该尺寸定义在两提取组成线间的任意纵向截面内并且方向平行于基准 A
⬡1	旗注	10 ± 0.1 ⬡1：当对尺寸规范应用补充要求时，应在规范后加注旗注，相应要求应在标题栏附近或补充文档中定义，如⬡1：极限尺寸为热处理前的尺寸

注：符号 UF 既可表示联合尺寸要素，又可表示联合非尺寸要素。

尺寸特征类型、子类型及其拟合修饰符见表2-3。

表2-3 尺寸特征类型、子类型及其拟合修饰符（摘自 GB/T 38762.1—2020）

尺寸特征类型	子类型	附加定义	拟合修饰符
局部尺寸	两点尺寸		Ⓛ︎Ⓟ
	球面尺寸		ⓁⓈ
	截面尺寸	用最小二乘拟合准则获得	ⒼⒼACS ⒼⒼALS ⒼⒼSCS
		用最大内切拟合准则获得	ⒼⓍACS ⒼⓍALS ⒼⓍSCS
		用最小外接拟合准则获得	ⒼⓃACS ⒼⓃALS ⒼⓃSCS

(续)

尺寸特征类型	子类型	附加定义	拟合修饰符
局部尺寸	截面尺寸	用最小区域拟合准则获得	ⒼⒸACS ⒼⒸALS ⒼⒸSCS
		采用周长直径的计算尺寸	ⒸⒸ
		采用面积直径的计算尺寸	ⒸⒶ
		局部尺寸的任意类型统计尺寸	ⓁⓅⓈⒶACS
	长度为 L 的部分尺寸	用最小二乘拟合准则获得	ⒼⒼ/20
		用最大内切拟合准则获得	ⒼⓍ/20
		用最小外接拟合准则获得	ⒼⓃ/20
		用最小区域拟合准则获得	ⒼⒸ/20
		采用体积直径的计算尺寸	ⒸⓋ/20
		截面尺寸、球面尺寸或两点尺寸的统计尺寸	ⓁⓅⓁⓈACSⓈⓍ $A \longleftrightarrow B$
全局尺寸	直接全局尺寸	用最小二乘拟合准则获得	ⒼⒼ
		用最大内切拟合准则获得	ⒼⓍ
		用最小外接拟合准则获得	ⒼⓃ
		用最小区域拟合准则获得	ⒼⒸ
	计算全局尺寸	采用体积直径的计算尺寸	ⒸⓋ
	间接全局尺寸	局部尺寸的统计尺寸	ⒼⓃACSⓈⓃ
局部与全局尺寸	包容要求	两点尺寸与最大内切或最小外接的组合	Ⓔ

4. 缺省尺寸规范操作集

（1）线性尺寸的基本 GPS 规范　当线性尺寸采用 GPS 规范时，应用尺寸的缺省规范操作集，见表 2-4。用于线性尺寸的基本 GPS 规范可为下列五种类型之一：

1）公称尺寸 ± 极限偏差。

2）公称尺寸后标注公差代号。

3）标注上、下极限尺寸值。

4）标注上极限或下极限尺寸值。

5）由公称尺寸定义的一般公差（该公称尺寸既不标注在括号内，也不是理论正确尺寸）。其中，带有 ISO 公差代号的规范与包含上、下极限偏差的规范是等价的。

表 2-4　尺寸的缺省规范操作集

内容	标注示例：圆柱面尺寸要素类型	标注示例：两相对平行平面尺寸要素类型	用于线性尺寸的基本 GPS 规范	说明
ISO 缺省尺寸规范操作集（无规范修饰符）是两点尺寸	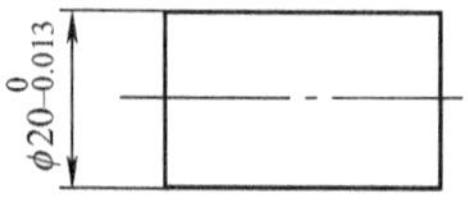 $\phi 20^{\ 0}_{-0.013}$	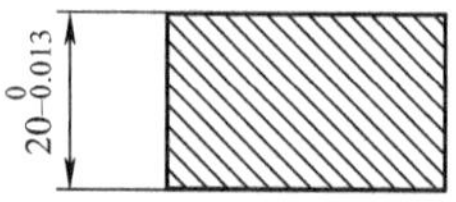 $20^{\ 0}_{-0.013}$	公称尺寸 ± 极限偏差	用极限偏差标注，极限尺寸是两点尺寸
	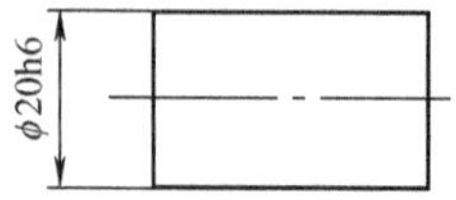 $\phi 20h6$	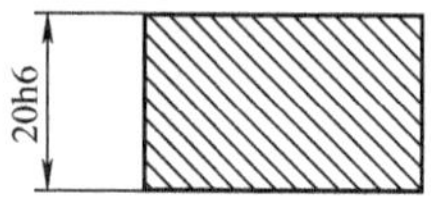 $20h6$	公称尺寸后标注公差代号	用公差代号标注，极限尺寸是两点尺寸
	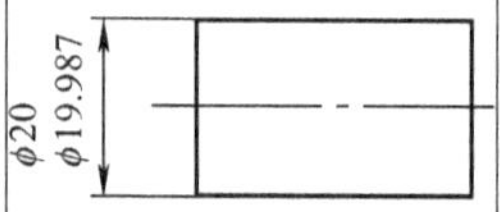 $\phi 20$ $\phi 19.987$	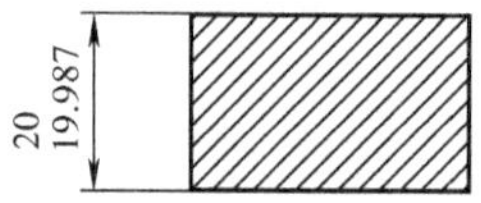 20 19.987	标注上、下极限尺寸值	用上、下极限尺寸标注，极限尺寸是两点尺寸
	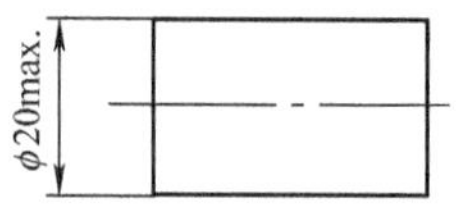 $\phi 20max.$	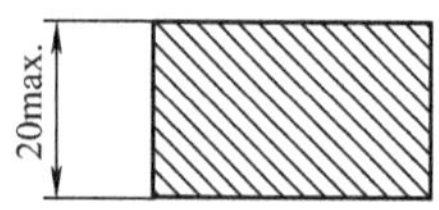 $20max.$	标注上极限或下极限尺寸值	用上极限尺寸值（加注 max.）或下极限尺寸值（加注 min.）标注，极限尺寸是两点尺寸
	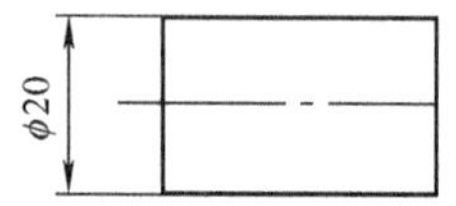 $\phi 20$	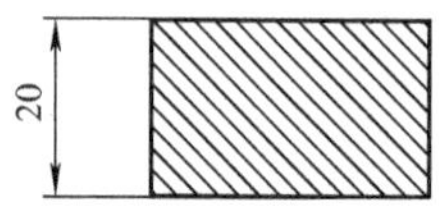 20	由公称尺寸定义的一般公差	尺寸 20 不标注极限偏差或公差代号，也可以在标题栏内标注 ISO2768-m（有关一般公差的内容见 GB/T 1804），极限尺寸是两点尺寸
图样特定的缺省尺寸规范操作集	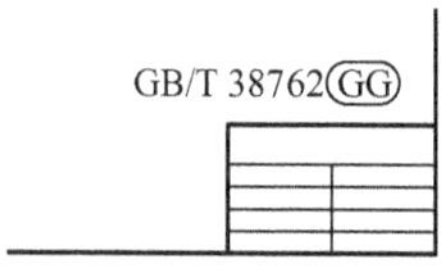 GB/T 38762 ⓖⓖ	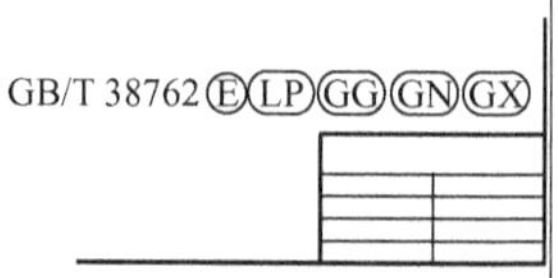 GB/T 38762 Ⓔ ⒧Ⓟ ⓖⓖ ⓖⓝ ⓖⓧ	标注在标题栏框内或标题栏附近	左图为该图样缺省的规范操作集并非两点尺寸，而是最小二乘尺寸。右图为该图样按标题栏附近标注顺序缺省

（2）ISO 缺省尺寸规范操作集（无规范修饰符）　ISO 缺省尺寸规范操作集（无规范修饰符）是两点尺寸。若两个极限尺寸都为两点尺寸（缺省），则不需要标注修饰符 ⒧Ⓟ。若两点尺寸只应用于两个极限尺寸之一时，应在有两点尺寸要求的相应极限尺寸或极限偏差后标注修饰符 ⒧Ⓟ。

（3）图样特定的缺省尺寸规范操作集　当图样中缺省尺寸规范操作集应用于尺寸规范时，需按下列顺序标注在标题栏内或者标题栏附近：

1）按照国家标准 GB/T 38762。

2）适用于所选线性尺寸缺省定义的规范修饰符。

示例："GB/T 38762 Ⓔ"表示缺省规范操作集为包容要求；"GB/T 38762 ⒸⒸ"表示缺省规范操作集为周长直径等。

5. 特定尺寸规范操作集的图样标注

缺省时，尺寸的公差标注可以应用于单一完整尺寸要素。也可标注为：公差应用于尺寸要素任意或特定的限定部分和多个尺寸要素。当尺寸特征的 ISO 缺省规范操作集不适用时，可以用规范修饰符标注具体的尺寸特定规范操作集。

（1）基本 GPS 规范及其标注规则 表 2-1 中给出的基本 GPS 尺寸规范（线性尺寸的规范修饰符）可以写成一行或两行。

1）尺寸规范标注在同一行（除非标注有包容要求，否则上、下极限尺寸采用相同规范操作集）：极限偏差对称于零点（极限偏差前标注"±"）；极限偏差由公差代号确定（公称尺寸后标注 ISO 公差代号）；由一般公差或作为单侧极限确定（上、下极限尺寸后标注"min."或"max."，分别指明下公差限或上公差限）。

尺寸要素为圆或圆柱面（公称尺寸前标注"ϕ"且无空格符）；尺寸要素为球面（公称尺寸前标注"$S\phi$"且无空格符）。若已经明确尺寸要素不使用一般公差，那么上述标注后应加空格符。

2）尺寸规范标注在两行（当采用两个极限偏差或两个极限尺寸定义 GPS 规范时，该尺寸规范应该写成两行）：下行应包括尺寸的公称值或下极限尺寸；上行应包括上极限偏差（不标注公称尺寸）或上极限尺寸；上、下极限偏差应以小数点对齐。

（2）特定规范操作集的标注 特定尺寸规范操作集的图样标注见表 2-5，一般有下述 3 种情况：

表 2-5 特定尺寸规范操作集的图样标注

标注内容	标注示例	特定规范操作集的标注	说明
尺寸特征的上、下极限尺寸应用于同一规范操作集	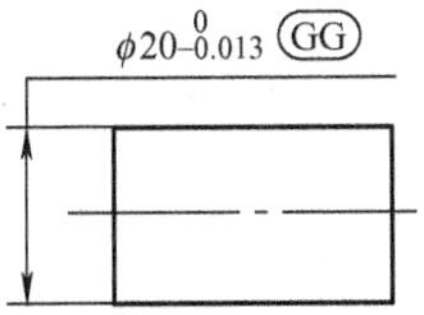 $\phi 20^{0}_{-0.013}$ ⒼⒼ	基于极限偏差的尺寸特定规范操作集，只需标注出一组规范修饰符	表示上、下极限尺寸由最小二乘拟合准则获得
	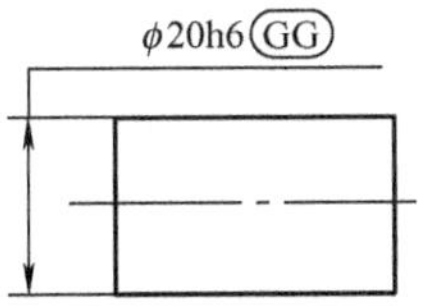 $\phi 20h6$ ⒼⒼ	基于公差代号的尺寸特定规范操作集	同上，与上面标注是等价的
	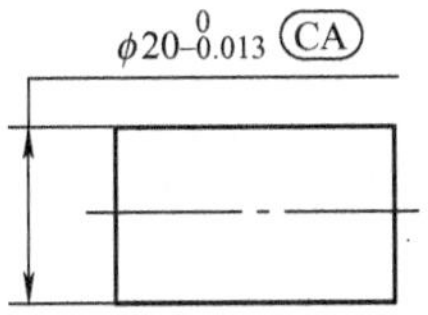 $\phi 20^{0}_{-0.013}$ ⒸⒶ	应用于上、下极限尺寸的相同规范操作集	用上、下极限尺寸标注，上、下极限尺寸是面积直径

（续）

标注内容	标注示例	特定规范操作集的标注	说明
尺寸特征的上、下极限尺寸应用于同一规范操作集	0.004 (SR) $\phi20\pm0.02$ (SD)	对直径标注的规范操作集：应用于上、下极限尺寸的统计尺寸相同规范操作集	$\phi20\pm0.02$ (SD)表示两点尺寸的极值平均尺寸值的上、下极限尺寸为$\phi(20\pm0.02)$ mm 0.004 (SR)表示两点尺寸值范围上极限为0.004mm
	0.002 (SR) ALS 〈≡ A〉 ϕD ϕd A	对厚度标注的规范操作集：应用于上、下极限尺寸的统计尺寸相同规范操作集	0.002 (SR) ALS 〈≡ A〉表示非理想表面的任意纵向截面内，任意位置的壁厚的两点尺寸值范围的上极限为0.002mm
	0.004 (SR) ACS 〈⊥ A〉 0.006 (SR) ALS 〈≡ A〉 ϕD ϕd A	对厚度标注的规范操作集：应用于上、下极限尺寸的统计尺寸相同规范操作集	0.004 (SR) ACS 〈⊥ A〉表示任意横截面内两点尺寸的尺寸范围的上极限为0.004mm 0.006 (SR) ALS 〈≡ A〉表示非理想表面的任意纵向截面内，任意位置的壁厚的两点尺寸值范围的上极限为0.006mm
	0.002 (SQ) $\phi20\pm0.1$	对直径标注的规范操作集：应用于上、下极限尺寸的统计尺寸相同规范操作集	0.002 (SQ)表示实际表面上任意位置的两点尺寸值的标准偏差的上限为0.002mm
尺寸特征的上、下极限尺寸应用于不同规范操作集	$\phi20$ (GN) $\phi19.987$ (GG) ACS	上、下极限尺寸采用不同特征的标注	规范操作集的尺寸特征为在任意横截面内，"最小外接"规范操作集应用于上极限尺寸；所注"最小二乘"规范操作集应用于下极限尺寸
	(GN) $\phi20h6$ (GG) ACS	采用公称尺寸与公差代号标注时，不同特征的标注	同上，与上面标注是等价的

（续）

标注内容	标注示例	特定规范操作集的标注	说明
尺寸特征的上、下极限尺寸应用于不同规范操作集	$\phi 20^{\ 0}_{-0.013}$ Ⓔ	包容要求Ⓔ是简化标注，可以应用于上、下极限尺寸的不同规范操作集	也可以等价表述为上、下极限尺寸两个单独的要求（见下面两个图）
	$\phi 20^{\ 0}_{-0.013}$ ⓖⓝ / ⓛⓟ	外尺寸要素（如轴）的上、下极限尺寸应用于不同规范操作集（等同于包容要求Ⓔ应用于外尺寸要素）	规范操作集的尺寸特征为：对于外尺寸要素"最小外接ⓖⓝ"规范操作集应用于上极限尺寸（最大实体尺寸）；"两点尺寸ⓛⓟ"规范操作集应用于下极限尺寸
	$\phi 20^{+0.013}_{\ 0}$ ⓛⓟ / ⓖⓧ	内尺寸要素（如孔）的上、下极限尺寸应用于不同规范操作集（等同于包容要求Ⓔ应用于内尺寸要素）	规范操作集的尺寸特征为：对于内尺寸要素，"两点尺寸ⓛⓟ"规范操作集应用于上极限尺寸；"最大内切ⓖⓧ"规范操作集应用于下极限尺寸（最大实体尺寸）
应用于一个线性尺寸要素的多个尺寸规范	$\phi 20^{\ 0}_{-0.013}$ Ⓔ/25 $\phi 20^{\ 0}_{-0.013}$ Ⓔ	同一尺寸要素应用不同尺寸规范操作集：可以在不同的尺寸线上标注	$\phi 20^{\ 0}_{-0.013}$ Ⓔ/25 表示任何限定长度为 25mm 以内的线性尺寸要素的包容要求 0/ -0.013 $\phi 20^{\ 0}_{-0.013}$ Ⓔ表示完整线性尺寸要素的包容要求 0/ -0.013

1）尺寸特征的上、下极限尺寸应用于同一规范操作集。

2）尺寸特征的上、下极限尺寸应用于不同规范操作集。

3）应用于一个线性尺寸要素的多个尺寸规范。

2.2.2　除线性、角度尺寸外的尺寸

1. 除线性、角度尺寸外的尺寸范围

GB/T 38762.2—2020 说明了应用尺寸规范控制线性、角度尺寸之外的尺寸时所引起的不确定度，以及用几何规范控制上述尺寸的益处。

尺寸公差可以用 ± 公差或几何规范来标注。

2. 术语和定义

（1）±公差标注（tolerancing）　用尺寸和极限偏差、尺寸极限值或单侧尺寸极限值进行标注的公差，符号"±"不宜理解为公称尺寸的极限偏差总是对称的。

（2）距离（distance）　不作为尺寸要素的两个几何要素之间的尺寸。距离可以是两组成要素之间的距离，或是一个组成要素和一个导出要素之间的距离，抑或是两个导出要素之间的距离。存在线性距离和角度距离。

1）线性距离（linear distance）是具有长度单位的距离。

2）角度距离（angular distance）是具角度单位的距离。

3. 不确定的±公差标注与确定的几何规范标注

对于线性尺寸或角度尺寸外的尺寸，将±公差标注应用于实际工件时，其要求是不确定的（规范不确定），因此为了避免标注的歧义或不确定，不推荐±公差标注这种不确定类型的规范，而是采用确定的几何规范。

不确定的几何规范（±公差标注）和确定的几何规范标注示例见表2-6。应该采用确定的几何规范标注，但可能会有几种不同的标注方式，本示例仅仅展示其中的一部分。

表2-6　不确定的几何规范和确定的几何规范标注示例

内容	标注示例：不确定的几何规范	标注示例：确定的几何规范	几何GPS规范类型	说明
距离	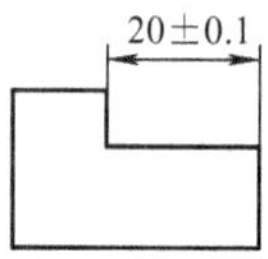 20 ± 0.1	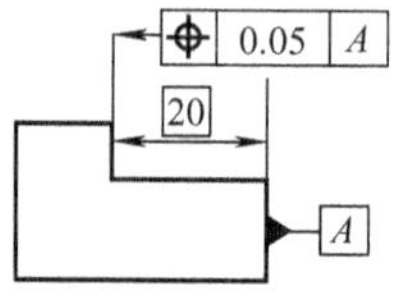 $\oplus$ 0.05 A　20　A	两个组成要素之间的距离	台阶距离的线性尺寸用±公差标注为不确定的几何规范；用位置度表达确定的几何规范
	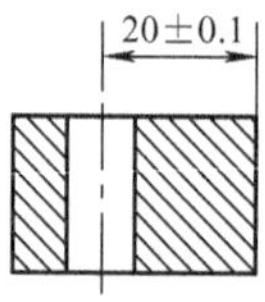 20 ± 0.1	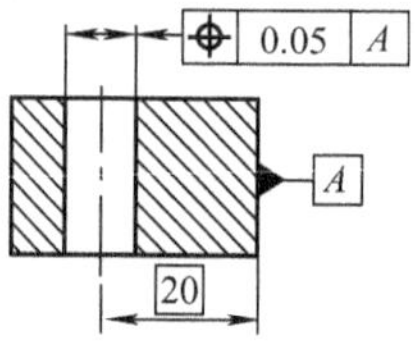 $\oplus$ 0.05 A　A　20	一个组成要素和一个导出要素之间的距离	端面与孔中心线距离的线性尺寸用±公差标注为不确定的几何规范；用位置度表达确定的几何规范
半径	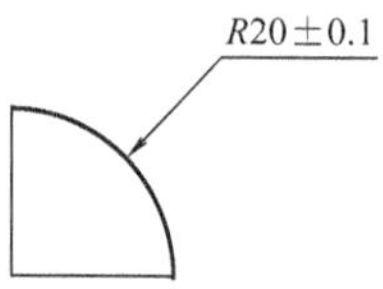 $R20\pm0.1$	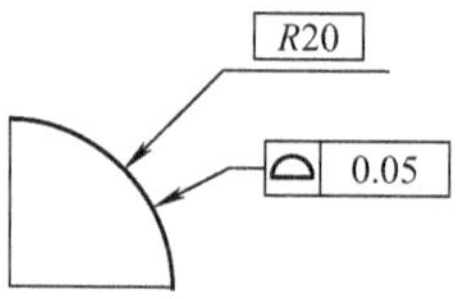 $R20$　◠ 0.05	一个组成要素到其导出要素之间的距离	半径的线性尺寸用±公差标注为不确定的几何规范；用面轮廓度表达确定的几何规范

2.2.3　角度尺寸

1. 角度尺寸范围

GB/T 38762.3—2020建立了角度尺寸的缺省规范操作集，并规定了面向"圆锥（截断如圆台或未截断）""楔形（截断或未截断）""两条相对直线（由垂直于楔形/截断楔形两平面相交直线的平面与楔形/截断楔形相交得到，由包含圆锥/圆台轴线的平面与圆锥/圆台相交得到）"等尺寸要素类型的角度尺寸的若干特定规范操作集。此外，还规定了角度尺寸的规范修饰符及其图样标注。

角度尺寸的范围如下：

（1）局部角度尺寸　包括两线之间的角度尺寸、部分角度尺寸。

（2）全局角度尺寸　包括直接全局角度尺寸和统计角度尺寸/间接全局角度尺寸。

直接全局角度尺寸包括最小二乘角度尺寸、最小区域角度尺寸。

统计角度尺寸/间接全局角度尺寸包括最大角度尺寸、最小角度尺寸、平均角度尺寸、中位数角度尺寸、极值平均角度尺寸、角度尺寸范围、角度尺寸的标准差。

2. 术语和定义

（1）角度尺寸（angular size）　圆锥的角度尺寸，两条共面相对直线间的角度尺寸或两个相对的非平行平面间的角度尺寸。角度尺寸由角度尺寸要素的公称要素或拟合要素进行定义。角度要素有回转体角度尺寸要素和棱形角度尺寸要素。包容要求不能应用于角度尺寸要素。

（2）局部角度尺寸（local angular size）　在特定的位置具有唯一的数值，沿和/或绕着角度尺寸要素时，具有不唯一数值的角度尺寸特征。对于给定的要素，存在无穷多个局部角度尺寸。

1）两线角度尺寸（two-line angular size）。由两条提取线所建立的拟合直线之间的角度，该提取线由与拟合角度尺寸要素交线垂直的横截面得到。建立两线角度尺寸的过程取决于要素的恒定类别：回转体表面或棱形表面。

① 回转体的两线角度尺寸（two-line revolute angular size）是由两条提取线的拟合直线得到的两线角度尺寸，对应的提取线由回转体要素与包含轴线的平面相交得到。拟合回转体要素的轴线是"直接拟合中线"。

② 棱形的两线角度尺寸（two-line prismatic angular size）是由两条提取线的拟合直线得到的两线角度尺寸，对应的提取线由两个提取表面与垂直于它们拟合相交直线的平面相交得到。

2）部分角度尺寸（portion angular size）是给定部分提取角度尺寸要素的全局角度尺寸。

（3）全局角度尺寸（global angular size）　对于整个被测角度尺寸要素，具有唯一数值的角度尺寸特征。

1）直接全局角度尺寸（direct global angular size）。由角度尺寸要素的一个拟合要素所定义的全局角度尺寸。

① 最小二乘全局角度尺寸（least squares global angular size）是使用最小二乘拟合准则的直接全局角度尺寸。

② 最小区域全局角度尺寸（minimax global angular size）是使用最小区域拟合准则的直接全局角度尺寸。

2）间接全局角度尺寸（indirect global angular size）。对于沿和/或绕角度尺寸要素获得的一组同类局部尺寸值，通过数学方法定义的全局角度尺寸。

3. 规范修饰符与符号

GB/T 38762.3—2020 给出了 11 个角度尺寸的规范修饰符和 7 个角度尺寸的通用规范修饰符，也可以采用角度尺寸特征类别、子类型及其拟合修饰符在角度尺寸规范中为上/下极限规范定义特定角度尺寸特征的修饰符顺序。

角度尺寸的规范修饰符见表 2-7。

表2-7 角度尺寸的规范修饰符（摘自 GB/T 38762.3—2020）

修饰符	描述	对应内容和说明
LC	采用最小区域拟合准则的两直线间角度尺寸	两线角度尺寸（two-line angular size）：由两条提取线所建立的拟合直线之间的角度，该提取线由与拟合角度尺寸要素交线垂直的横截面得到
LG	采用最小二乘拟合准则的两线角度尺寸	两线角度尺寸（two-line angular size）：由两条提取线所建立的拟合直线之间的角度，该提取线由与拟合角度尺寸要素交线垂直的横截面得到
GG	最小二乘拟合准则的全局角度尺寸	最小二乘全局角度尺寸（least squares global angular size）：使用最小二乘拟合准则的直接全局角度尺寸
GC	最小区域拟合准则的全局角度尺寸	最小区域全局角度尺寸（minimax global angular size）：使用最小区域拟合准则的直接全局角度尺寸
SX	最大角度尺寸[1]	最大角度尺寸（maximum angular size）：沿和/或绕着被测要素获得的一组局部角度尺寸的最大值定义的统计角度尺寸
SN	最小角度尺寸[1]	最小角度尺寸（minimum angular size）：沿和/或绕着被测要素获得的一组局部角度尺寸的最小值定义的统计角度尺寸
SA	平均角度尺寸[1]	平均角度尺寸（average angular size）：沿和/或绕着被测要素获得的一组局部角度尺寸的平均值定义的统计角度尺寸
SM	中位数角度尺寸[1]	中位数角度尺寸（median angular size）：沿和/或绕着被测要素获得的一组局部角度尺寸的中位数定义的统计角度尺寸
SD	极值平均角度尺寸[1]	极值平均角度尺寸（mid-range angular size）：沿和/或绕着被测要素获得的一组局部角度尺寸的最大值与最小值的平均值定义的统计角度尺寸
SR	角度尺寸范围[1]	角度尺寸范围（range of angular sizes）：沿和/或绕着被测要素获得的一组局部角度尺寸的最大值与最小值的差值定义的统计角度尺寸
SQ	角度尺寸的标准偏差[1,2]	角度尺寸的标准偏差（angular standard deviation of size）：沿和/或绕着被测要素获得的一组局部角度尺寸的标准偏差定义的统计角度尺寸

① 统计角度尺寸可以作为部分角度尺寸或全局的部分角度尺寸或局部角度尺寸的补充。

② SQ 代表均方根。

角度尺寸的通用规范修饰符见表2-8。

表2-8 角度尺寸的通用规范修饰符（摘自 GB/T 38762.3—2020）

修饰符	描述	标注示例	
		梯形角度尺寸要素	回转体角度尺寸要素
/线性距离	角度尺寸要素的任意限定部分	$35° \pm 1°/15$	$35° \pm 1°/15$
/角度距离	角度尺寸要素的任意限定部分	不适用	$35° \pm 1°/15$
SCS	特定横截面	$35° \pm 1°SCS$	不适用
Number x	多个角度尺寸要素	$2 \times 35° \pm 1°$	$2 \times 35° \pm 1°$
CT	公共被测角度尺寸要素	$2 \times 35° \pm 1°CT$	$2 \times 35° \pm 1°CT$
Ⓕ	自由状态	$35° \pm 1°Ⓕ$	$35° \pm 1°Ⓕ$
⟷	区间	$35° \pm 1°A \longleftrightarrow B$	$35° \pm 1°A \longleftrightarrow B$

注：1. 线性距离适用于梯形角度尺寸要素和回转体角度尺寸要素的轴线方向。

2. 角度距离适用于回转体角度尺寸要素的回转方向。

特定角度尺寸特征的修饰符顺序见表2-9。

表2-9 特定角度尺寸特征的修饰符顺序（摘自 GB/T 38762.3—2020）

角度尺寸特征的类别	子类型	附加定义	拟合修饰符
局部角度尺寸	两线角度尺寸		Ⓛ Ⓒ 或 Ⓛ Ⓖ
	长度为 L 范围的部分角度尺寸	用最小二乘拟合准则获得①	Ⓖ Ⓖ /20
		用最小区域拟合准则获得①	Ⓖ Ⓒ /20
		局部角度尺寸的统计角度尺寸；在部分上建立的角度尺寸	Ⓛ Ⓖ /20 Ⓢ Ⓝ
全局角度尺寸	直接全局角度尺寸	用最小二乘拟合准则获得	Ⓖ Ⓖ
		用最小区域拟合准则获得	Ⓖ Ⓒ
	间接全局角度尺寸	基于局部角度尺寸的统计角度尺寸	Ⓛ Ⓖ Ⓢ Ⓓ Ⓖ Ⓖ /10 Ⓢ Ⓓ

① 代表第二步拟合操作，最小二乘准则常用来定义第一步拟合操作。

4. 角度尺寸的缺省规范操作集

（1）角度尺寸的基本 GPS 规范 当角度尺寸采用 GPS 规范时，有关采用角度尺寸的缺省规范操作集见表2-10。用于角度尺寸的基本 GPS 规范可为下列四种类型之一：

表2-10 角度尺寸的缺省规范操作集

内容	标注示例：角度尺寸要素类型	用于角度尺寸的基本 GPS 规范	说明
ISO 缺省角度尺寸规范操作集（无规范修饰符）是采用最小区域拟合准则的两线角度尺寸	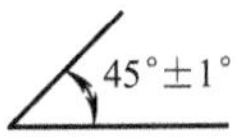 45°±1°	公称角度尺寸 ± 极限偏差	用角度极限偏差标注，极限尺寸是采用最小区域拟合准则的两线角度尺寸
	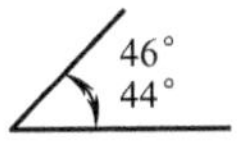 46° 44°	标注角度尺寸上极限值和下极限值	用上、下极限值标注，极限尺寸是采用最小区域拟合准则的两线角度尺寸
	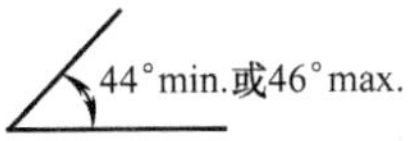 44°min.或46°max.	标注角度尺寸上极限值或下极限值	用上极限值（加注 max.）或下极限值（加注 min.）标注，极限尺寸是采用最小区域拟合准则的两线角度尺寸
	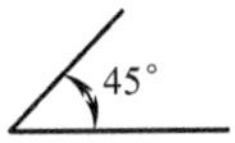 45°	一般公差	公称角度尺寸45°不标注极限偏差，也可以在标题栏内标注 GB/T 1804—f，采用最小区域拟合准则的两线角度尺寸
图样特定的缺省角度尺寸规范操作集	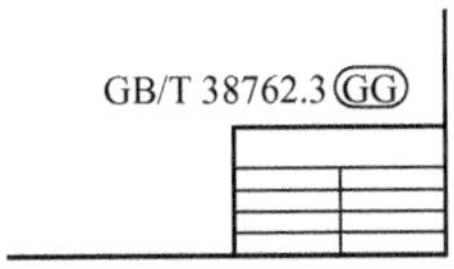 GB/T 38762.3 Ⓖ Ⓖ	标注在标题栏框内或标题栏附近	该图样缺省的规范操作集并非两线角度尺寸，而是采用最小二乘拟合准则的全局角度尺寸

1）公称角度尺寸±极限偏差。

2）标注角度尺寸上极限值和下极限值。

3）标注角度尺寸上极限值或下极限值。

4）公称角度尺寸，该公称角度尺寸既不标注在括号内，也不是理论正确尺寸，并且在标题栏内或者附近标明所采用的一般公差（标注 GB/T 1804—f）。

（2）角度尺寸的 ISO 缺省规范操作集　角度尺寸的 ISO 缺省规范操作集（无规范修饰符）是采用最小区域拟合准则的两线角度尺寸。当角度尺寸的两个极限角度尺寸都为两线角度尺寸（缺省）时，则不需要标注修饰符ⓛⒸ。

（3）角度尺寸的图样特定缺省规范操作集　当图样中缺省规范操作集应用于角度尺寸规范时，需按下列顺序标注在标题栏内或者标题栏附近：

1）按照国家标准 GB/T 38762；

2）适用于所选角度尺寸缺省定义的规范修饰符。

示例："角度尺寸 GB/T 38762.3"表示角度尺寸采用缺省规范操作集。

2.2.4　加工尺寸误差的统计分布

在正常的加工尺寸中，明显的系统误差应予以消除，粗大误差应予以剔除。这里讨论尺寸误差的统计分布，主要是对随机误差而言。

1. 正态分布规律

例 2-1　加工 150 个 ϕ50mm 的轴件，其尺寸都在 50.305～50.415mm 之间。这种分散是因随机误差造成的。

解： 现将工件按尺寸等分为 11 组，尺寸统计见表 2-11。

表 2-11　大批工件尺寸统计

序号	尺寸分组/mm	中间值 x_i'/mm	频数 m_i/个	频率 m_i/n（%）
1	= 50.305～50.315	50.31	1	0.7
2	> 50.315～50.325	50.32	3	2.0
3	> 50.325～50.335	50.33	8	5.3
4	> 50.335～50.345	50.34	18	12.0
5	> 50.345～50.355	50.35	28	18.7
6	> 50.355～50.365	50.36	34	22.7
7	> 50.365～50.375	50.37	29	19.3
8	> 50.375～50.385	50.38	17	11.3
9	> 50.385～50.395	50.39	9	6.0
10	> 50.395～50.405	50.40	2	1.3
11	> 50.405～50.415	50.41	1	0.7

尺寸的平均值 $\bar{x}$ 为

$$\bar{x} = \frac{\sum\limits_{i=1}^{150} x_i}{150} \approx \frac{\sum\limits_{i=1}^{11} m_i x_i'}{150} = 50.360\text{mm}$$

式中，m_i为各组尺寸出现的次数，即频数；x_i'为各分组中间值。

按表 2-11 中数据画出如图 2-2 所示的频率分布直方图。图中，横坐标按等距 Δx 分段，各直条方块面积之间的比例代表表 2-11 中各 m_i 值或 $\dfrac{m_i}{n}$（%）之间的比例，而全部直方面积的总和 A_Σ 为频率的总和，即

$$A_\Sigma = \sum_{i=1}^{11} \frac{m_i}{n} = 1(100\% \text{ 工件})$$

式中，n 为工件总数。

因为下面对随机误差进行估算时，要计算分布曲线下方的面积，所以，这里面积代表频率的概念很重要。

概率论的理论分析和实践都证明，当工件数目越多，以至趋于无穷多（$n \to \infty$），而分组间隔越小（$\Delta x \to 0$）时，图 2-2 中实测统计折线将越趋近于图 2-3 所示正态分布曲线。此时，表示频率的直条方块将越来越窄，其用百分比值表示的面积大小将各趋向某一定值，频率分布即转化为概率分布。频率分布规律只反映某一具体的实际统计规律，而概率分布规律则是一般实际统计的抽象概括，它可用于分析研究随机误差的一般特性，以及估算随机误差的大小范围。

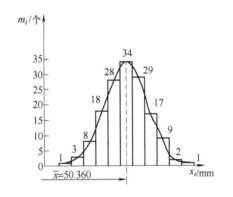

图 2-2　频率分布直方图

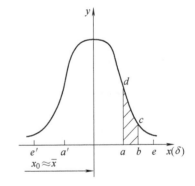

图 2-3　正态分布曲线

一般情况下，大批量工件的加工和测量见表 2-11。随机误差多为正态分布，正态分布曲线的方程如下：

$$y = \frac{1}{\sigma \sqrt{2\pi}} e^{-\frac{(x-x_0)^2}{2\sigma^2}} \tag{2-1}$$

式中，y 为随机变量（误差）的概率分布密度函数；x 为工件尺寸；x_0 为真实尺寸（即理想尺寸，一般为公差带中点），实际中以工件全部实际尺寸的算术平均值 $\bar{x}$ 来代替，也称平均尺寸、分散范围中心，统计学中为 x_i 的数学期望 $[Ex]$。

$$x_0 \approx \bar{x} = \frac{1}{n} \sum_{i=1}^{n} x_i$$

式中，n 为工件批量。

式（2-1）中，σ 为标准误差，也称标准偏差。因 σ^2 为方差，故也称方均根差。σ 值可

按贝塞尔公式计算，当 n 较大时，可用 n 代替其中的 $n-1$（证明从略）。

$$\sigma = \sqrt{\dfrac{\sum_{i=1}^{n}(x_i - \bar{x})^2}{n-1}} \qquad (2\text{-}2)$$

正态分布曲线说明随机误差存在以下规律。

1）曲线呈钟形：有一分散（分布）范围中心 $x_0 \approx \bar{x}$，偏离此中心越近，即误差越小的尺寸出现的概率越大，反之则出现的概率越小；中间高，两端低，表示靠近分散范围中心的工件占大多数，而远离分散范围中心只占少数。

2）曲线对称：随机误差对称于分散范围中心 $x_0 \approx \bar{x}$ 分布，即大小相等、符号相反的误差出现的概率相同；分散范围中心两侧同等间隔内，工件出现的概率相同。

3）曲线形状参数为 σ：σ 越小，曲线越陡峭，尺寸越集中，加工精度越高；反之，σ 越大，曲线越平坦，尺寸越分散，加工精度越低。

4）曲线分散范围为 $\pm 3\sigma$：按曲线方程，只有当 $x \to \pm\infty$ 时才有 $y \to 0$。但实际上，尺寸的分散总是在有限的范围之内（见表2-2），实际应用时也只是在 x 轴上取一定范围来作为随机误差大小的估算值（6σ）。

2. 利用概率积分函数，估算随机误差

正态分布曲线可看作是由无数类似图2-2中的长条方块所组成。面积 $abcd$（图2-3）就代表在 a 与 b 之间工件出现的概率，这样就可利用积分函数求面积的方法，来求解图中任一范围内（如 aa' 间、ee' 间）工件出现的概率。

对正态分布曲线求定积分，有

$$\phi(-\infty < x < +\infty) = \int_{-\infty}^{\infty} y(x)\,\mathrm{d}x = \frac{1}{\sigma\sqrt{2\pi}} \int_{-\infty}^{\infty} \mathrm{e}^{-\frac{(x-x_0)^2}{2\sigma^2}}\,\mathrm{d}x = 1$$

上式表示，正态分布曲线与横坐标包围的面积为1，代表了100%工件。

设正态分布曲线积分函数为 $\phi(x)$，表示工件从分散范围中心 x_0 到任意尺寸 x 出现的概率，则

$$\phi(x) = \int_{x_0}^{x} y(x)\,\mathrm{d}x = \frac{1}{\sigma\sqrt{2\pi}} \int_{x_0}^{x} \mathrm{e}^{-\frac{(x-x_0)^2}{2\sigma^2}}\,\mathrm{d}x \qquad (2\text{-}3)$$

引入参数 $z = (x - x_0)/\sigma = \Delta/\sigma$，统计学中称之为置信系数，则式(2-3)可转换为

$$\phi(z) = \int_{0}^{z} y(z)\,\mathrm{d}z = \frac{1}{\sqrt{2\pi}} \int_{0}^{z} \mathrm{e}^{-\frac{z^2}{2}}\,\mathrm{d}z \qquad (2\text{-}4)$$

式(2-4)中，$\phi(z)$ 为正态分布的概率积分函数，其值代表调整尺寸 x_0 到任意尺寸 x_i 或随机误差 $\delta_i = x_i - x_0$ 出现在 $0 \sim z\sigma$ 范围内的概率。随机误差有正有负，一般可用 $\pm z\sigma$ 表示其大小范围，相应的概率为 $2\phi(z)$，如图2-4所示。

不同 z 值的 $\phi(z)$ 值有表可查，常用数据见表2-12。

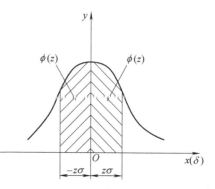

图2-4　正态分布概率

表 2-12 正态分布积分函数概率积分（摘录）

z	$\phi(z)$	$2\phi(z)$	z	$\phi(z)$	$2\phi(z)$
0.33	0.1293	0.2586	2	0.4772	0.9544
0.46	0.1772	0.3544	2.2	0.4861	0.9722
0.5	0.1915	0.3830	2.5	0.4938	0.9876
1	0.3413	0.6826	2.6	0.4953	0.9906
1.5	0.4332	0.8664	3	0.49865	0.9973
1.65	0.4505	0.9010	4	0.49997	0.9999
1.96	0.4750	0.9500	∞	0.5	1

由表 2-12 可以看出，当随机误差的范围估取为 $\pm 3\sigma$ 时，其相应的概率 $2\phi(z)$ 已达 99.73%，非常接近 100%，即在 370 个工件中，只有一个工件的尺寸会超过 $\pm 3\sigma$ 范围；若估取 $\pm 2\sigma$，则其概率为 95.44%。这些百分比，可代表估算随机误差的可信赖程度，称为置信概率。不能离开置信概率来估算随机误差，也不能只看误差大小而不考虑置信概率。

在置信概率确定后，即 $\pm z\sigma$ 中置信系数 z 确定之后，标准偏差 σ 就是决定随机误差大小的唯一参数。σ 越大，随机误差也越大；反之则越小。σ 值取决于所用加工方法和设备的精度，对测量误差来说，则表示测量方法和设备的精度，所以 σ 是一个很重要的精度参数。

3. 尺寸误差与尺寸公差的关系

设计时规定公差是为了限制误差，因此，要保证不因尺寸超差而出现废品，公差 T 应等于或稍大于加工的系统误差 $f_系$ 和随机误差 6σ（一般按 $\pm 3\sigma$ 估算）之和，即

$$T \geq f_系 + 6\sigma$$

在正常的生产条件下，如果明显的系统误差已予消除或修正（$f_系 = 0$），这时，公差主要是用来限制随机误差，即 $T \geq 6\sigma$，公差带的中心应与尺寸分布中心重合。

例 2-2 用车床加工一批 $\phi 60_{-0.120}^{0}$ 的轴件，选择 $\sigma = 0.02$mm 的方法加工，尺寸按正态分布，但对刀时没对准公差带中心，而是有 0.02mm 的偏差，此系统误差使尺寸偏大，如图 2-5 所示，试计算废品率。

解： 若对刀准确，$6\sigma = 0.12 = T$（工件公差），则恰好不出废品。因对刀有偏离，故实际上尺寸的分布如图 2-5 中右边曲线所示，致使一些零件尺寸过大，其概率（即废品率）如图中有剖面线的部分。

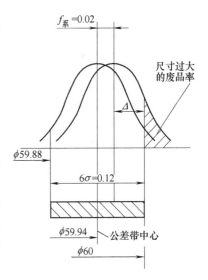

图 2-5 $f_系 = 0.02$ 的尺寸分布曲线

$$\Delta = \frac{T}{2} - f_系 = \left(\frac{0.12}{2} - 0.02 \right)\text{mm} = 0.04\text{mm}$$

$$z = \frac{\Delta}{\sigma} = \frac{0.04}{0.02} = 2$$

查表 2-12 知 $\phi(z) = \phi(2) = 0.4772$。

故废品率为 $0.5 - 0.4772 = 2.28\%$。

例 2-3　按例 2-2，车床加工 $\phi 60 \,_{-0.08}^{\ 0}$ 的一批轴件，σ 仍为 0.02mm，对刀偏离为 0.01mm，如图 2-6 所示，试计算废品率。

解：由图 2-6 可知，两端都有废品，应分别计算。

1）尺寸大于上极限尺寸的废品率

$$\Delta_1 = \frac{T}{2} - f_{系} = \left(\frac{0.08}{2} - 0.01\right)\text{mm} = 0.03\text{mm}$$

$$z_1 = \frac{\Delta_1}{\sigma} = \frac{0.03}{0.02} = 1.5$$

查表 2-12 知 $\phi(z) = \phi(1.5) = 0.4332$。

故废品率为 $0.5 - 0.4332 = 6.68\%$。

2）尺寸小于下极限尺寸的废品率

$$\Delta_2 = \frac{T}{2} + f_{系} = \left(\frac{0.08}{2} + 0.01\right)\text{mm} = 0.05\text{mm}$$

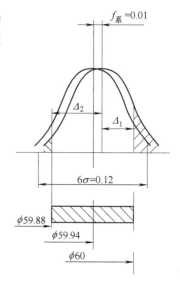

图 2-6　$f_{系} = 0.01$ 的尺寸分布曲线

$$z_2 = \frac{\Delta_2}{\sigma} = \frac{0.05}{0.02} = 2.5$$

查表 2-12 知 $\phi(z) = \phi(2.5) = 0.4938$。

故废品率为 $0.5 - 0.4938 = 0.62\%$。

3）总废品率为 $6.68\% + 0.62\% = 7.3\%$。

对刀误差为定值系统误差。由以上两例可知，定值系统误差影响分布曲线的位置，但不影响其分布规律，至于变值系统误差，则不仅影响分布曲线的位置，而且还会影响分布曲线的形状。因此，查找和清除系统误差非常重要。误差的概率分布，不仅适用于尺寸误差，也适用于其他形式的几何量误差及测量误差。

2.3　结合件的配合

机械产品中，许多零件是以一定形式和要求互相装配在一起的，其中用得最多、最典型的是光滑圆柱形孔与轴的配合。配合是公称尺寸相同且相互结合的孔与轴公差带之间的关系，这种关系决定配合的松紧程度。下面以孔、轴结合件的配合来说明配合中的基本术语和定义。

2.3.1　术语和定义

GB/T 1800.1—2020《产品几何技术规范（GPS）线性尺寸公差 ISO 代号体系　第 1 部分：公差、偏差和配合的基础》将术语和定义分为基本术语、公差和偏差相关术语、配合相关术语和 ISO 配合制相关术语四大类。

1. 基本术语

（1）尺寸要素（feature of size）　有线性尺寸要素和角度尺寸要素。

（2）公称组成要素（nominal integral feature）　由设计者在产品技术文件中定义的理想

组成要素，有公称要素和组成要素。

（3）孔（hole）　工件的内尺寸要素，包括圆柱形和非圆柱形的内尺寸要素（由两平行平面或切面形成的包容面）。其直径一般以字母 D 表示，如图 2-7 所示。

（4）基准孔（basic hole）　在基孔制配合中选作基准的孔。对于本代号体系即下极限偏差为零的孔。

（5）轴（shaft）　工件的外尺寸要素，包括圆柱形和非圆柱形的外尺寸要素（由两平行平面或切面形成的被包容面）。其直径一般以字母 d 表示，如图 2-7 所示。

（6）基准轴（basic shaft）　在基轴制配合中选作基准的轴。对于本代号体系即上极限偏差为零的轴。

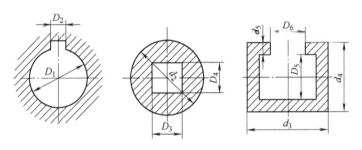

图 2-7　孔和轴的示意图

2. 公差和偏差相关术语

（1）公称尺寸（nominal size）　由图样规范定义的理想形状要素的尺寸。公称尺寸可以是一个整数或一个小数值（如：32、15、8.75、0.5、…），宜按标准取值；公称尺寸通常是设计时经过计算或根据经验给定的尺寸。

（2）实际尺寸（actual size）　拟合组成要素的尺寸。通过测量所得到的尺寸，又称测得尺寸。由于任何测量都存在误差，所以实际尺寸并非真实尺寸，而且不同的人员、时间、环境或测量器具，测得的尺寸往往不同。

（3）极限尺寸（limits size）　尺寸要素的尺寸所允许的极限值，有上极限尺寸和下极限尺寸。

（4）偏差（deviation）　某值与其参考值之差。对于尺寸偏差，某值是实际尺寸，参考值是公称尺寸。

（5）极限偏差（limit deviation）　相对于公称尺寸的上极限偏差和下极限偏差，极限尺寸减公称尺寸的代数差。

1）上极限偏差（upper limit deviation）（法文 Ecart superieur）：上极限尺寸减其公称尺寸所得的代数差。孔的上极限偏差代号用大写字母 ES 表示（用于内尺寸要素）；轴的上极限偏差代号用小写字母 es 表示（用于外尺寸要素）。

2）下极限偏差（lower limit deviation）（法文 Ecart inferieur）：下极限尺寸减其公称尺寸所得的代数差。孔的下极限偏差代号用大写字母 EI 表示（用于内尺寸要素）；轴的下极限偏差代号用小写字母 ei 表示（用于外尺寸要素）。

在图样标注中，孔为 ϕD_{EI}^{ES}，轴为 ϕd_{ei}^{es}。极限偏差值可为正、负或零，但上、下极限偏差不能同时为零。

（6）基本偏差（fundamental deviation）　确定公差带相对公称尺寸位置的那个极限偏差。基本偏差是最接近公称尺寸的那个极限偏差，它可以是上极限偏差也可以是下极限偏差，用字母表示（如 B、d）。

（7）Δ值（Δvalue）　为得到内尺寸要素的基本偏差，给一定值增加的变动值。

（8）公差（tolerance）　上极限尺寸与下极限尺寸之差，或上极限偏差减下极限偏差之差，它是允许尺寸的变动量。公差是一个没有符号的绝对值。孔和轴的公差一般以 T_h 和 T_s 表示。

1）公差极限（tolerance limits）：确定允许值上界限和/或下界限的特定值。

2）标准公差（standard tolerance）：线性尺寸公差 ISO 代号体系中的任一公差，用"IT"表示，代表"国际公差"。

3）标准公差等级（standard tolerance grade）：用常用标示符表征的线性尺寸公差值。在线性尺寸公差 ISO 代号体系中，标准公差等级标示符由"IT"及其之后的数字组成（如 IT7）。同一公差等级对所有公称尺寸的一组公差被认为具有同等精确程度。

4）公差带（tolerance interval）：公差极限之间（包括公差极限）的尺寸变动值。公差带包含在上极限尺寸和下极限尺寸之间，由公差大小和相对于公称尺寸的位置确定。公差带不是必须包括公称尺寸，公差极限可以是双边的（两个值位于公称尺寸两边）或单边的（两个值位于公称尺寸的一边）。对单边公差极限，特例是有一个公差极限为零。

5）公差带代号（tolerance class）：基本偏差和标准公差等级的组合。在线性尺寸公差 ISO 代号体系中，公差带代号由基本偏差标示符与公差等级组成（如 D13、h9 等）。

与尺寸有关的术语如图 2-8 所示。

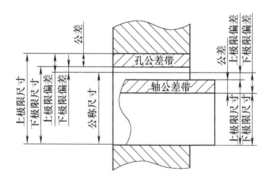

图 2-8　与尺寸有关的相关术语

例 2-4　求下列尺寸的极限偏差与公差，并画出公差带图。

$\phi 20_{-0.130}^{\ 0}$，$\phi 10_{\ 0}^{+0.015}$，$\phi 15_{-0.120}^{-0.050}$，$\phi 25_{+0.050}^{+0.120}$，$\phi 40_{-0.160}^{+0.160}$

解：上极限偏差分别为：0mm，+0.015mm，-0.050mm，+0.120mm，+0.160mm；下极限偏差分别为：-0.130mm，0mm，-0.120mm，+0.050mm，-0.160mm。

公差分别为：0.130mm，0.015mm，0.070mm，0.070mm，0.320mm，公差带图如图 2-9 所示。

为方便起见，在公差带图上标注极限偏差而不标注极限尺寸。

3. 配合相关术语

配合的相关术语仅与公称尺寸要素（理想形状）有关。

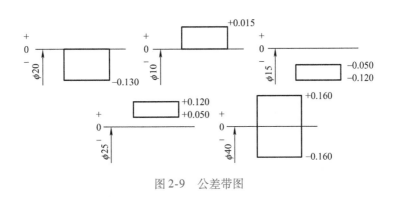

图 2-9　公差带图

（1）间隙（clearance）　当轴的直径小于孔的直径时，孔和轴的尺寸之差。在间隙计算中，所得到的值是正值。

1）最小间隙（minimum clearance）：在间隙配合中，孔的下极限尺寸与轴的上极限尺寸之差。

2）最大间隙（maximum clearance）：在间隙配合或过渡配合中，孔的上极限尺寸与轴的下极限尺寸之差。

（2）过盈（interference）　当轴的直径大于孔的直径时，相配孔和轴的尺寸之差。在过盈计算中，所得到的值是负值。

1）最小过盈（minimum interference）：在过盈配合中，孔的上极限尺寸与轴的下极限尺寸之差。

2）最大过盈（maximum interference）：在过盈配合或过渡配合中，孔的下极限尺寸与轴的上极限尺寸之差。

（3）配合（fit）　类型相同且待装配的内尺寸要素（孔）和外尺寸要素（轴）之间的关系。

1）间隙配合（clearance fit）：孔和轴装配时总是存在间隙的配合。此时，孔的下极限尺寸大于或极端的情况下等于轴的上极限尺寸。

2）过盈配合（interference fit）：孔和轴装配时总是存在过盈的配合。此时，孔的上极限尺寸小于或极端的情况下等于轴的下极限尺寸。

3）过渡配合（transition fit）：孔和轴装配时可能具有间隙或过盈的配合。在过渡配合中，孔和轴的公差带或完全重叠或部分重叠，因此，是否形成间隙配合或过盈配合取决于孔和轴的实际尺寸。

（4）配合公差（span of a fit）　组成配合的两个尺寸要素的尺寸公差之和。配合公差是一个没有正负号表示的绝对值，其表示配合所允许的变动量。间隙配合公差等于最大间隙与最小间隙之差，过盈配合公差等于最小过盈与最大过盈之差，过渡配合公差等于最大间隙与最大过盈之和。

4. ISO 配合制相关术语

ISO 配合制（又称基准制）指由线性尺寸公差 ISO 代号体系确定的孔和轴组成的一种配合制度。GB/T 1800.1—2020 规定了两种配合制，即基孔制配合和基轴制配合。每种配合制中都有一个基准件。

（1）基孔制配合（hole-basic fit system）　孔的基本偏差为零的配合，即孔的下极限偏差等于零，是孔的下极限尺寸与公称尺寸相同的配合制。所要求的间隙或过盈由不同公差带代号的轴与基本偏差为零的公差带代号的基准孔相配合得到。孔的基本偏差代号为 H, 其下极限偏差为零, 即 $EI=0$。基孔制配合的基准件是基准孔。

如图 2-10 所示, 表示基准孔 H 及基准孔的公差带与不同基本偏差的轴公差带之间可能的不同组合, 与它们的标准公差等级有关。限制公差带的水平实线代表基准孔或不同的轴的基本偏差; 限制公差带的虚线代表其他极限偏差。例如, $\phi25H8/p8$ 为基孔制过盈配合, 公称尺寸为 $\phi25mm$, 孔、轴公差等级同为 IT8, 轴的基本偏差为 p (或称为 p 配合)。

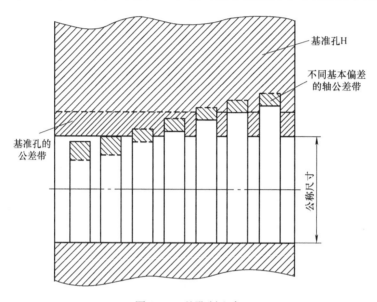

图 2-10 基孔制配合

(2) 基轴制配合 (shaft-basic fit system) 轴的基本偏差为零的配合, 即轴的上极限偏差等于零, 是轴的上极限尺寸与公称尺寸相同的配合制。所要求的间隙或过盈由不同公差带代号的孔与基本偏差为零的公差带代号的基准轴相配合得到。轴的基本偏差代号为 h, 其上极限偏差为零, 即 $es=0$。基轴制配合的基准件是基准轴。

如图 2-11 所示, 表示基准轴 h 及其基准轴的公差带与不同基本偏差的孔公差带之间可

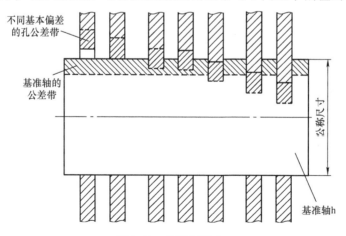

图 2-11 基轴制配合

能的不同组合，与它们的标准公差等级有关。限制公差带的水平实线代表基准轴或不同的孔的基本偏差；限制公差带的虚线代表其他极限偏差。例如，$\phi25G7/h6$ 为基轴制间隙配合，公称尺寸为 $\phi25mm$，孔和轴的公差等级分别为 IT7 和 IT6，孔的基本偏差为 G（或称为 G 配合）。

单从获得不同配合种类的角度看，基孔制和基轴制取其一即可满足需要，一般尽量采用基孔制，但在少数情况下必须采用基轴制。

2.3.2　结合件配合的计算

（1）间隙（clearance）　当轴的直径小于孔的直径时，孔和轴的尺寸之差，用 X 表示。

（2）过盈（interference）　当轴的直径大于孔的直径时，相配孔和轴的尺寸之差，用 Y 表示。

（3）配合（fit）　类型相同且待装配的内尺寸要素（孔）和外尺寸要素（轴）之间的关系。两配合件直径的公称尺寸必须相同。根据孔轴公差带的位置不同，配合可分为三种：

1）间隙配合（clearance fit）：孔和轴装配时总是存在间隙的配合。此时，孔的下极限尺寸大于或在极端情况下等于轴的上极限尺寸。

2）过盈配合（interference fit）：孔和轴装配时总是存在过盈的配合。此时，孔的上极限尺寸小于或在极端情况下等于轴的下极限尺寸。

3）过渡配合（transition fit）：孔和轴装配时可能具有间隙或过盈的配合。

（4）最小间隙（minimum clearance）　在间隙配合中，孔的下极限尺寸与轴的上极限尺寸之差。即

$$X_{min} = D_{min} - d_{max} = EI - es$$

（5）最大间隙（maximum clearance）　在间隙配合或过渡配合中，孔的上极限尺寸与轴的下极限尺寸之差。即

$$X_{max} = D_{max} - d_{min} = ES - ei$$

（6）最小过盈（minimum interference）　在过盈配合中，孔的上极限尺寸与轴的下极限尺寸之差。即

$$Y_{min} = D_{max} - d_{min} = ES - ei$$

（7）最大过盈（maximum interference）　在过盈配合或过渡配合中，孔的下极限尺寸与轴的上极限尺寸之差。即

$$Y_{max} = D_{min} - d_{max} = EI - es$$

在间隙配合中，极限值为最大间隙 X_{max} 和最小间隙 X_{min}，X_{min} 可以为零；在过盈配合中，极限值为最大过盈 Y_{max} 和最小过盈 Y_{min}，Y_{min} 可以为零；在过渡配合中，极限值为最大过盈 Y_{max} 和最大间隙 X_{max}，对符合过渡配合的一批零件，装配后的孔轴结合件一般是一部分有间隙，一部分有过盈。各种配合中的极限值也称为该配合的特征值。

（8）配合公差（span of a fit）　组成配合的两个尺寸要素的尺寸公差之和，是允许间隙或过盈的变动量，是一个没有正负号表示的绝对值，可用代号 T_f 表示。

对于间隙配合，配合公差等于最大间隙与最小间隙代数差的绝对值；对于过盈配合，配合公差等于最大过盈与最小过盈代数差的绝对值；对于过渡配合，配合公差等于最大间隙与最大过盈代数差的绝对值。不论哪类配合，配合公差总是等于孔公差与轴公差之和。例如，

过渡配合

$$T_\mathrm{f} = |X_\mathrm{max} - Y_\mathrm{max}| = (ES - ei) - (EI - es) = (ES - EI) + (es - ei) = T_\mathrm{h} + T_\mathrm{s}$$

例 2-5　已知孔 $\phi 20^{+0.052}_{0}$ mm，轴 $\phi 20^{-0.020}_{-0.072}$ mm，求极限间隙或过盈和配合公差，指出配合性质并画出公差带图。

解： 由孔轴的尺寸，知孔公差带全部在轴公差带之上，该结合件为间隙配合，其配合的特征值为 X_max 及 X_min。计算结果如下：

$$X_\mathrm{max} = ES - ei = [+0.052 - (-0.072)]\mathrm{mm} = +0.124\mathrm{mm}$$

$$X_\mathrm{min} = EI - es = [0 - (-0.020)]\mathrm{mm} = +0.020\mathrm{mm}$$

$$T_\mathrm{f} = |X_\mathrm{max} - X_\mathrm{min}| = |0.124 - 0.020|\mathrm{mm} = 0.104\mathrm{mm}$$

该配合为间隙配合，特征值取值均为正，图 2-12 所示为配合公差带图。

例 2-6　已知孔 $\phi 20^{-0.027}_{-0.048}$ mm，轴 $\phi 20^{0}_{-0.013}$ mm，求极限间隙或过盈和配合公差，指出配合性质并画出公差带图。

解： 由孔轴的尺寸，知孔公差带全部在轴公差带之下，该结合件为过盈配合，其配合的特征值为 Y_max 及 Y_min。计算结果如下：

$$Y_\mathrm{max} = EI - es = (-0.048 - 0)\mathrm{mm} = -0.048\mathrm{mm}$$

$$Y_\mathrm{min} = ES - ei = [-0.027 - (-0.013)]\mathrm{mm} = -0.014\mathrm{mm}$$

$$T_\mathrm{f} = |Y_\mathrm{max} - Y_\mathrm{min}| = |-0.048 - (-0.014)|\mathrm{mm} = 0.034\mathrm{mm}$$

该配合为过盈配合，特征值取值均为负，图 2-13 所示为配合公差带图。

例 2-7　已知孔 $\phi 20^{+0.033}_{0}$ mm，轴 $\phi 20^{+0.008}_{-0.013}$ mm，求极限间隙或过盈和配合公差，指出配合性质并画出公差带图。

解： 由孔轴的尺寸，知孔公差带和轴公差带交叠，该结合件为过渡配合，其配合的特征值为 X_max 及 Y_max。计算结果如下：

$$X_\mathrm{max} = ES - ei = [+0.033 - (-0.013)]\mathrm{mm} = +0.046\mathrm{mm}$$

$$Y_\mathrm{max} = EI - es = [0 - (+0.008)]\mathrm{mm} = -0.008\mathrm{mm}$$

$$T_\mathrm{f} = |X_\mathrm{max} - Y_\mathrm{max}| = |0.046 - (-0.008)|\mathrm{mm} = 0.054\mathrm{mm}$$

该配合为过渡配合，特征值取一正一负，图 2-14 所示为配合公差带图。

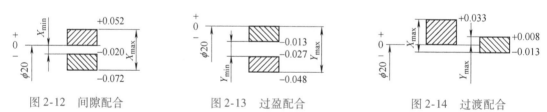

图 2-12　间隙配合　　　　图 2-13　过盈配合　　　　图 2-14　过渡配合

2.3.3　配合量的统计分析

配合量的概率分布，即孔与轴配合后间隙或过盈的概率分布，取决于孔和轴的尺寸分布。它对配合组件的特性与质量有直接影响。下面举例说明。

例 2-8　设 $\phi 15^{+0.027}_{0}$ mm 的孔与 $\phi 15^{+0.025}_{+0.007}$ mm 的轴相配合，若孔和轴的尺寸均为互相独立的正态分布，试分析配合后的间隙和过盈的分布情况。

解： 本例为过渡配合。

最大间隙 $X_{max} = +0.020mm$，最大过盈 $Y_{max} = -0.025mm$。

配合公差 $T_f = |X_{max} - Y_{max}| = |0.020 - (-0.025)|mm = 0.045mm$。

取置信概率 $p = 99.73\%$，由尺寸误差与尺寸公差的关系（$T \geqslant f_系 + 6\sigma$），当不考虑系统误差而只考虑随机误差时，故有：

$$\sigma_孔 = T_h/6 = 0.027/6mm = 0.0045mm$$

$$\sigma_轴 = T_s/6 = 0.018/6mm = 0.003mm$$

由统计学可知，配合后结合件的间隙及过盈，为配合前两个结合件孔和轴独立正态分布随机变量的合成变量，故也服从正态分布，其标准偏差为：

$$\sigma_f = \sqrt{\sigma_h^2 + \sigma_s^2} = \sqrt{0.0045^2 + 0.003^2}mm \approx 0.0054mm \qquad (2\text{-}5)$$

由图 2-15a 分析可知，配合量的概率分布中心为过盈，其值 $Y_c = -0.0025mm$。图 2-15b 所示为配合量的概率分布情况：过盈大于 0.0025mm 的概率为 50%（曲线下面积的一半）。

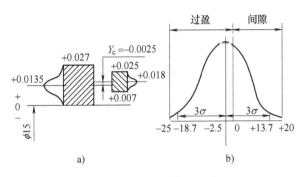

图 2-15 配合尺寸的统计分布

在 0 ~ 0.0025mm 之间的概率为 $\phi(z_c)$，$z_c = |-0.0025/\sigma_f|mm = 0.00046mm = 0.46\mu m$。

查表 2-12 可知，概率 $\phi(0.46) = 17.72\%$。故过盈的概率 $p_Y = 50\% + 17.72\% \approx 68\%$，间隙的概率 $p_X = 1 - p_Y \approx 32\%$。

2.3.4 统计公差的概念

在大批量生产自动调整加工的条件下，工件尺寸都是正态分布。但在有些工况下，工件尺寸并不服从正态分布。例如，加工一对结合件，用手动进刀加工轴，由于操作者担心尺寸过小而出现不可修废品，工件分布中心的尺寸往往偏大；同样，用手动进刀加工孔，由于操作者担心尺寸过大而出现不可修废品，工件分布中心的尺寸往往偏小。这样就出现了偏态分布，改变了结合件的配合性质。为了解决这类矛盾，可以采用统计公差，即不但规定工件尺寸的上、下极限偏差，还分不同区域规定工件数目的百分比。例如，"$\phi30 \pm 0.04P95\%$" 表示合格件不仅要在尺寸公差带内，而且至少有 95% 的工件尺寸在 "$\phi30 \pm 0.04$" 中心区域内。在生产中应按规定要求控制零件在加工中的尺寸分布。

采用统计公差可以提高装配精度，改善产品性能。但对工艺过程及测量都提出了复杂的要求，使成本增加，所以只是重要的配合件才采用统计公差。

2.4 线性尺寸公差 ISO 代号体系

为了实现互换性生产,公差、偏差和配合必须标准化。要规定出既能满足各方面设计和生产的广泛需要,而数量又尽可能少的公差和配合种类。公差、偏差和配合是国家标准按标准公差系列(公差带大小或公差数值)和基本偏差系列(公差带位置)分别标准化的原则制定的,它主要适用于圆柱形零件及其他一般的长度尺寸,也是各种典型零件尺寸精度设计的基础。

GB/T 1800 给出了国际上可以接受的线性尺寸公差代码制,目的是实现产品的功能配合。产品几何技术规范(GPS)线性尺寸公差 ISO 代号体系分为两个部分,"第 1 部分:公差、偏差和配合的基础(GB/T 1800.1—2020)"和"第 2 部分:标注公差代号和孔、轴的极限偏差表(GB/T 1800.2—2020)"。

GB/T 1800 建立了线性尺寸公差的 ISO 代号体系,其适应于"圆柱面"和"两相对平行面"类型的尺寸要素;定义了线性尺寸公差 ISO 代号体系的基本概念和相关术语(见2.3.1 小节);提供了从多种可选项中选取常用公差带代号的标准化方法。此外,对不受方向和位置约束的两尺寸要素配合的基本术语进行了定义,并对"基准孔"和"基准轴"原理进行了解释。线性尺寸公差 ISO 代号体系主要内容有公差带代号标示、极限偏差的确定、公差带代号的选取和配合的确定等。公差带代号包含公差大小和相对于尺寸要素的公称尺寸的公差带位置的信息(即大小和位置两个元素)。

2.4.1 标准公差系列

国家标准规定的用以确定公差带大小的公差值,称为标准公差值,见表 2-13。表中由公称尺寸和标准公差等级得到公差大小,表中的每一列给出了标准公差等级 IT01 ~ IT18 间任一个标准公差等级的公差值,表中的每一行对应一个尺寸范围。从 IT6 ~ IT18,标准公差是每 5 级乘以因数 10,该规则应用于所有标准公差,还可以应用于表中没有给出的 IT 等级的外插值。

表 2-13 公称尺寸至 3150mm 的标准公差值(摘自 GB/T 1800.1—2020)

公称尺寸		公差等级																		
		IT01	IT0	IT1	IT2	IT3	IT4	IT5	IT6	IT7	IT8	IT9	IT10	IT11	IT12	IT13	IT14	IT15	IT16	IT17	IT18
>	至	μm													mm						
—	3	0.3	0.5	0.8	1.2	2	3	4	6	10	14	25	40	60	0.10	0.14	0.25	0.40	0.60	1.0	1.4
3	6	0.4	0.6	1	1.5	2.5	4	5	8	12	18	30	48	75	0.12	0.18	0.30	0.48	0.75	1.2	1.8
6	10	0.4	0.6	1	1.5	2.5	4	6	9	15	22	36	58	90	0.15	0.22	0.36	0.58	0.90	1.5	2.2
10	18	0.5	0.8	1.2	2	3	5	8	11	18	27	43	70	110	0.18	0.27	0.43	0.70	1.10	1.8	2.7
18	30	0.6	1	1.5	2.5	4	6	9	13	21	33	52	84	130	0.21	0.33	0.52	0.84	1.30	2.1	3.3
30	50	0.6	1	1.5	2.5	4	7	11	16	25	39	62	100	160	0.25	0.39	0.62	1.00	1.60	2.5	3.9
50	80	0.8	1.2	2	3	5	8	13	19	30	46	74	120	190	0.30	0.46	0.74	1.20	1.90	3.0	4.6
80	120	1	1.5	2.5	4	6	10	15	22	35	54	87	140	220	0.35	0.54	0.87	1.40	2.20	3.5	5.4
120	180	1.2	2	3.5	5	8	12	18	25	40	63	100	160	250	0.40	0.63	1.00	1.60	2.50	4.0	6.3
180	250	2	3	4.5	7	10	14	20	29	46	72	115	185	290	0.46	0.72	1.15	1.85	2.90	4.6	7.2
250	315	2.5	4	6	8	12	16	23	32	52	81	130	210	320	0.52	0.81	1.30	2.10	3.2	5.2	8.1

（续）

公称尺寸		公差等级																			
		IT01	IT0	IT1	IT2	IT3	IT4	IT5	IT6	IT7	IT8	IT9	IT10	IT11	IT12	IT13	IT14	IT15	IT16	IT17	IT18
>	至					μm												mm			
315	400	3	5	7	9	13	18	25	36	57	89	140	230	360	0.57	0.89	1.40	2.30	3.6	5.7	8.9
400	500	4	6	8	10	15	20	27	40	63	97	155	250	400	0.63	0.97	1.55	2.50	4.0	6.3	9.7
500	630			9	11	16	22	32	44	70	110	175	280	440	0.70	1.10	1.75	2.80	4.4	7.0	11.0
630	800			10	13	18	25	36	50	80	125	200	320	500	0.80	1.25	2.00	3.20	5.0	8.0	12.5
800	1000			11	15	21	28	40	56	90	140	230	360	560	0.90	1.40	2.30	3.60	5.6	9.0	14.0
1000	1250			13	18	24	33	47	66	105	165	260	420	660	1.05	1.65	2.60	4.20	6.6	10.5	16.5
1250	1600			15	21	29	39	55	78	125	195	310	500	780	1.25	1.95	3.10	5.00	7.8	12.5	19.5
1600	2000			18	25	35	46	65	92	150	230	370	600	920	1.50	2.30	3.70	6.00	9.2	15.0	23.0
2000	2500			22	30	41	55	78	110	175	280	440	700	1100	1.75	2.80	4.40	7.00	11.0	17.5	28.0
2500	3150			26	36	50	68	96	135	210	330	540	860	1350	2.10	3.30	5.40	8.60	13.5	21.0	33.0

注：公称尺寸小于1mm时，无IT14～IT18。

表2-13 中为公称尺寸小于或等于3150mm的常用尺寸范围内的标准公差值。标准公差值是总结生产实践经验并结合理论分析按一定规律制定的，它不仅在全国，而且在国际上也是统一的。不管设计什么产品的什么尺寸，若无特殊需要，都应在此表中选取公差数值，它能满足各种精度要求。

由表2-13 可知，标准公差值决定于公差等级和公称尺寸两个因素。

1. 公差等级

标准公差等级用字符IT和等级数字来表示（如ITx）。公差等级分为20级，最高级为01级，用"IT01"表示；最低级为18级，用"IT18"表示。IT5～IT18 基本上是按 R5 优先数系（公比为1.6）计算的（见表2-14）；IT1 以上的高等级，主要考虑测量误差，采用线性关系式计算；IT2～IT4 的公差值在IT1～IT5 之间呈几何级数，其公比为 $(IT5/IT1)^{1/4}$。

2. 公称尺寸分段

公称尺寸（长度和直径）虽已标准化（可查有关手册），但数量很大，在每一公差等级中，若每个公称尺寸都规定一个标准公差，将会使标准公差数值表非常庞大，既不适用，也没必要。为了减少公差数目，统一公差值，简化表格，采取了公称尺寸分段的方法。即在一个尺寸段内，同一公差等级只规定一个公差值。常用尺寸范围的分段见表2-13，它也是按照一定的规律和方法制定的。

3. 标准公差因子（公差单位）

由表2-13 可以看出，公称尺寸段的尺寸越大，公差值也越大。公差是用以控制误差的，因此，制定的公差值系列应该反映误差规律。

实践证明，对小于或等于500mm 的尺寸，其加工误差与尺寸（直径 D）呈三次方根关系，与测量误差呈线性关系。为反映这种误差规律，建立了以下经验公式：

$$i = 0.45 \sqrt[3]{D} + 0.001D \tag{2-6}$$

式中，i 为标准公差因子（公差单位），是用以确定标准公差值的（μm）；D 为公称尺寸（mm）。

式（2-6）中，第一项反映加工误差，第二项反映测量误差。

对大于500～3150mm 的尺寸，其加工误差与尺寸（直径 D）呈线性关系，测量误差取统计分析结果为 2.1μm。为反映这种误差规律，建立了以下经验公式：

$$i = 0.004D + 2.1$$

4. 标准公差值

标准公差值是用公差等级系数 a 和标准公差因子 i 的乘积来确定的，即

$$IT = ai \tag{2-7}$$

不同公差等级的 a 值不同。IT5 系数 $a = 7$，IT6 系数 $a = 10$，IT7 系数 $a = 16$，其余按公比 1.6（优先数的 R5 系列）类推并圆整。在公称尺寸一定的情况下，公差等级系数是决定标准公差值大小的唯一参数。

对小于或等于 500mm 的常用尺寸，IT5 ~ IT18 的标准公差值计算式见表 2-14（IT01 ~ IT4 另有计算公式）。其具体计算方法如例 2-9。

表 2-14　公称尺寸小于或等于 500mm IT5 ~ IT18 的标准公差值计算　（单位：μm）

公差等级	IT5	IT6	IT7	IT8	IT9	IT10	IT11
标准公差值	$7i$	$10i$	$16i$	$25i$	$40i$	$64i$	$100i$
公差等级	IT12	IT13	IT14	IT15	IT16	IT17	IT18
标准公差值	$160i$	$250i$	$400i$	$640i$	$1000i$	$1600i$	$2500i$

例 2-9　计算 ϕ30mm IT6 的标准公差值。

解：ϕ30mm 属于 >18 ~ 30mm 的尺寸段（注意：不属大于 30 ~ 50mm 的尺寸段）。计算时直径 D 取该尺寸段首尾的两个尺寸（18 和 30）的比例中项，即

$$D = \sqrt{18 \times 30}\,\text{mm} = 23.24\,\text{mm}$$

于是标准公差因子为

$$i = (0.45\sqrt[3]{23.24} + 0.001 \times 23.24)\,\mu\text{m} = 1.31\,\mu\text{m}$$

IT6 的公差等级系数 $a = 10$，所以

$$IT6 = ai = 10 \times 1.31\,\mu\text{m} \approx 13\,\mu\text{m}$$

此数值和从表 2-13 中查取的结果一样。表 2-13 中其他的各公差值都是按以上方法计算后圆整得到的。在设计和工程应用中，不需要再进行标准公差值的计算，只需按表 2-13 查取应用。

5. 线性尺寸公差 ISO 代号体系公差带代号标示

公差带代号可以分解为基本偏差标示符和标准公差等级。由标准公差等级数得到标准公差等级（如 IT7）。当标准公差等级与代表基本偏差的字母组合形成公差代号时，IT 符号省略（如 H7）。对于孔和轴，公差带代号分别用代表孔的基本偏差的大写字母和代表轴的基本偏差的小写字母与代表标准公差等级的数字的组合标示（如孔 H7 和轴 h7）。

2.4.2　基本偏差系列（公差带的位置）

公差、偏差与配合的标准化，也就是公差带的标准化。公差值决定公差带大小，配合决定孔、轴公差带的相互位置。

1. 基本偏差的构成规律

（1）基本偏差　确定公差带相对公称尺寸位置的那个极限偏差。基本偏差是标示符

（字母）和被测要素的公称尺寸的函数。如图 2-16 中带箭头的尺寸线所指的极限偏差，当由基本偏差标示的公差极限位于公称尺寸之上时，基本偏差为下极限偏差，用"＋"号标示；当由基本偏差标示的公差极限位于公称尺寸之下时，基本偏差为上极限偏差，用"－"号标示。跨越公称尺寸的公差带取距公称尺寸近的偏差为基本偏差。基本偏差是决定公差带位置的唯一参数。因此，配合的标准化，取决于基本偏差的标准化。

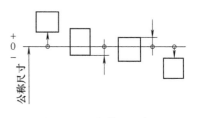

图 2-16　基本偏差示意图

（2）另一个极限偏差的确定　另一个极限偏差（上或下）由基本偏差和标准公差确定。

（3）基本偏差构成规律　国家标准中对孔和轴都各规定了 28 种基本偏差，用拉丁字母作代号（按顺序排列），大写字母表示孔（A，…，ZC），小写字母表示轴（a，…，zc），基本偏差构成规律如图 2-17 所示。

在全部 26 个字母中，采用了 21 个。除去 I、L、O、Q、W（i、l、o、q、w），其原因是这 5 个字母在科技资料中引用较多，应避免混淆。后来陆续增加了 7 个双字母代号，即：

1）用于小尺寸间隙配合的 CD（cd）、EF（ef）和 FG（fg），分别插在 C 与 D、E 与 F 和 F 与 G 之间。

2）用于特大过盈配合的 ZA（za）、ZB（zb）和 ZC（zc）。

3）公差带完全对称于公称尺寸线的 JS（js）。基本偏差的概念不适用于 JS（js），因为它们的公差极限是相对于公称尺寸线对称分布的。公差带跨越公称尺寸线的还有 J（j），但不对称于公称尺寸线。

从图 2-17 可看出，孔 A～H 与基准轴 h、轴 a～h 与基准孔 H 配合后为间隙配合，其余为过渡配合及过盈配合。

2. 轴的基本偏差值

从配合的角度看，基孔制下不同性质的配合可以改变轴的基本偏差类型。

轴的基本偏差数值见表 2-15，这些数值基本上都是按一定的经验公式计算得到的。

a～h 用于间隙配合，基本偏差的绝对值恰为配合后的最小间隙值。故基本偏差的确定按间隙配合的使用要求，从最小间隙考虑。

j～n 主要用于过渡配合（m、n 在少数情况下出现过盈配合），其间隙和过盈都不是很大，可保证孔、轴配合时能较好地对中和定心，拆卸也不困难。其基本偏差一般按统计方法和经验数据来确定。

p～zc 主要用于过盈配合（p、r 在少数情况下出现过渡配合），其基本偏差是与一定公差等级的孔相配后并得到一定的最小过盈来确定的。

由表 2-15 可以看出，从整体上讲，公差、偏差与配合的标准化是互不相关的，基本偏差的大小与公差值的大小（公差等级）也无关，但过渡配合中的 j（J）与 k 例外。

每个基本偏差代号，原则上都适用于 20 个公差等级，但 j（J）例外。轴 j 只有 5、6、7、8 四个公差等级，孔 J 只有 6、7、8 三个公差等级，j（J）只用于某些滚动轴承的配合，且有被 js（JS）取代之势。

上述这些情况都是制定标准时因复杂的历史原因造成的，应用时以查表为准。从表 2-15 查得基本偏差值后，要注意明确其为上极限偏差还是下极限偏差。

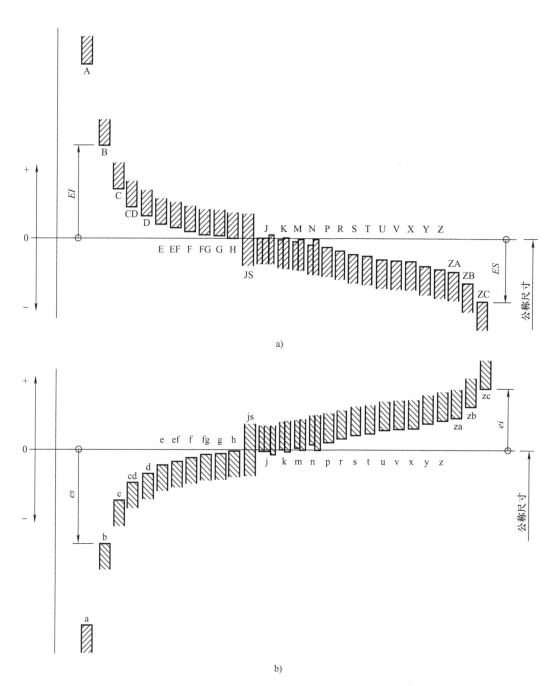

图 2-17　公差带（基本偏差）相对于公称尺寸位置的示意图

a）孔　b）轴

3. 孔的基本偏差值

从配合的角度看，基轴制下不同性质的配合可以改变孔的基本偏差类型。

孔的基本偏差数值见表 2-16。因为基孔制和基轴制是两种并行等效的配合基准制，所以两者中由相同字母代号（基本偏差）表示的非基准件（孔或轴）组成的同名配合，只要孔轴公差等级两两对应相等，如 H9/d9 与 D9/h9、H7/m6 与 M7/h6、H6/t5 与 T6/h5 等，其配合性质相同，即两者配合的极限间隙或过盈对应相等。因此，孔的基本偏差可由轴的基本偏差换算得出，而不需另用别的公式计算，如图 2-18 和图 2-19 所示。

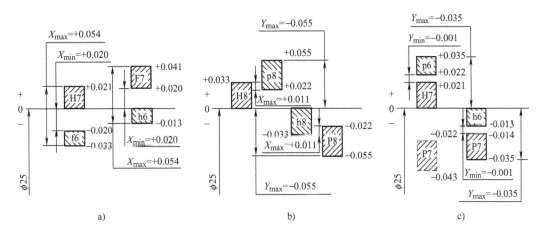

图 2-18 同名配合公差带示意图

a）间隙配合 b）过渡配合 c）过盈配合

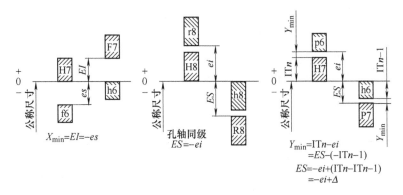

图 2-19 孔的基本偏差换算规则

对照表 2-15 和表 2-16 可以看出：

1）全部间隙配合 A～H 与 a～h、大于 IT8 的 K、M、N 和大于 IT7 的 P～ZC，孔与相对应的轴的基本偏差，数值相同但符号相反，即相对公称尺寸线呈对称的倒影关系（执行普通规则）。

例如，$\phi25H7/f6$ 和 $\phi25F7/h6$ 为基孔制和基轴制两组同名配合，查表并画出公差带图，如图 2-18a 所示，其最大和最小间隙都为 $54\mu m$ 和 $20\mu m$。

表 2-15　轴的

公称尺寸 /mm		基本偏差数值（上极限偏差 es）													IT5 IT6	IT7	IT8	IT4~ IT7	≤IT3 >IT7
		所有标准公差等级																	
>	至	a①	b①	c	cd	d	e	ef	f	fg	g	h	js	j			k	
—	3	−270	−140	−60	−34	−20	−14	−10	−6	−4	−2	0		−2	−4	−6	0	0
3	6	−270	−140	−70	−46	−30	−20	−14	−10	−6	−4	0		−2	−4		+1	0
6	10	−280	−150	−80	−56	−40	−25	−18	−13	−8	−5	0		−2	−5		+1	0
10	14	−290	−150	−95	−70	−50	−32	−23	−16	−10	−6	0		−3	−6		+1	0
14	18																	
18	24	−300	−160	−110	−85	−65	−40	−25	−20	−12	−7	0		−4	−8		+2	0
24	30																	
30	40	−310	−170	−120	−100	−80	−50	−35	−25	−15	−9	0		−5	−10		+2	0
40	50	−320	−180	−130														
50	65	−340	−190	−140		−100	−60		−30		−10	0		−7	−12		+2	0
65	80	−360	−200	−150														
80	100	−380	−220	−170		−120	−72		−36		−12	0		−9	−15		+3	0
100	120	−410	−240	−180														
120	140	−460	−260	−200														
140	160	−520	−280	−210		−145	−85		−43		−14	0		−11	−18		+3	0
160	180	−580	−310	−230														
180	200	−660	−340	−240														
200	225	−740	−380	−260		−170	−100		−50		−15	0	偏差 = ±ITn/2, 式中, n 是标准公差等级数	−13	−21		+4	0
225	250	−820	−420	−280														
250	280	−920	−480	−300		−190	−110		−56		−17	0		−16	−26		+4	0
280	315	−1050	−540	−330														
315	355	−1200	−600	−360		−210	−125		−62		−18	0		−18	−28		+4	0
355	400	−1350	−680	−400														
400	450	−1500	−760	−440		−230	−135		−68		−20	0		−20	−32		+5	0
450	500	−1650	−840	−480														
500	560					−260	−145		−76		−22	0					0	0
560	630																	
630	710					−290	−160		−80		−24	0					0	0
710	800																	
800	900					−320	−170		−86		−26	0					0	0
900	1000																	
1000	1120					−350	−195		−98		−28	0					0	0
1120	1250																	
1250	1400					−390	−220		−110		−30	0					0	0
1400	1600																	
1600	1800					−430	−240		−120		−32	0					0	0
1800	2000																	
2000	2240					−480	−260		−130		−34	0					0	0
2240	2500																	
2500	2800					−520	−290		−145		−38	0					0	0
2800	3150																	

注：公差带 js7~js11，若 ITn 的数值是奇数，则取偏差 = ±(ITn−1)/2。

① 公称尺寸小于或等于 1mm 时，基本偏差 a 和 b 均不采用。

基本偏差数值（摘自 GB/T 1800.1—2020）   （单位：μm）

基本偏差数值（下极限偏差 ei）

					所有标准公差等级								
m	n	p	r	s	t	u	v	x	y	z	za	zb	zc
+2	+4	+6	+10	+14		+18		+20		+26	+32	+40	+60
+4	+8	+12	+15	+19		+23		+28		+35	+42	+50	+80
+6	+10	+15	+19	+23		+28		+34		+42	+52	+67	+97
+7	+12	+18	+23	+28		+33		+40		+50	+64	+90	+130
							+39	+45		+60	+77	+108	+150
+8	+15	+22	+28	+35		+41	+47	+54	+63	+73	+98	+136	+188
					+41	+48	+55	+64	+75	+88	+118	+160	+218
+9	+17	+26	+34	+43	+48	+60	+68	+80	+94	+112	+148	+200	+274
					+54	+70	+81	+97	+114	+136	+180	+242	+325
+11	+20	+32	+41	+53	+66	+87	+102	+122	+144	+172	+226	+300	+405
			+43	+59	+75	+102	+120	+146	+174	+210	+274	+360	+480
+13	+23	+37	+51	+71	+91	+124	+146	+178	+214	+258	+335	+445	+585
			+54	+79	+104	+144	+172	+210	+254	+310	+400	+525	+690
+15	+27	+43	+63	+92	+122	+170	+202	+248	+300	+365	+470	+620	+800
			+65	+100	+134	+190	+228	+280	+340	+415	+535	+700	+900
			+68	+108	+146	+210	+252	+310	+380	+465	+600	+780	+1000
+17	+31	+50	+77	+122	+166	+236	+284	+350	+425	+520	+670	+880	+1150
			+80	+130	+180	+258	+310	+385	+470	+575	+740	+960	+1250
			+84	+140	+196	+284	+340	+425	+520	+640	+820	+1050	+1350
+20	+34	+56	+94	+158	+218	+315	+385	+475	+580	+710	+920	+1200	+1550
			+98	+170	+240	+350	+425	+525	+650	+790	+1000	+1300	+1700
+21	+37	+62	+108	+190	+268	+390	+475	+590	+730	+900	+1150	+1500	+1900
			+114	+208	+294	+435	+530	+660	+820	+1000	+1300	+1650	+2100
+23	+40	+68	+126	+232	+330	+490	+595	+740	+920	+1100	+1450	+1850	+2400
			+132	+252	+360	+540	+660	+820	+1000	+1250	+1600	+2100	+2600
+26	+44	+78	+150	+280	+400	+600							
			+155	+310	+450	+660							
+30	+50	+88	+175	+340	+500	+740							
			+185	+380	+560	+840							
+34	+56	+100	+210	+430	+620	+940							
			+220	+470	+680	+1050							
+40	+66	+120	+250	+520	+780	+1150							
			+260	+580	+840	+1300							
+48	+78	+140	+300	+640	+960	+1450							
			+330	+720	+1050	+1600							
+58	+92	+170	+370	+820	+1200	+1850							
			+400	+920	+1350	+2000							
+68	+110	+195	+440	+1000	+1500	+2300							
			+460	+1100	+1650	+2500							
+76	+135	+240	+550	+1250	+1900	+2900							
			+580	+1400	+2100	+3200							

表 2-16　孔的基

公称尺寸 /mm		下极限偏差 EI 所有标准公差等级												J (IT6)	J (IT7)	J (IT8)	K ≤IT8	K >IT8	M② ≤IT8	M② >IT8	N① ≤IT8	N① >IT8
>	至	A①	B①	C	CD	D	E	EF	F	FG	G	H	JS									
—	3	+270	+140	+60	+34	+20	+14	+10	+6	+4	+2	0	偏差 = ± ITn/2，式中，n 为标准公差等级数	+2	+4	+6	0	0	-2	-2	-4	-4
3	6	+270	+140	+70	+46	+30	+20	+14	+10	+6	+4	0		+5	+6	+10	-1 +Δ		-4 +Δ	-4	-8 +Δ	0
6	10	+280	+150	+80	+56	+40	+25	+18	+13	+8	+5	0		+5	+8	+12	-1 +Δ		-6 +Δ	-6	-10 +Δ	0
10	14	+290	+150	+95	+70	+50	+32	+23	+16	+10	+6	0		+6	+10	+15	-1 +Δ		-7 +Δ	-7	-12 +Δ	0
14	18	+290	+150	+95	+70	+50	+32	+23	+16	+10	+6	0		+6	+10	+15	-1 +Δ		-7 +Δ	-7	-12 +Δ	0
18	24	+300	+160	+110	+85	+65	+40	+28	+20	+12	+7	0		+8	+12	+20	-2 +Δ		-8 +Δ	-8	-15 +Δ	0
24	30	+300	+160	+110	+85	+65	+40	+28	+20	+12	+7	0		+8	+12	+20	-2 +Δ		-8 +Δ	-8	-15 +Δ	0
30	40	+310	+170	+120	+100	+80	+50	+35	+25	+15	+9	0		+10	+14	+24	-2 +Δ		-9 +Δ	-9	-17 +Δ	0
40	50	+320	+180	+130	+100	+80	+50	+35	+25	+15	+9	0		+10	+14	+24	-2 +Δ		-9 +Δ	-9	-17 +Δ	0
50	65	+340	+190	+140		+100	+60		+30		+10	0		+13	+18	+28	-2 +Δ		-11 +Δ	-11	-20 +Δ	0
65	80	+360	+200	+150		+100	+60		+30		+10	0		+13	+18	+28	-2 +Δ		-11 +Δ	-11	-20 +Δ	0
80	100	+380	+220	+170		+120	+72		+36		+12	0		+16	+22	+34	-3 +Δ		-13 +Δ	-13	-23 +Δ	0
100	120	+410	+240	+180		+120	+72		+36		+12	0		+16	+22	+34	-3 +Δ		-13 +Δ	-13	-23 +Δ	0
120	140	+460	+260	+200		+145	+85		+43		+14	0		+18	+26	+41	-3 +Δ		-15 +Δ	-15	-27 +Δ	0
140	160	+520	+280	+210		+145	+85		+43		+14	0		+18	+26	+41	-3 +Δ		-15 +Δ	-15	-27 +Δ	0
160	180	+580	+310	+230		+145	+85		+43		+14	0		+18	+26	+41	-3 +Δ		-15 +Δ	-15	-27 +Δ	0
180	200	+660	+340	+240		+170	+100		+50		+15	0		+22	+30	+47	-4 +Δ		-17 +Δ	-17	-31 +Δ	0
200	225	+740	+380	+260		+170	+100		+50		+15	0		+22	+30	+47	-4 +Δ		-17 +Δ	-17	-31 +Δ	0
225	250	+820	+420	+280		+170	+100		+50		+15	0		+22	+30	+47	-4 +Δ		-17 +Δ	-17	-31 +Δ	0
250	280	+920	+480	+300		+190	+110		+56		+17	0		+25	+36	+55	-4 +Δ		-20 +Δ	-20	-34 +Δ	0
280	315	+1050	+540	+330		+190	+110		+56		+17	0		+25	+36	+55	-4 +Δ		-20 +Δ	-20	-34 +Δ	0
315	355	+1200	+600	+360		+210	+125		+62		+18	0		+29	+39	+60	-4 +Δ		-21 +Δ	-21	-37 +Δ	0
355	400	+1350	+680	+400		+210	+125		+62		+18	0		+29	+39	+60	-4 +Δ		-21 +Δ	-21	-37 +Δ	0
400	450	+1500	+760	+440		+230	+135		+68		+20	0		+33	+43	+66	-5 +Δ		-23 +Δ	-23	-40 +Δ	0
450	500	+1650	+840	+480		+230	+135		+68		+20	0		+33	+43	+66	-5 +Δ		-23 +Δ	-23	-40 +Δ	0
500	560					+260	+145		+76		+22	0					0		-26		-44	
560	630					+260	+145		+76		+22	0					0		-26		-44	
630	710					+290	+160		+80		+24	0					0		-30		-50	
710	800					+290	+160		+80		+24	0					0		-30		-50	
800	900					+320	+170		+86		+26	0					0		-34		-56	
900	1000					+320	+170		+86		+26	0					0		-34		-56	
1000	1120					+350	+195		+98		+28	0					0		-40		-66	
1120	1250					+350	+195		+98		+28	0					0		-40		-66	
1250	1400					+390	+220		+110		+30	0					0		-48		-78	
1400	1600					+390	+220		+110		+30	0					0		-48		-78	
1600	1800					+430	+240		+120		+32	0					0		-58		-92	
1800	2000					+430	+240		+120		+32	0					0		-58		-92	
2000	2240					+480	+260		+130		+34	0					0		-68		-110	
2240	2500					+480	+260		+130		+34	0					0		-68		-110	
2500	2800					+520	+290		+145		+38	0					0		-76		-135	
2800	3150					+520	+290		+145		+38	0					0		-76		-135	

注：1. 公差带 JS7 ~ JS11，若 ITn 数值是奇数，则取偏差 = ±（ITn - 1）/2。

　　2. 对小于或等于 IT8 的 K、M、N 和小于或等于 IT7 的 P ~ ZC，所需 Δ 值从表内右侧选取。例如，18 ~ 30mm 段

① 公称尺寸≤1mm 时，基本偏差 A 和 B 及大于 IT8 的 N 均不采用。

② 一个特殊情况：250 ~ 315mm 段的 M6，ES = -9μm（代替 -11μm）。

本偏差数值（摘自 GB/T 1800.1—2020）　　　　　　　　　　　　　　　　（单位：μm）

≤IT7 P~ZC①	基本偏差数值 上极限偏差 ES（>IT7）												Δ 值 标准公差等级					
	P	R	S	T	U	V	X	Y	Z	ZA	ZB	ZC	IT3	IT4	IT5	IT6	IT7	IT8
在 >IT7 的标准公差等级的基本偏差数值上相应增加一个 Δ 值	−6	−10	−14		−18		−20		−26	−32	−40	−60	0	0	0	0	0	0
	−12	−15	−19		−23		−28		−35	−42	−50	−80	1	1.5	1	3	4	6
	−15	−19	−23		−28		−34		−42	−52	−67	−97	1	1.5	2	3	6	7
	−18	−23	−28		−33		−40		−50	−64	−90	−130	1	2	3	3	7	9
						−39	−45		−60	−77	−108	−150						
	−22	−28	−35		−41	−47	−54	−63	−73	−98	−136	−188	1.5	2	3	4	8	12
				−41	−48	−55	−64	−75	−88	−118	−160	−218						
	−26	−34	−43	−48	−60	−68	−80	−94	−112	−148	−200	−274	1.5	3	4	5	9	14
				−54	−70	−81	−97	−114	−136	−180	−242	−325						
	−32	−41	−53	−66	−87	−102	−122	−144	−172	−226	−300	−405	2	3	5	6	11	16
		−43	−59	−75	−102	−120	−146	−174	−210	−274	−360	−480						
	−37	−51	−71	−91	−124	−146	−178	−214	−258	−335	−445	−585	2	4	5	7	13	19
		−54	−79	−104	−144	−172	−210	−254	−310	−400	−525	−690						
	−43	−63	−92	−122	−170	−202	−248	−300	−365	−470	−620	−800	3	4	6	7	15	23
		−65	−100	−134	−190	−228	−280	−340	−415	−535	−700	−900						
		−68	−108	−146	−210	−252	−310	−380	−465	−600	−780	−1000						
	−50	−77	−122	−166	−236	−284	−350	−425	−520	−670	−880	−1150	3	4	6	9	17	26
		−80	−130	−180	−258	−310	−385	−470	−575	−740	−960	−1250						
		−84	−140	−196	−284	−340	−425	−520	−640	−820	−1050	−1350						
	−56	−94	−158	−218	−315	−385	−475	−580	−710	−920	−1200	−1550	4	4	7	9	20	29
		−98	−170	−240	−350	−425	−525	−650	−790	−1000	−1300	−1700						
	−62	−108	−190	−268	−390	−475	−590	−730	−900	−1150	−1500	−1900	4	5	7	11	21	32
		−114	−208	−294	−435	−530	−660	−820	−1000	−1300	−1650	−2100						
	−68	−126	−232	−330	−490	−595	−740	−920	−1100	−1450	−1850	−2400	5	5	7	13	23	34
		−132	−252	−360	−540	−660	−820	−1000	−1250	−1600	−2100	−2600						
	−78	−150	−280	−400	−600													
		−155	−310	−450	−660													
	−88	−175	−340	−500	−740													
		−186	−380	−560	−840													
	−100	−210	−430	−620	−940													
		−220	−470	−680	−1050													
	−120	−250	−520	−780	−1150													
		−260	−580	−840	−1300													
	−140	−300	−640	−960	−1450													
		−330	−720	−1050	−1600													
	−170	−370	−820	−1200	−1860													
		−400	−920	−1350	−2000													
	−195	−440	−1000	−1500	−2300													
		−460	−1100	−1650	−2500													
	−240	−550	−1250	−1900	−2900													
		−580	−1400	−2100	−3200													

的 K7：Δ =8μm，所以 ES = （ −2 +8）μm = +6μm；18 ~30mm 段的 S6：Δ =4μm，所以 ES = （ −35 +4）μm = −31μm。

图 2-18b 所示为 $\phi25H8/p8$ 和 $\phi25P8/h8$ 两组同名配合，其最大间隙和最大过盈都为 $11\mu m$ 和 $-55\mu m$。由此可知，同名配合的配合性质都相同。

2）对过渡配合和过盈配合，表 2-16 中对于小于或等于 IT8 的 K、M、N 和小于或等于 IT7 的 P~ZC，孔的基本偏差都要在上述基础上另加一个表中最右边的 Δ 值（执行特殊规则），才能达到同名配合性质相同的要求。表中最后六列给出了单独的 Δ 值，Δ 值是被测要素的公差等级和公称尺寸的函数，该值仅与公差等级 IT3~IT7、IT8 的偏差 K~ZC 有关。每当查出 Δ 值时，应将其增加到主表给出的固定值上，以得到基本偏差的正确值。这是因为在常用尺寸范围（≤500mm）的较高公差等级中，孔比同级的轴加工困难。所以标准推荐：在一般情况下应采用孔的公差等级比轴低一级组成的配合（可参看表 2-17、表 2-18）。因此，将轴的基本偏差换算成孔的基本偏差时，同名配合性质相同的规律对间隙配合没有影响，这已被图 2-18a 中的 $\phi25H7/f6$ 和 $\phi25F7/h6$ 证明。但对过渡配合和过盈配合则不然，如图 2-18c 所示的配合。先查表画出 $\phi25H7/p6$ 的公差带图，其最大与最小过盈分别为 $-35\mu m$ 和 $-1\mu m$。若基本偏差按上述倒影关系画出 $\phi25P7/h6$ 的公差带图，两组同名配合的配合性质明显不同。若将 P7′ 上移 $8\mu m$，即 P7′ 至 P7，则最大和最小过盈仍为 $-35\mu m$ 和 $-1\mu m$。由此可知，极限过盈产生差异的原因是 H7 和 h6 差了一个 $IT7 - IT6 = (21-13)\mu m = 8\mu m$ 的距离。这里，P7′公差带上移的 $8\mu m$ 即为 Δ 值。一般情况下，$\Delta = ITn - IT(n-1)$，如图 2-19 所示。表 2-16 中的 Δ 值已按孔比轴低一级计算好，查表时一定要注意，切勿遗忘或疏忽。

4. 一般及优先选用的孔公差带

公差、偏差和配合的标准中给出了多种孔公差带代号（见表 2-16），采用如此多的孔公差带既不经济，也没必要。因此，GB/T 1800.2—2020 中公称尺寸至 3150 mm 的孔公差带，对仅应用于不需要对公差带代号进行特定选取的一般性用途，规定了 45 个孔公差带代号和 17 个优先选取的孔公差带代号，框中所示的孔公差带代号应优先选取，在特定应用中若有必要，偏差 JS 可以被 J 替代。一般及优先的孔公差带代号如图 2-20 所示。

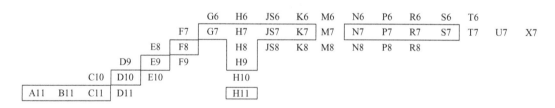

图 2-20　一般及优先孔公差带代号

5. 一般及优先选用的轴公差带

公差、偏差和配合的标准中也给出了多种轴公差带代号（见表 2-15），采用如此多的轴公差带也没必要。因此，对仅应用于不需要对公差带代号进行特定选取的一般性用途，规定了 50 个轴公差带代号和 17 个优先选取的轴公差带代号，框中所示的轴公差带代号应优先选取，在特定应用中若有必要，偏差 js 可以被 j 替代。一般及优先的轴公差带代号如图 2-21 所示。

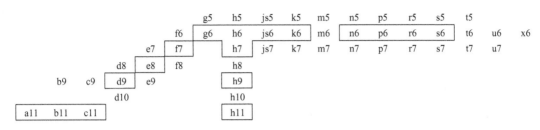

图 2-21 一般及优先轴公差带代号

2.4.3 ISO 配合制

对于尺寸要素的尺寸，ISO 配合制是以"线性尺寸公差 ISO 代号体系"为基础的。配合中的两个相配零件的公差带代号应该按建议选取。

1. 配合的标注（写规则）

配合要素间的配合由"相同的公称尺寸""孔的公差带代号""轴的公差带代号"元素标示，如 $\phi52H7/g6$。

2. 极限偏差的确定（读规则）

应该按照线性尺寸公差 ISO 代号体系的规则读取配合的标注。根据配合要求（间隙、过渡和过盈）确定结合件孔和轴的公差带代号，标注基本偏差标示符和标准公差等级。读取时要反映"相同的公称尺寸""配合类型""孔或轴的基本偏差""极限偏差信息"元素。例如，$\phi52H7/g6$ 是公称尺寸为 $\phi52mm$ 的孔轴结合件为基孔制的间隙配合。

ISO 配合制规定了基孔制常用配合 45 种，优先配合 16 种（方框中），见表 2-17。

表 2-17 基孔制配合的优先配合

基准孔	轴公差带代号																	
	间隙配合							过渡配合				过盈配合						
H6						g5	h5	js5	k5	m5		n5	p5					
H7					f6	g6	h6	js6	k6	m6	n6		p6	r6	s6	t6	u6	x6
H8				e7	f7		h7	js7	k7	m7					s7		u7	
			d8	e8	f8		h8											
H9			d8	e8	f8		h8											
H10	b9	c9	d9	e9			h9											
H11	b11	c11	d10				h10											

ISO 配合制规定了基轴制常用配合 38 种，优先配合 18 种（方框中），见表 2-18。

上述公差带与配合，优先配合与优先公差带是一致的，设计选用时按优先、一般的次序进行。

尺寸小于或等于 18mm 为小尺寸段范围，该尺寸段用于仪器、仪表和钟表等行业，它较常用尺寸段范围要求有更多的公差带与配合种类。GB/T 1800.2—2020 对公称尺寸至 500mm 的孔和轴规定了数量较多的公差带（轴公差带 204 个，孔公差带 203 个），但未规定优先、一般配合。各行业、各工厂可根据实际情况自行选用公差带并组成配合。

表 2-18　基轴制配合的优先配合

基准轴	孔公差带代号																	
	间隙配合						过渡配合				过盈配合							
h5						G6	H6	JS6	K6	M6		N6	P6					
h6					F7	G7	H7	JS7	K7	M7	N7		P7	R7	S7	T7	U7	X7
h7				E8	F8		H8											
h8			D9	E9	F9		H9											
h9				E8	F8		H8											
			D9	E9	F9		H9											
	B11	C10	D10				H10											

尺寸大于 500～3150mm（后延伸到 10000mm）为大尺寸段范围，国家标准只规定了常用公差带（轴公差带代号 79 个，孔公差带代号 82 个），未推荐配合。大型制件在加工过程中，几何误差和测量误差较为突出，尤其是温度变化引起的误差，影响很大。大尺寸件一般生产批量很小，很多是单件生产，有时就采用"配制配合"的方式。即先以较宽的公差，制造一个加工难度较大，但测量精度较易保证的配件（一般为孔），然后再加工配制的轴件，最后达到配合要求。配制配合图样上标注符号 MF（matched fit），如 ϕ3000 H6/f6 MF。

2.4.4　一般公差——线性和角度尺寸的未注公差

一般公差是指在车间一般加工条件下可以保证的公差，主要用于较低精度的非配合尺寸。

采用一般公差的尺寸，图样上公称尺寸的后面不标注极限偏差或其他代号，且在正常情况下，一般可不检测。这样可使图样清晰，并突出重要尺寸，简化设计和检测。但这并不是说不注公差就没有要求和限制，可以随意加工。

国家标准 GB/T 1804—2000 规定一般公差分精密级 f、中等级 m、粗糙级 c 和最粗级 v 四个等级，偏差值对称安排。

设计时具体选用哪个等级，应根据产品精度要求和加工条件而定，并在技术文件或图样上的技术要求中写明："未注尺寸公差采用 GB/T 1804—m"（选用中等级）。

在一张图样上，未注尺寸公差宜采用同一等级，见表 2-19。

表 2-19　线性尺寸的极限偏差数值　　　　　　　　　　　　　　（单位：mm）

公差等级	公称尺寸分段							
	0.5～3	>3～6	>6～30	>30～120	>120～400	>400～1000	>1000～2000	>2000～4000
精密级 f	±0.05	±0.05	±0.1	±0.15	±0.2	±0.3	±0.5	—
中等级 m	±0.1	±0.1	±0.2	±0.3	±0.5	+0.8	±1.2	±2
粗糙级 c	±0.2	±0.3	±0.5	±0.8	±1.2	±2	±3	±4
最粗级 v	—	±0.5	±1	±1.5	±2.5	±4	±6	±8

国家标准对角度尺寸做了规定，见表 2-20。

表 2-20 角度尺寸的极限偏差数值

公差等级	长度分段/mm				
	~ 10	>10 ~ 50	>50 ~ 120	>120 ~ 400	>400
精密级 f	±1°	±30′	±20′	±10′	±5′
中等级 m					
粗糙级 c	±1°30′	±1°	±30′	±15′	±10′
最粗级 v	±3°	±2°	±1°	±30′	±20′

2.5 几何误差与公差

2.5.1 概述

GB/T 182—2018 包括形状公差、方向公差、位置公差和跳动公差，几何公差的确定和应用是零件几何量精度设计的重要内容，本部分给出了几何公差规范的基本原则，并通过标准图例说明如何用可视化注解对技术规范进行完整诠释。当然作为备选，也可以根据 ISO 16792 将同样的技术规范标注在三维 CAD 模型上，此时可以通过三维 CAD 模型的查询功能或其他的模型信息查询技术规范元素。应按照功能要求规定几何公差，同时制造与检测的要求也会影响几何公差的标注。

1. 术语和定义

（1）要素（feature） 即几何要素，指构成零件几何特征的点、线、面。

前文已介绍的概念，如尺寸要素是由一定大小的线性尺寸或角度尺寸确定的几何形状，有线性尺寸要素（尺寸的线性要素）和角度尺寸要素（尺寸的角度要素），线性尺寸要素分别为圆柱面、球面、两相对平行平面、圆、两相对平行直线、两相对圆；实际（组成）要素即为由接近实际（组成）要素所限定的工件实际表面的组成要素部分；提取组成要素即为按规定方法，由实际（组成）要素提取有限数目的点所形成的实际（组成）要素的近似替代；公称组成要素是由技术制图或其他方法确定的理论正确组成要素，可以分为公称要素（由设计者在产品技术文件中定义的理想要素）和组成要素（属于工件的实际表面或表面模型的几何要素）。

（2）理想要素 一般是指理想的、仅具有几何意义的要素。它是按设计要求在图样上给出的没有误差的理想状态。

（3）导出要素（derived feature） 由一个或几个组成要素得到的中心点、中心线或中心面。例如，球心是由球面得到的导出要素，该球面为组成要素。

（4）拟合组成要素（associated integral feature） 按规定方法由提取组成要素形成的并具有理想形状的组成要素。

按规定方法，由实际（组成）要素提取有限数目的点，近似替代实际（组成）要素（提取过程），然后拟合提取组成要素，理想要素替代实际（组成）要素（拟合过程）。

（5）拟合导出要素（associated derived feature） 由一个或几个拟合组成要素导出的中心点、轴线或中心平面。

几何要素定义间的相互关系见表 2-21。

表 2-21   几何要素定义间的相互关系

范畴	型式	要素	
		组成要素（表面、轮廓）	导出要素（中心点、线、面）
图样	公称的（制图上）	公称组成要素	公称导出要素
工件	实际的（加工中）	实际（组成）要素	实际导出要素
工件的替代	提取的（有限点）	提取组成要素	提取导出要素
	拟合的（理想形状）	拟合组成要素	拟合导出要素

几何要素定义间相互关系的图解如图 2-22 所示。

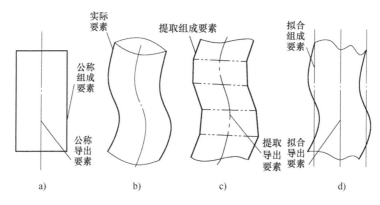

图 2-22   几何要素定义间相互关系的图解
a）制图   b）工件   c）提取   d）拟合

（6）公差带（tolerance zone）   由一个或两个理想的几何线或面要素所限定的、由一个或多个线性尺寸表示公差值的区域。

几何公差带由大小、形状、方向和位置四个要素组成。

1）公差带的大小：即形状区域的宽度或直径。

2）根据所规定的特征（项目）及其规范要求不同，公差带的主要形状如下：一个圆内的区域；两同心圆之间的区域；在一个圆锥面上的两平行圆之间的区域；两个直径相同的平行圆之间的区域；两条等距曲线或两条平行直线之间的区域；两条不等距曲线或两条不平行直线之间的区域；一个圆柱面内的区域；两同轴圆柱面之间的区域；一个圆锥面内区域；一个单一曲面内的区域；两等距曲面或两个平行平面之间的区域；一个圆球面内的区域；两个不等距曲面或两个不平行平面之间的区域。

可以在 CAD 模型中定义公差带。

3）公差带的方向（即宽度方向）：被测实际要素的法线方向。

4）公差带的位置：可以是浮动或固定的。

标准对要素规定的几何公差确定了公差带，因此该要素应限定在公差带之内。

（7）相交平面（intersection plane）   由工件的提取要素建立的平面，用于标识提取面上的线要素（组成要素或中心要素）或标识提取线上的点要素。使用相交平面可以不依赖于视图定义被测要素。对于区域性的表面结构，可以使用相交平面定义评价该区域的方向。

（8）定向平面（orientation plane） 由工件的提取要素建立的平面，用于标识公差带的方向。使用定向平面可以不依赖于 TED（位置）或基准（方向）定义限定公差带的平面或圆柱体的方向。仅当被测要素是中心要素（中心点、中心线）且公差带由两平行直线或平行平面定义时，或被测要素是中心点、圆柱面时，才可使用定向平面。定向平面可用于定义矩形局部区域的方向。

（9）方向要素（direction feature） 由工件的提取要素建立的理想要素，用于标识公差带宽度（局部偏差）的方向。方向要素可以是平面、圆柱面或圆锥面。使用方向要素可改变在面要素上的线要素的公差带宽度的方向。当公差值适用在规定的方向，而非规定的几何形状的法线方向时，可使用方向要素。可使用标注在方向要素框格中第二格的基准构建方向要素。可使用被测要素的几何形状确定方向要素的几何形状。

（10）组合连续要素（compound continuous feature） 由多个单一要素无缝组合在一起的单一要素。组合连续要素可以是封闭的或非封闭的。非封闭的组合连续要素可用"区间"符号与 UF 修饰符定义。封闭的组合连续要素可用"全周"符号与 UF 修饰符定义，此时它是一组单个要素，与平行于组合平面的任何平面相交所形成的是线要素或点要素。封闭的组合连续要素可用"全表面"符号与 UF 修饰符定义。

（11）组合平面（collection plane） 由工件的要素建立的平面，用于定义封闭的组合连续要素。当使用"全周"符号时总是使用组合平面。

（12）理论正确尺寸（theoretically exact dimension，TED） 在 GPS 操作中用于定义要素理论正确几何形状、范围、位置与方向的线性或角度尺寸。可使用 TED 定义"要素的公称形状与尺寸""理论正确要素（TEF）""要素的局部位置与尺寸，包括局部被测要素""被测要素的延伸长度""两个或多个公差带的相对位置与方向""基准目标的相对位置与方向，包括可移动基准目标""公差带相对于基准与基准体系的位置与方向""公差带宽度的方向"。TED 没有公差，并标注在一个方框中。

（13）理论正确要素（theoretically exact feature，TEF） 具有理想形状，以及理想尺寸、方向与位置的公称要素。理论正确要素可以拥有任何形状，可使用明确标注的或在 CAD 数据中缺省定义的理论正确尺寸定义。最大实体实效状态是理论正确要素。

（14）联合要素（united feature） 由连续的或不连续的组成要素组合而成的要素，并将其视为一个单一要素。可以由联合要素获得导出要素。联合要素的定义可以非常广泛，以免遗漏任何有用的应用。

（15）基准（datum） 用来定义公差带的位置和/或方向或用来定义实体状态的位置和/或方向（当有相关要求时，如最大实体要求）的一个（或一组）方位要素。

（16）基准体系（datum system） 由两个或三个单独的基准构成的组合来确定被测要素几何位置关系。

（17）基准要素（datum feature） 零件上用来建立基准并实际起基准作用的实际（组成）要素（如一条边、一个表面或一个孔）。由于基准要素的加工存在误差，因此在必要时应对其规定适当的形状公差。

2. 几何公差的项目及符号

GB/T 1182—2018 对几何公差项目在公差框格内的符号部分所使用的符号做了定义和说明。几何公差的公差类型、几何特征及其符号见表 2-22。

表 2-22　几何公差的公差类型、几何特征及其符号（摘自 GB/T 1182—2018）

公差类型	几何特征	符号	有无基准	公差类型	几何特征	符号	有无基准
形状公差	直线度	—	无	位置公差	位置度	⊕	有或无
	平面度	▱	无		同心度（用于中心点）	◎	有
	圆度	○	无		同轴度（用于轴线）	◎	有
	圆柱度	⌀	无				
	线轮廓度	⌒	无		对称度	═	有
	面轮廓度	⌓	无		线轮廓度	⌒	有
方向公差	平行度	//	有		面轮廓度	⌓	有
	垂直度	⊥	有				
	倾斜度	∠	有	跳动公差	圆跳动	↗	有
	线轮廓度	⌒	有		全跳动	↗↗	有
	面轮廓度	⌓	有				

3. 标准定义的附加符号

GB/T 1182—2018 对几何公差项目在公差框格内公差带、要素与特征部分所使用的符号定义做了规定和说明。几何公差标准中定义的附加符号见表 2-23。

表 2-23　几何公差标准中定义的附加符号（摘自 GB/T 1182—2018）

使用符号的公差类型	描述	符号	说明
组合规范要素	组合公差带	CZ	⌓ 0.1CZ：在公差框格内公差值后标注，应用于一个或多个独立要素
	独立公差带	SZ	⌓ 0.1SZ：在公差框格内公差值后标注，强调要素要求的独立性，并不改变标注的含义
不对称公差带	（规定偏置量的）偏置公差带	UZ	⌓ 2.5UZ-0.5：在公差框格内公差值后标注，公差带的中心默认位于理论正确要素（TEF）上
公差带约束	（未规定偏置量的）线性偏置公差带	OZ	⌓ 0.5OZ：在公差框格内公差值后标注，公差带允许有一个常量的偏置
	（未规定偏置量的）角度偏置公差带	VA	⌓ 0.02VA：在公差框格内公差值后标注，公差带是基于 TEF 定义的

（续）

使用符号的公差类型	描述	符号	说明
拟合被测要素	最小区域（切比雪夫）要素	Ⓒ	$\boxed{\oplus\,\|\,0.2Ⓒ\,\|\,A}$ ：在公差框格内公差值后标注，用于标注被测要素为拟合最小区域（切比雪夫）要素，且无实体约束
	最小二乘（高斯）要素	Ⓖ	$\boxed{\oplus\,\|\,0.2Ⓖ\,\|\,A}$ ：在公差框格内公差值后标注，用于标注被测要素为拟合最小二乘（高斯）要素
	最小外接要素	Ⓝ	$\boxed{\oplus\,\|\,0.2Ⓝ\,\|\,A}$ ：在公差框格内公差值后标注，用于标注被测要素是拟合最小外接要素或其导出要素
	贴切要素	Ⓣ	$\boxed{/\!/\,\|\,0.1Ⓣ\,\|\,A}$ ：在公差框内公差值后标注，用于标注被测要素是基于公称尺寸的拟合贴切要素，且该要素应约束在非理想要素的实体外部
	最大内切要素	Ⓧ	$\boxed{\oplus\,\|\,0.2Ⓧ\,\|\,A}$ ：在公差框格内公差值后标注，用于标注被测要素是拟合最大内切要素或其导出要素
导出要素	中心要素	Ⓐ	$\boxed{-\,\|\,\phi0.02Ⓐ}$ ：在公差框格内公差值后标注，表示该被测要素为导出要素。仅可用于尺寸要素
	延伸公差带	Ⓟ	标注在公差框格内公差值后或理论正确尺寸（TED）之前，用于标注延伸被测要素（或投影被测要素）。被测要素是要素的延伸部分或导出要素
评定参照要素的拟合	无约束的最小区域（切比雪夫）拟合被测要素	C	$\boxed{-\,\|\,0.2C}$ ：用于标注最小区域（切比雪夫）拟合，将被测要素上的最远点与参照要素的距离最小化
	实体外部约束的最小区域（切比雪夫）拟合被测要素	CE	$\boxed{-\,\|\,0.2CE}$ ：用于标注实体外部约束的最小区域（切比雪夫）拟合，同时将参照要素保持在实体外部
	实体内部约束的最小区域拟合被测要素	CI	$\boxed{-\,\|\,0.2CI}$ ：用于标注实体内部约束的最小区域（切比雪夫）拟合，同时将参照要素保持在实体内部
	无约束的最小二乘（高斯）拟合被测要素	G	$\boxed{-\,\|\,0.2G}$ ：用于标注最小二乘（高斯）拟合，将被测要素与参照要素间局部误差的平方和最小化 $\boxed{-\,\|\,0.2G\,\|\,/\!/\,\|\,A}$ ：适用于最小二乘（高斯）参照要素的直线度公差示例，相交平面框格标注表示被测线方向平行于基准 A

（续）

使用符号的公差类型	描述	符号	说明
评定参照要素的拟合	实体外部约束的最小二乘（高斯）拟合被测要素	GE	⏤ 0.2GE：用于标注实体外部约束的最小二乘（高斯）拟合，同时将参照要素保持在实体外部
	实体内部约束的最小二乘（高斯）拟合被测要素	GI	⏤ 0.2GI：用于标注实体内部约束的最小二乘（高斯）拟合，同时将参照要素保持在实体内部
	最小外接拟合被测要素	N	⌭ 0.2N：用于标注最小外接拟合，仅适用于线性尺寸要素。最小化参照要素的同时保持其完全处于被测要素的外部
	最大内切拟合被测要素	X	⌭ 0.2X：用于标注最大内切拟合，仅适用于线性尺寸要素。最大化参照要素尺寸的同时维持其完全处于被测要素的内部
参数	偏差的总体范围	T	⏤ 0.2G：当不标规范符时，缺省参数为偏差的总体范围（T），即被测要素最低点与最高点的距离。仅 T 符合公差带概念
	峰值	P	○ 0.02CP：在公差框格内公差值后再加注 P，表示仅使用最小区域 C（或仅用于 G）参照要素规范与峰值特征规范的示例
	谷深	V	○ 0.02GV：在公差框格内公差值后再加注 V，表示仅使用最小二乘 G（或仅用于 C）参照要素规范与谷深特征规范的示例
	标准差	Q	○ 0.02GQ：在公差框格内公差值后再加注 Q，表示使用最小二乘参照要素的被测要素的残差平方和的平方根或标准差
被测要素标识符	区间	←→	标注在公差框格上方
	联合要素	UF	UF6× ○ 0.02：标注在公差框格中“公差项目”上方
	小径	LD	标注在公差框格中“公差项目”上方
	大径	MD	MD ⏤ ϕ0.02：标注在公差框格中“公差项目”上方
	中径/节径	PD	标注在公差框格中“公差项目”上方（螺纹齿轮等）

（续）

使用符号的 公差类型	描述	符号	说明
被测要素标识符	全周（轮廓）		标注在公差框格的参照线和指引线的交点处，表示几何公差作为单独要求应用于横截面轮廓或封闭轮廓。为避免歧义，"全周"标注的工件应相对简单
	全表面（轮廓）		标注在公差框格的参照线和指引线的交点处，表示几何公差作为单独要求应用于工件的所有组成要素上
公差框格	无基准的几何公差标注		标注在公差框格区域
	有基准的几何公差标注		标注在公差框格区域
辅助要素标识符或框格	任意横截面	ACS	标注在公差框格上方
	相交平面框格（相交平面是用于标识被测组成要素的线要素要求的方向）	$\langle\overline{// \mid A}$	标注在公差框格的延伸部分。被测要素应按照平行于基准 A 的方向构建
		$\langle\overline{\perp \mid A}$	标注在公差框格的延伸部分。被测要素应按照垂直于基准 A 的方向构建
		$\langle\overline{\angle \mid A}$	标注在公差框格的延伸部分。被测要素应按照与基准 A 保持特定的角度的方向构建
		$\langle\overline{\equiv \mid A}$	标注在公差框格区域的延伸部分。被测要素应按照对称于基准 A 的方向构建
	定向平面框格（定向平面是用于标识被测要素导出要素中心线/点要素要求的方向）	$\langle\overline{// \mid A}\rangle$	标注在公差框格的延伸部分。定向平面应按照平行于（定向平面定义的角度是0°或90°）基准 A 的方向构建
		$\langle\overline{\perp \mid A}\rangle$	标注在公差框格的延伸部分。定向平面应按照垂直于（定向平面定义的角度是0°或90°）基准 A 的方向构建
		$\langle\overline{\angle \mid A}\rangle$	标注在公差框格的延伸部分。定向平面应按照倾斜于（定向平面定义的角度不是0°或90°）基准 A 的方向构建
	方向要素框格（方向要素用于被测要素是组成要素且公差带宽度的方向与面要素不垂直时，确定公差带宽度的方向）	$\leftarrow\overline{// \mid A}$	标注在公差框格的延伸部分。方向要素应按照平行于（方向定义的角度是0°或90°）基准 A 的方向构建
		$\leftarrow\overline{\perp \mid A}$	标注在公差框格的延伸部分。方向要素应按照垂直于（方向定义的角度是0°或90°）基准 A 的方向构建
		$\leftarrow\overline{\angle \mid A}$	标注在公差框格的延伸部分。方向要素应按照倾斜于（方向定义的角度不是0°或90°，且应明确定义出方向要素与基准间的 TED 夹角）基准 A 的方向构建
		$\leftarrow\overline{\nearrow \mid A}$	标注在公差框格的延伸部分。方向要素应按照跳动于（当方向定义为与被测要素的面要素垂直时，应使用跳动符号，并且被测要素或导出要素应在方向要素框格中作为基准标注）基准 A 的方向构建

（续）

使用符号的公差类型	描述	符号	说明
辅助要素标识符或框格	组合平面框格（组合平面应用于使用"全周"符号标注适用于要素集合规范的场合）	○∥|A|	标注在公差框格的延伸部分。被测要素集合规范的方向应按照平行于（方向定义的角度是0°）基准A的方向构建
		○⊥|A|	标注在公差框格的延伸部分。被测要素集合规范的方向应按照垂直于（方向定义的角度是90°）基准A的方向构建
		○∠|A|	标注在公差框格的延伸部分。被测要素集合规范的方向应按照倾斜于（方向定义的角度不是0°或90°，且应明确定义出方向要素与基准间的TED夹角）基准A的方向构建
理论正确符号	理论正确尺寸（TED）	|50|	标注在尺寸线上
实体状态	最大实体要求	Ⓜ	标注在公差框格内公差值后
	最小实体要求	Ⓛ	标注在公差框格内公差值后
	可逆要求	Ⓡ	标注在公差框格内公差值后
状态的规范元素	自由状态（非刚性零件）	Ⓕ	标注在尺寸公差值后，为可选规范要素
基准相关符号	基准要素标识	▶|A|	标注在基准要素及其延伸线上
	基准目标标识	$\frac{\phi4}{A1}$	基准目标符号的圆圈被一个水平线分为两个部分，下部分指明基准目标的字母和数字，上部分为一些附加信息（如基准目标区域的尺寸）
	接触要素	CF	采用模拟基准要素为接触表面要素
	仅方向	><	在公差框格的公差带、要素与特征部分内标注仅方向符号，不允许公差带在平移时发生变形。或在基准符号后加注仅方向修饰符以替代定向平面框格，例如：⊕|0.05|C|A><|B|▶
尺寸公差相关符号	包容要素	Ⓔ	标注在尺寸公差值后

4. 几何公差规范标注

几何公差规范标注的组成包括公差框格、可选的辅助平面和要素框格以及可选的相邻标注，如图2-23所示。

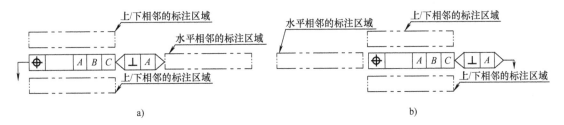

图 2-23 几何公差规范标注的组成

（1）公差框格 公差框格（图 2-23a）可以分成两个部分或三个部分。第一部分用于标注符号部分，应包含几何特征符号，见表 2-22；第二部分用于标注公差要求，为公差带、要素与特征部分，标注规范要素的组别和顺序。先标注公差带（包括形状 $\phi/s\phi$、宽度与范围、组合或独立 CZ/SZ、偏置公差带 UZ 和约束 OZ/VA），再标注被测要素（包括滤波要素 G/S、拟合被测要素 ⓒ/ⓖ/ⓝ 等和导出要素 Ⓐ/Ⓟ），再标注特征值（包括评定拟合参数 C/CE/CI 等、评定参数 P/V/T/Q），再标注实体状态 Ⓜ/Ⓛ 和状态符号 Ⓕ；当有基准时可以有第三部分，并且可以包含一至三部分。这些部分自左向右顺序排列。

（2）辅助平面与要素框格 辅助平面与要素框格（图 2-23b）有相交平面框格、定向平面框格、方向要素框格以及组合平面框格，这些均可作为公差框格的延伸部分标注在公差框格的右侧。若需标注其中的若干个，相交平面框格则应在最接近公差框格的位置标注，其次是定向平面框格或方向要素框格（此两个不应同时标注），最后是组合平面框格。当标注此类框格中的任何一个时，参照线可以连接于公差框格的左侧或右侧，或最后一个可选框格的右侧。

1）相交平面框格：相交平面是用于标识线要素要求的方向，例如在平面上线要素的直线度、线轮廓度、要素的线要素的方向以及面要素上的线要素的"全周"规范。仅当面要素为"回转型（圆锥或圆环）""圆柱型"和"平面型"之一时，才可以用于构建相交平面族。当被测要素是组成要素上的线要素、给定方向上的线要素时，应标注相交平面框格。相交平面应按照平行于、垂直于、保持特定的角度于或对称于相对相交平面框格所标注的基准（第二格）构建，但不产生附加的方向约束。相交符号应放置在相交平面框格的第一格。需注意的是回转体的轴线不适用"平行于"，平面不适用"对称于"基准构建。

2）定向平面框格：定向平面是用于标识被测（导出）要素的中心线/点要素要求的方向。如果被测要素是中心线/点且公差带的宽度是由两平行平面限定的，或被测要素是中心点且公差带是由一个圆柱限定的，或被测要素公差带相对于其他要素定向且该要素是基于工件的提取要素构建的，能够标识公差带的方向，应标注定向平面框格。定向平面既能控制公差带构成平面的方向（直接使用框格中的基准与符号），又能控制公差带宽度的方向（间接地与这些平面垂直），或能控制圆柱形公差带的轴线方向。当需要定义矩形区域时也可以标注定向平面。仅当面要素为"回转型（圆锥或圆环）""圆柱型"和"平面型"之一时，才可以用于构建定向平面。定向平面应按照平行于、垂直于、倾斜于相对定向平面框格所标注的基准（第二格）构建。定向符号应放置在定向平面框格的第一格。需注意的是回转体的轴线的"两个平行平面型"公差带和平面的"圆柱型"公差带不适用"平行于"基准构建。

3）方向要素框格：用于被测要素是组成要素且公差带宽度的方向与面要素不垂直时来确定公差带宽度的方向。另外，应使用方向要素框格标注非圆柱体（或球体）的回转体表面圆度的公差带宽度方向。仅当面要素为"回转型（圆锥或圆环）""圆柱型"和"平面型"之一时，才可以用于构建方向要素。当被测要素是组成要素并且公差带的宽度与规定的几何要素非法向关系，或对非圆柱体或球体的回转体表面使用圆度公差时，应标注方向要素框格。方向要素应按照平行于、垂直于、倾斜于或跳动于相对方向要素框格所标注的基准（第二格）构建。方向符号应放置在方向要素框格的第一格。需注意的是平面的（组成或中心）不适用"跳动于"基准构建，"跳动于"仅适用于当被测要素本身作为基准并且其方向是通过被测要素本身的面要素给出时，不适用于导出要素。

4）组合平面框格：标注在公差框格区域的延伸部分。当使用"全周"符号标识适用于要素集合的规范时，应标注组合平面。组合平面可以标识一组单一要素，与平行于组合平面的任意平面相交为线要素或点要素。可用于相交平面的同一类要素构建组合平面。相交平面框格的第一部分的同一符号也可以用于组合平面框格的第一部分，且含义相同。

（3）相邻标注 相邻标注框格（补充标注，图 2-23 中水平相邻的标注区域）在与公差框格相邻的可标注补充的标注。上/下相邻的标注区域（与公差框格左对齐）与水平相邻的标注区域（在公差框格右面左对齐，在公差框格左面右对齐）内的标注具有相同的含义，优先选用上相邻的标注区域标注。相邻标注框格可以标注被测要素（如截面 ACS、多个 $n \times$、联合要素 UF、螺纹 MD/LD/PD）、成组要素和多层公差等。

2.5.2 形状公差

形状公差是被测提取（实际）要素在形状上允许的变动全量。形状公差涉及的几何要素是线和面，它们的误差与公差有多种类型项目，不像尺寸误差那样单一。对中心线、素线、棱线及狭长表面（如导轨面），形状误差主要是控制直线度；对平面要求控制平面度；对旋转体要求控制圆度、圆柱度、圆锥度及球度等；对曲线和曲面要求控制线轮廓度和面轮廓度。为了保证互换性，目前世界上许多国家（包括我国）的国家标准所规定的公差项目和符号都与 ISO 国际标准趋于一致，具体情况见表 2-22。其中尤以直线度、平面度、圆度用得较为普遍。圆柱度和线、面轮廓度是后来提出的项目（圆锥度另有国家标准）。

1. 形状误差的基本评定原则和方法

形状误差是被测提取（实际）要素对其拟合要素（替代理想要素）的变动量。拟合要素的位置不同，提取（实际）组成要素与之比较时所反映的差异也将不同。因此，为了正确和统一地评定形状误差，就必须明确拟合要素的位置。拟合要素的位置应符合最小条件原则。

（1）最小条件原则 被测提取（实际）要素对其拟合要素的最大变动量为最小。

形状误差值用最小包容区域的宽度或直径表示。最小包容区域是指包容被测提取（实际）要素时，具有最小宽度 f 或直径 ϕf 的包容区域。各公差项目最小包容区域的形状分别和各自的公差带形状一致，但宽度（或直径）由被测提取要素本身决定。

对于提取导出要素（中心线、中心面等），其拟合要素位于被测提取导出要素之中，如图 2-24 所示的理想轴线 L_1。对于提取组成要素（线、面轮廓度除外），其拟合要素位于实体之外且与被测提取组成要素相接触，如图 2-25 所示的理想圆 C_1 和理想直线 $A_1 - B_1$。

图 2-25b 所示为拟合直线位于三种不同方位来评定同一表面轮廓的直线度误差。直线可能的方向有 $A_1 - B_1$、$A_2 - B_2$、$A_3 - B_3$，相应距离为 $h_1 < h_2 < h_3$。因此，两直线恰当的方向应该是 $A_1 - B_1$，距离 h_1 应该不大于给定的公差值。

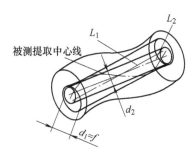

图 2-24　拟合要素位于导出要素中

1) 直线度的评定。当单一被测要素处于距离小于或等于给定公差值的两直线之间时，其直线度是合格的。这两直线的方向取决于它们之间的最大距离为尽可能小的值。评定时应将拟合直线从轮廓外侧贴靠被测实际轮廓，评定的方位可作出很多，但其中必有且只有一个值为最小（图 2-25b）。

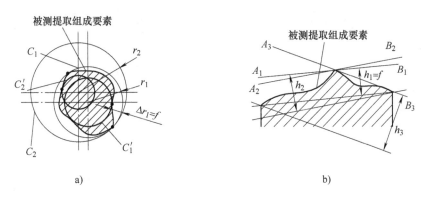

a)　　　　　　　　　　　　　　b)

图 2-25　拟合要素位于实体外

2) 平面度的评定。当单一被测要素处于距离小于或等于给定公差值的两平面之间时，其平面度是合格的。这两平面的方向取决于它们之间的最大距离为尽可能小的值，如图 2-26 所示。

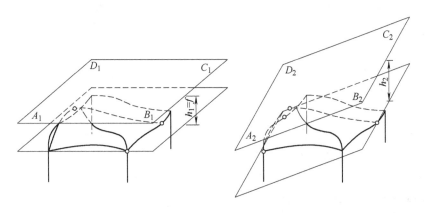

图 2-26　平面度的评定

图 2-26 中，平面可能的方向：$A_1 - B_1 - C_1 - D_1$（距离 h_1），$A_2 - B_2 - C_2 - D_2$（距离 h_2）且 $h_1 < h_2$。因此，两平面恰当的方向应该是 $A_1 - B_1 - C_1 - D_1$。距离 h_1 应该不大于给定的公差值。

3）圆度的评定。当单一被测要素处于半径差小于或等于给定公差值的两同心圆之间时，其圆度是合格的。这两圆的圆心位置和半径值取决于它们的半径差为尽可能小的值。如图 2-25a 所示，两同心圆的确切位置应该选定 C_1 和 C_1'，半径差 Δr_1 应该不大于给定的公差值 f。

4）圆柱度的评定。当单一被测要素处于半径差小于或等于给定公差值的两同轴圆柱面之间时，其圆柱度是合格的。这两个圆柱面的轴线位置和半径值取决于它们的半径差为尽可能小的值。

两同轴圆柱面轴线的可能位置如图 2-27 所示，它们的最小半径差 $\Delta r_2 < \Delta r_1$，两同轴圆柱面的确切位置应该选定 A_2。半径差 Δr_2 应该不大于给定的公差值。

虽然按最小条件原则来评定形状误差最为理想，其结果唯一，概念统一且误差值最小，对保证零件合格率有利，但在很多情况下，寻找和判断符合最小条件原则的方位很麻烦，也很困难。因此，在实际应用中还有一些近似评定误差的方法，但在仲裁性测量及作极重要的测量时，仍应要求按最小条件原则来进行评定。

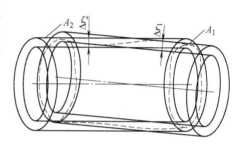

图 2-27　圆柱度的评定

（2）其他常用的评定原则和方法

1）最小二乘原则：以圆度误差的评定为例，是指从被测提取（实际）要素的轮廓上的各点到某圆的距离的二次方和为最小，该圆为最小二乘圆，即

$$\sum_{i=1}^{n} (r_i - R)^2 = \min(i = 1, 2, \cdots, n)$$

式中，r_i 为被测要素上的第 i 点到最小二乘圆圆心的距离；R 为最小二乘圆半径。

以最小二乘圆的圆心为圆心，作两个同心圆包容被测实际要素，其半径差为圆度误差值。

按最小二乘原则评定圆度误差，其误差值也是唯一的，但比按最小条件原则测得的误差值大。对于直线度和平面度误差，也可以分别用最小二乘直线和最小二乘平面来评定。

2）首尾两点连线法：评定直线度误差的方法，是以被测实际要素的测量段的首尾两点连线作为理想直线的评价方法，用与其平行的两平行直线包容被测实际要素，两条平行直线的法向距离为直线度误差值。按首尾两点连线原则评定直线度误差，其误差值也是唯一的，但比按最小条件原则测得的误差值大，但该值如果在给定公差范围内，直线度是合格的。

3）对角线法：评定平面度误差的方法，以通过平面状被测实际要素轮廓的一条对角线作另一条对角线的平行平面为理想平面的评价方向，用与理想平面平行的两平行平面包容被测实际要素，两平行平面间的法向距离为平面度误差值。按对角线原则评定平面度误差，其误差值也是唯一的，但比按最小条件原则测得的误差值大，但该值如果在给定公差范围内，平面度是合格的。

4）两点法和三点法：评定圆度误差的方法，两点法是在不同测量方位上作两点对径测量，这种方法适合用于测量椭圆状的圆度误差，经常出现在用顶尖装夹工件的车削或磨削中；三点法选择两个基准点和一个测量点，这种方法适合用于测量多棱轮廓的圆度误差，经常出现在无心磨削加工的场合。按两点法或三点法评定圆度误差，其误差值比按最小条件原则测得的误差值大，但该值如果在给定公差范围内，圆度是合格的。

2. 形状公差项目及标注

形状公差是提取（实际）要素在形状上所允许的变动全量。在生产中，形状误差也是用公差或公差带来加以限制。形状公差带要比尺寸公差带复杂，它除公差值大小（公差带宽度或直径）外，还有公差带的方向、形状和位置，它们共同称为几何公差带的四要素。

形状公差值在图样上是以 mm 为单位标注在公差框格里；公差带的方向即图样上箭头所指的方向，严格说应按最小条件原则或采用其他常用的评定原则确定。

公差带的形状有多种，它决定于公差项目和具体控制的要求；公差带的位置有浮动和固定两种，即形状公差带可用尺寸公差或理论正确尺寸定位。若用尺寸公差定位，则形状公差带可在尺寸公差带内浮动，即随实际尺寸的变化而浮动；若用理论正确尺寸定位，则公差带位置是固定的（主要用于轴线的直线度和部分线、面轮廓度）。

形状公差项目及标注见表 2-24。

表 2-24 形状公差项目及标注

项目	标注示例	公差带图示	被测提取（实际）要素	公差带限定范围
直线度	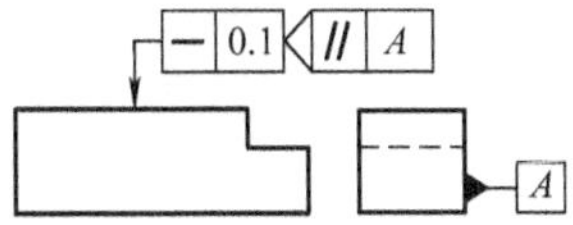	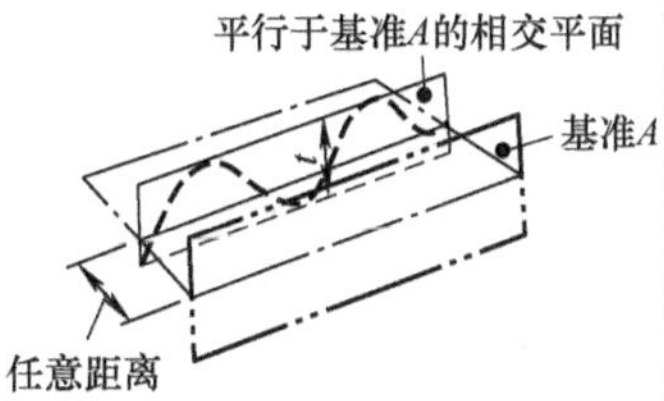	线	在由相交平面框格规定的平面内，上表面的提取（实际）线应限定在间距等于 0.1mm 的两平行直线之间。被测要素是组成要素或导出要素，其公称被测要素的属性与形状为明确给定的直线或一组直线，属于线要素
	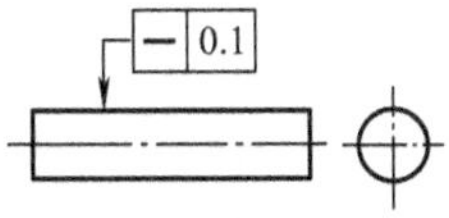	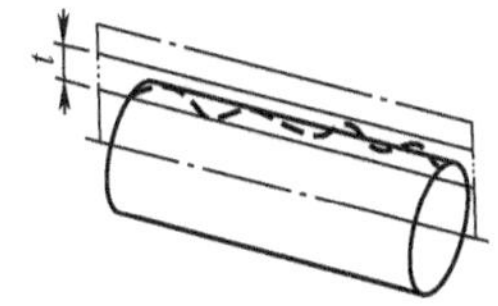	圆柱表面上任一素线	圆柱表面提取（实际）线应限定在间距等于 0.1mm 的两平行平面之间
	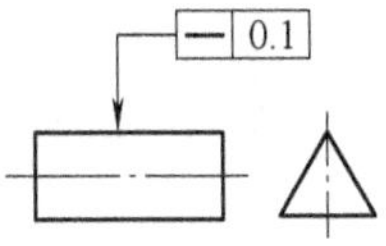	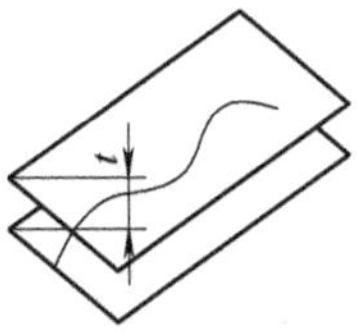	棱边	提取（实际）棱边应限定在间距等于 0.1mm 的两平行平面之间
	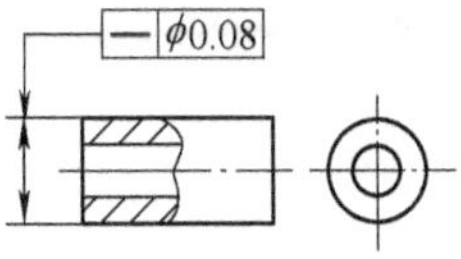	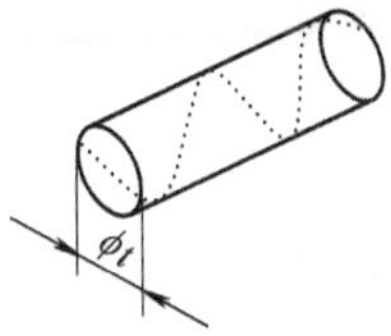	中心线	圆柱面的提取（实际）中心线应限定在直径等于 $\phi0.08$mm 的圆柱体内区域

（续）

<table>
<tr><th>项目</th><th>标注示例</th><th>公差带图示</th><th>被测提取（实际）要素</th><th>公差带限定范围</th></tr>
<tr><td>平面度</td><td>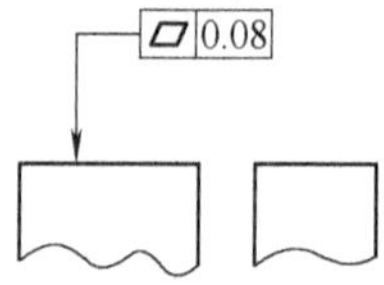0.08</td><td>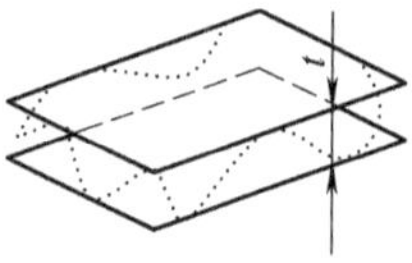t</td><td>平面</td><td>提取（实际）表面应限定在间距等于 0.08mm 的两平行平面之间。被测要素是组成要素或导出要素，其公称被测要素的属性与形状为明确给定的平表面，属于面要素</td></tr>
<tr><td rowspan="2">圆度</td><td>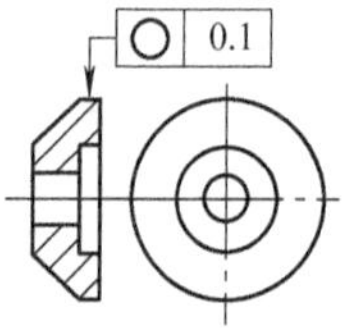0.1</td><td>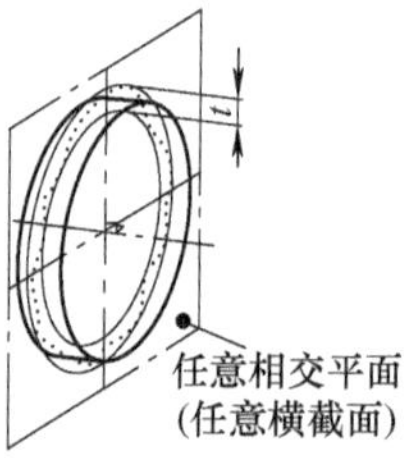t
任意相交平面
(任意横截面)</td><td rowspan="2">圆周截面轮廓</td><td rowspan="2">在圆柱面与圆锥面的任意横截面内，提取（实际）圆周轮廓线限定在半径差等于 0.1mm 的两共面同心圆之间。圆柱面采用缺省应用方式，而对于圆锥面则应使用方向要素框格进行标注。被测要素是组成要素，其公称被测要素的属性与形状为明确给定的圆周线或一组圆周线，属于线要素</td></tr>
<tr><td>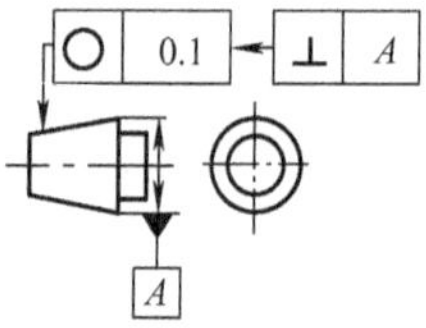0.1
A
A</td><td>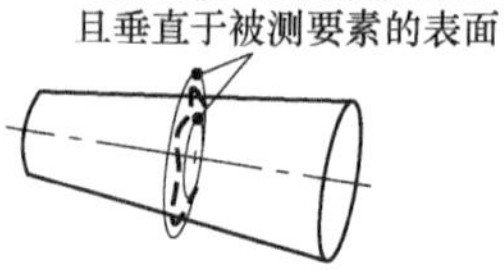基于基准A的圆(被测要素的轴线)，在圆锥表面上且垂直于被测要素的表面</td></tr>
<tr><td>圆柱度</td><td>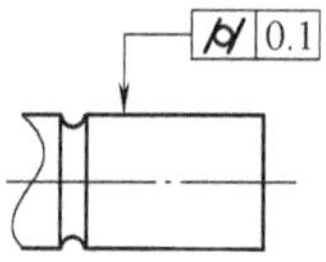0.1</td><td>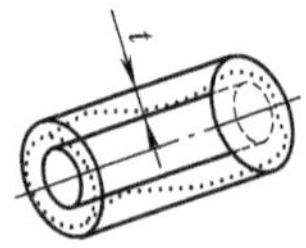t</td><td>圆柱面</td><td>提取（实际）圆柱表面轮廓线应限定在半径差等于 0.1mm 的两同轴圆柱面之间。被测要素是组成要素，其公共被测要素的属性与形状为明确给定的圆柱面，属于面要素</td></tr>
</table>

3. 形状公差值

国家标准 GB/T 1184—1996 规定了形状公差值，包括在公差框格内给出的公差值和不在图样上标注的未注公差值（相当于尺寸公差中的“一般公差”）。

公差框格内给出的形状公差共分 12 级（圆度和圆柱度还多一个 0 级）。直线度和平面度公差见表 2-25；圆度和圆柱度公差见表 2-26。线、面轮廓度是较新的项目，其公差值有待进一步总结，故标准中未作推荐。

不在图样上标注几何公差的要素，其几何公差要求在标准中规定有“未注公差值”，公差等级分 H、K、L 三级（限于篇幅，这里不都列出）。

表 2-25　直线度和平面度公差

主参数 L /mm	公差等级											
	1	2	3	4	5	6	7	8	9	10	11	12
	公差值/μm											
≤10	0.2	0.4	0.8	1.2	2	3	5	8	12	20	30	60
>10~16	0.25	0.5	1	1.5	2.5	4	6	10	15	25	40	80
>16~25	0.3	0.6	1.2	2	3	5	8	12	20	30	50	100
>25~40	0.4	0.8	1.5	2.5	4	6	10	15	25	40	60	120
>40~63	0.5	1	2	3	5	8	12	20	30	50	80	150
>63~100	0.6	1.2	2.5	4	6	10	15	25	40	60	100	200
>100~160	0.8	1.5	3	5	8	12	20	30	50	80	120	250
>160~250	1	2	4	6	10	15	25	40	60	100	150	300
>250~400	1.2	2.5	5	8	12	20	30	50	80	120	200	400
>400~630	1.5	3	6	10	15	25	40	60	100	150	250	500
>630~1000	2	4	8	12	20	30	50	80	120	200	300	600
>1000~1600	2.5	5	10	15	25	40	60	100	150	250	400	800
>1600~2500	3	6	12	20	30	50	80	120	200	300	500	1000
>2500~4000	4	8	15	25	40	60	100	150	250	400	600	1200
>4000~6300	5	10	20	30	50	80	120	200	300	500	800	1500
>6300~10000	6	12	25	40	60	100	150	250	400	600	1000	2000

未注公差值在技术文件或图样上的技术要求中应写明："几何未注公差采用 GB/T 1184-H（或 K 或 L）级"。在一张图样上，未注公差值应采用一个等级。

表 2-26　圆度和圆柱度公差

主参数 d (D) /mm	公差等级												
	0	1	2	3	4	5	6	7	8	9	10	11	12
	公差值/μm												
≤3	0.1	0.2	0.3	0.5	0.8	1.2	2	3	4	6	10	14	25
>3~6	0.1	0.2	0.4	0.6	1	1.5	2.5	4	5	8	12	18	30
>6~10	0.12	0.25	0.4	0.6	1	1.5	2.5	4	6	9	15	22	36
>10~18	0.15	0.25	0.5	0.8	1.2	2	3	5	8	11	18	27	43
>18~30	0.2	0.3	0.6	1	1.5	2.5	4	6	9	13	21	33	52
>30~50	0.25	0.4	0.6	1	1.5	2.5	4	7	11	16	25	39	62
>50~80	0.3	0.5	0.8	1.2	2	3	5	8	13	19	30	46	74
>80~120	0.4	0.6	1	1.5	2.5	4	6	10	15	22	35	54	87
>120~180	0.6	1	1.2	2	3.5	5	8	12	18	25	40	63	100
>180~250	0.8	1.2	2	3	4.5	7	10	14	20	29	46	72	115
>250~315	1	1.6	2.5	4	6	8	12	16	23	32	52	81	130
>315~400	1.2	2	3	5	7	9	13	18	25	36	57	89	140
>400~500	1.5	2.5	4	6	8	10	15	20	27	40	63	97	155

2.5.3 基准的建立

在形状公差中，除线、面轮廓度有时用到基准外，方向、位置、跳动公差都是以确定基准为前提的（只有少数位置度例外），是被测实际要素的方向或位置对具有确定方向或位置的拟合要素的变动量，而拟合要素的方向或位置则需由基准确定。因此，在一般情况下，在设计图样上提出以上三种位置公差要求时，一定要注明基准。可作为基准的要素有点、线或面。

由于实际基准要素本身也有形状误差，故由实际基准要素建立基准时，应该以实际基准要素的拟合要素为基准，而此拟合基准的方向或位置，应按最小条件原则来确定。

与形状误差一样，实际测量和评定方向、位置、跳动误差时，其基准要素也常常难以完全按最小条件原则来确定，但对极重要的高精度测量和仲裁的场合，应按最小条件原则评定。

由于基准要素存在加工误差，因此它们通常表现为中凹、中凸或锥形等误差，此时可选用模拟法或拟合法建立基准。

1. 以一个组成要素做基准

常采用模拟基准要素建立基准，将基准要素放置在模拟基准要素（如平板）上，并使它们之间的最大距离为最小。当基准要素相对于接触表面不能处于稳定状态时，应在两表面之间加上距离适当的支承，如图 2-28 所示。

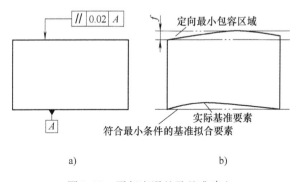

a)   b)

图 2-28   平行度误差及基准建立

图 2-28a 所示为被测要素上表面对基准要素下表面 A 的平行度公差为 0.02mm。图 2-28b 所示为被测提取要素和实际基准要素的情况。图 2-28b 中的平行度误差应在垂直于模拟基准的方向上量取，即以包容被测实际要素且与模拟基准要素平行的、宽度最小的两平行平面的距离为其平行度误差值。该两平行平面之间的区域称为定向最小包容区域（方向公差）。此外还有定位最小包容区域，是指以拟合要素定位来包容被测实际要素时，具有最小宽度或直径的定位最小包容区域（位置公差）。

2. 以一个导出要素做基准

例如，以一个圆柱面的轴线作为基准，如图 2-29a 所示。采用模拟基准要素建立基准（如心棒），体现的是基准孔的最大内接圆柱面，基准即该圆柱面的轴心，此时圆柱面在任何方向的可能摆动量应均等，如图 2-29b 所示。采用基准要素的拟合要素建立基准时，基准是基准要素（实际孔）的拟合组成要素的导出要素（轴线），如图 2-29c 所示。

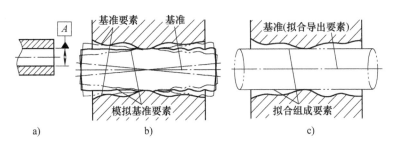

图 2-29 以一个导出要素做基准

3. 以公共导出要素做基准

例如，以两个或两个以上的基准要素的公共导出要素作为基准，如图 2-30a 所示。采用模拟基准要素建立基准时，基准是同轴的两个模拟基准孔的最小外接圆柱面的公共轴线，如图 2-30b 所示。采用基准要素的拟合要素建立基准时，基准是基准要素 A、B 的拟合导出要素的公共轴线，如图 2-30c 所示。

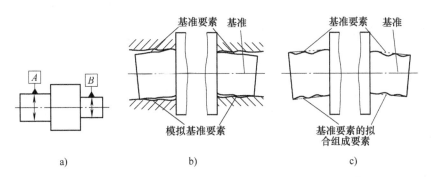

图 2-30 以公共导出要素做基准

4. 以垂直于一个平面的一个圆柱面的轴线做基准

以平面基准 A 和左孔的中心线基准 B（垂直于 A 平面）组成基准体系，如图 2-31a 所示。从模拟法建立基准体系的角度，图 2-31b 中，基准 A 是模拟基准要素建立的平面基准，基准 B 是垂直于基准 A 的最大内接圆柱面（模拟基准轴）的导出要素（轴线）建立的基准。从分析法（拟合法）建立基准体系的角度，图 2-31c 中，基准 A 是拟合组成要素建立的平面基准。基准 B 是垂直于基准 A 的圆柱面拟合导出要素（中心线）建立的基准。

5. 三基面体系

方向公差通常仅需一个或两个基准，而位置公差则常需由三个相互垂直的平面组成的三基面体系，此时可根据功能要求确定各基准的先后顺序，如图 2-32 所示。

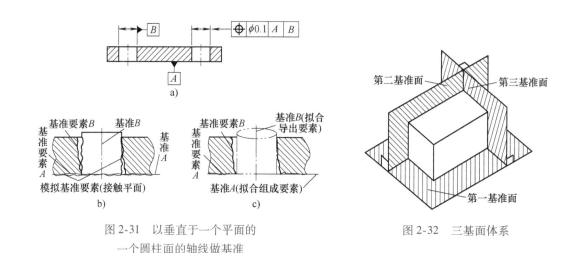

图 2-31   以垂直于一个平面的
一个圆柱面的轴线做基准

图 2-32   三基面体系

2.5.4   轮廓度公差项目

1. 线轮廓度公差

被测要素可以是组成要素或导出要素，其公称被测要素的属性由线要素或一组线要素明确给定；其公称被测要素的形状，除直线外，则应通过图样上完整的标注或基于 CAD 模型的查询明确给定。线轮廓度公差有与基准不相关的线轮廓度公差和相对于基准体系的线轮廓度公差。

2. 面轮廓度公差

被测要素可以是组成要素或导出要素，其公称被测要素的属性由某个面要素明确给定；其公称被测要素的形状，除平面外，则应通过图样上完整的标注或基于 CAD 模型的查询明确给定。面轮廓度公差有与基准不相关的面轮廓度公差和相对于基准的面轮廓度公差。

线轮廓度和面轮廓度可以视为同时适用于形状公差、方向公差和位置公差。轮廓度公差项目及标注见表 2-27。

表 2-27   轮廓度公差项目及标注

项目	基准	标注示例	公差带图示	被测实际（提取）要素	公差带限定范围
线轮廓度	无	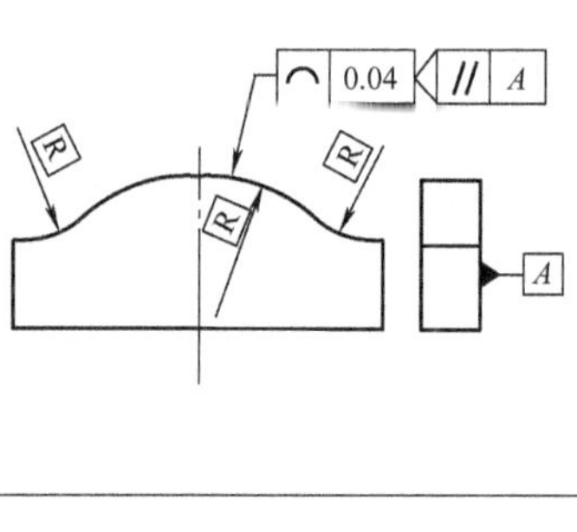	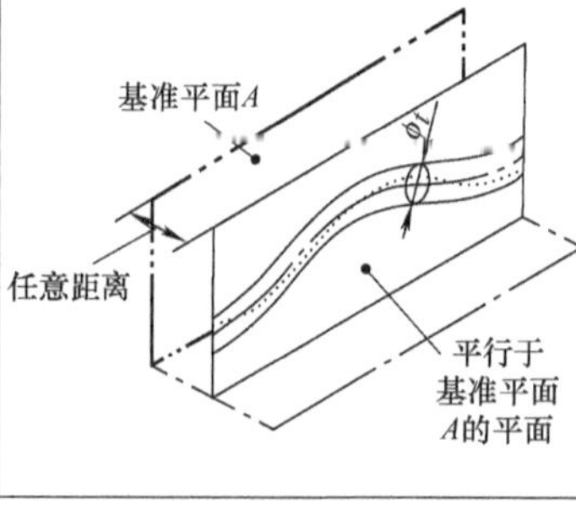	轮廓线	在任一平行于基准平面 A 的截面上，提取（实际）轮廓线应限定在直径等于 0.04mm，且圆心位于被测要素理论正确几何形状上一系列圆的两等距包络线之间

（续）

项目	基准	标注示例	公差带图示	被测实际（提取）要素	公差带限定范围
线轮廓度	有	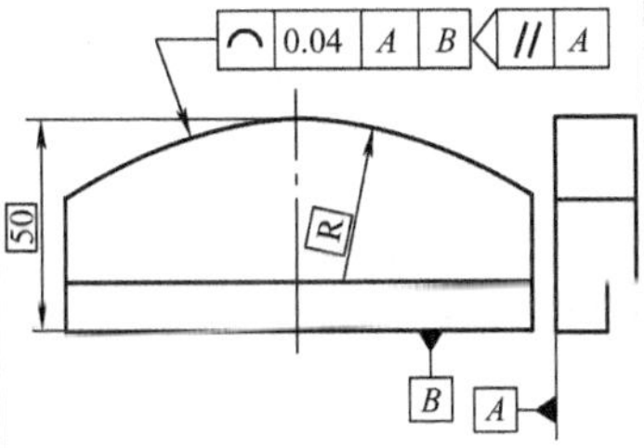	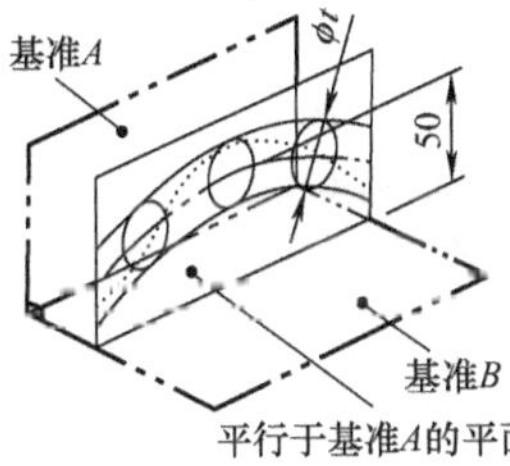	轮廓线	在任一由相交平面框格规定的平行于基准 A 的截面上，提取（实际）轮廓线应限定在直径等于 0.04mm，且圆心位于由基准平面 A 和 B 确定的被测要素理论正确几何形状上一系列圆的两等距包络线之间
面轮廓度	无	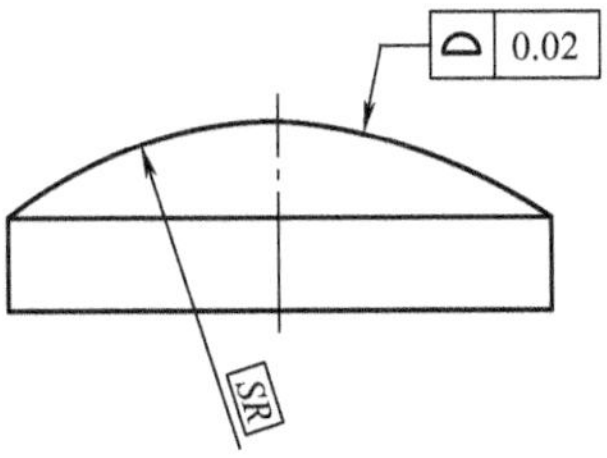	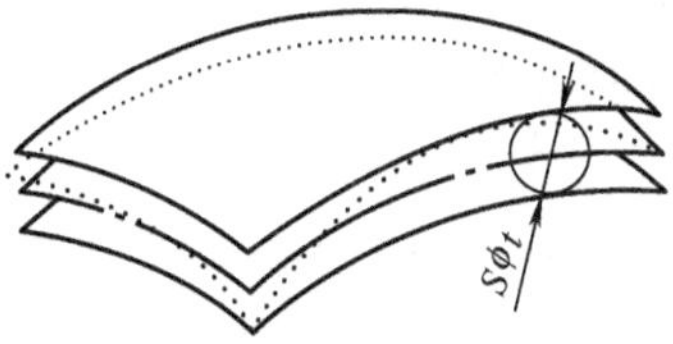	轮廓面	提取（实际）轮廓面应限定在直径等于 0.02mm，且球心位于被测要素理论正确几何形状表面上的一系列圆球的两等距包络面之间
	有	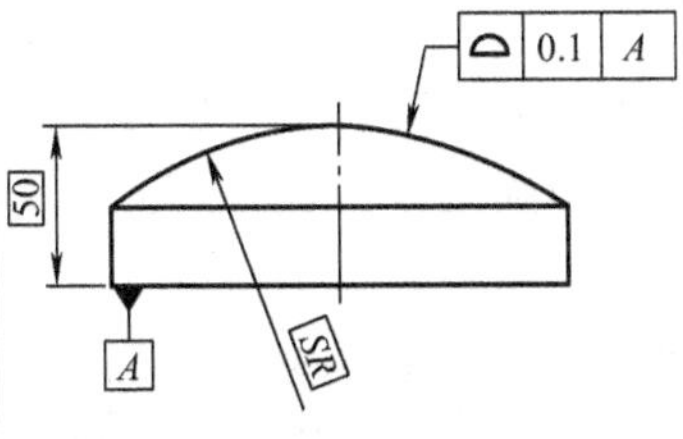	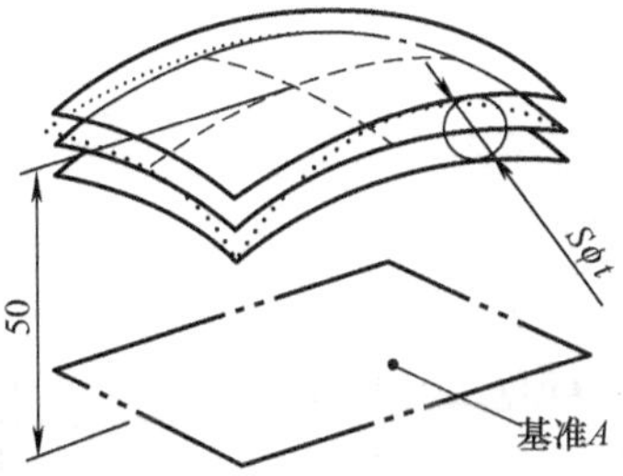	轮廓面	提取（实际）轮廓面应限定在直径等于 0.1mm，且球心位于由基准平面 A 确定的被测要素理论正确几何形状上的一系列圆球的两等距包络面之间

2.5.5 方向公差

方向公差是被测提取（实际）要素相对基准在方向上允许的变动全量。方向公差具有控制方向的功能，即控制被测要素对基准要素的方向。这类公差包括平行度、垂直度和倾斜度，其与基准的关系角度分别为 0°、90° 和 0° < α < 90°。平行度是限制被测要素相对于基准要素为相同方向的项目；垂直度是限制被测要素相对于基准要素垂直方向的项目；倾斜度是限制被测要素相对于基准要素 0°～90° 方向的项目。

1. 方向误差基本的评定原则和方法

方向误差是被测提取（实际）要素对一具有确定方向的拟合要素的变动量，拟合要素的方向由基准确定。因此，一般情况下，在设计图样上提出方向公差要求时，一定要注明基准。因为基准实际要素本身也有形状误差，所以由基准实际要素建立基准时，应以基准实际要素的拟合要素为基准，而基准拟合要素的方向，应按最小条件原则来确定。

（1）定向最小条件原则　方向误差值用定向最小包容区域的宽度或直径表示。定向最小包容区域是指按基准拟合要素的方向包容被测提取要素时，具有最小宽度 t 或直径 ϕt 的包容区域。各公差项目定向最小包容区域的形状，分别和各自的公差带形状一致，但宽度（或直径）由被测提取要素本身决定。对极重要的高精度测量和仲裁的场合，应按最小条件原则评定。

（2）其他常用的评定原则和方法　与形状误差一样，实际测量和评定方向误差时，其基准要素也难以按最小条件原则来确定，工程上可以用以下方法来体现基准，有的符合最小条件原则，但多数是近似符合最小条件原则。

1）直接法。当基准实际要素的形状误差很小，对其测量结果的影响可以忽略不计时，可以直接作为基准。

2）模拟法。通常采用形状误差很小的表面来体现基准。例如，用精密平板模拟基准平面；用高精度心轴装入基准孔，以心轴的轴线模拟基准孔轴线。

3）分析法。对基准实际要素进行测量后，根据测得数据用图解法或计算法确定基准实际要素的方向。

4）目标法。以基准实际要素上规定的若干点、线、面目标构成基准。一般点目标用球头支承来体现；线目标用刃口状支承或圆轴的素线来体现；面目标用平面目标来体现。目标法主要用于铸锻件、焊接件等表面粗糙和不规则的曲面。

2. 方向公差项目

被测要素可以是组成要素或导出要素，其公称被测要素的属性可以是线性要素、一组线性要素或面要素。公称被测要素的形状由直线或平面要素明确给定。如果被测要素是公称状态为平面上的一系列直线，应该标注相交公差框格。方向公差项目有平行度、垂直度和倾斜度。平行度应使用缺省的 TED（0°）定义锁定在公称被测要素与基准要素之间的 TED 角度；垂直度应使用缺省的 TED（90°）定义锁定在公称被测要素与基准要素之间的 TED 角度；倾斜度应使用至少一个明确的 TED 给定锁定在公称被测要素与基准要素之间的 TED 角度，另外的角度则可以通过缺省的 TED 给定（0°或90°）。

方向公差项目及标注见表 2-28。

表2-28　方向公差项目及标注

项目	基准	标注示例	公差带图示	被测提取（实际）要素	公差带限定范围
平行度	相对于基准体系的中心线平行度	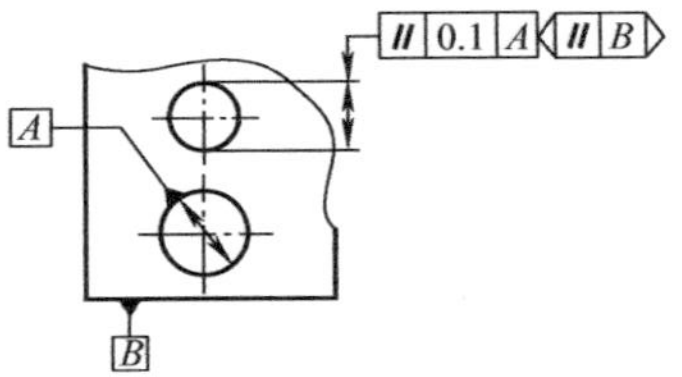 `// 0.1 A // B` 基准A、基准B	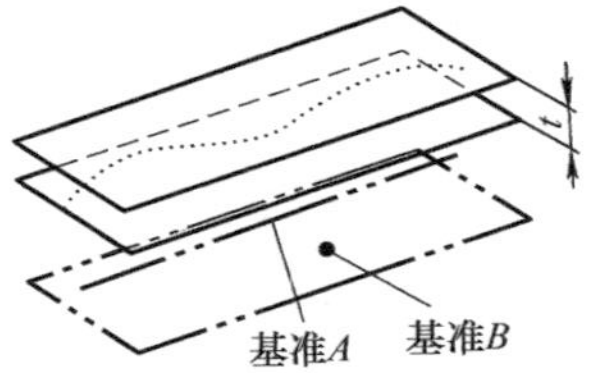 基准B、基准A	中心线	在与基准B平行的定向平面方向上，提取（实际）要素上孔的中心线应限定在间距等于0.1mm，且平行于基准轴线A的两个平行平面之间（两平行平面内区域）
		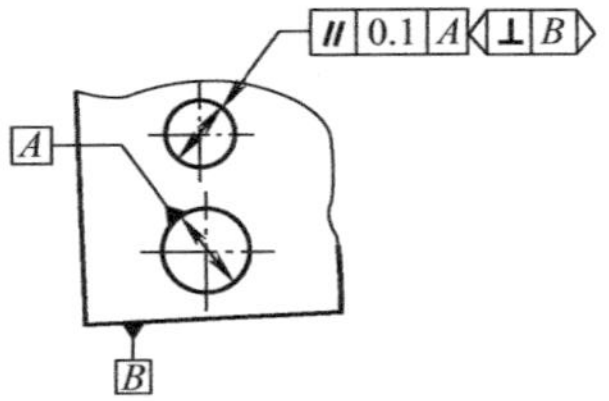 `⊥ 0.1 A ⊥ B` 基准A、基准B	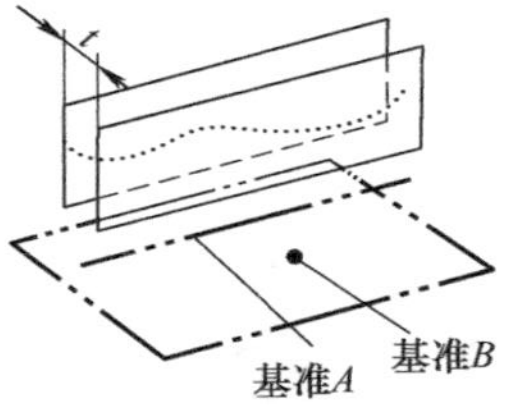 基准B、基准A	中心线	在与基准B垂直的定向平面方向上，提取（实际）要素上孔的中心线应限定在间距等于0.1mm，且平行于基准轴线A的两个平行平面之间（两平行平面内区域）
		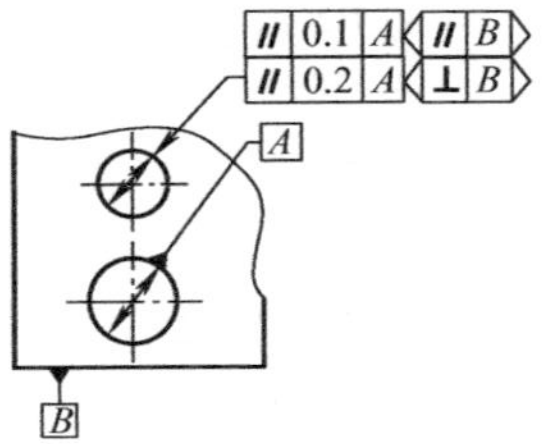 `// 0.1 A // B` `// 0.2 A ⊥ B` 0.2、0.1、基准A、基准B	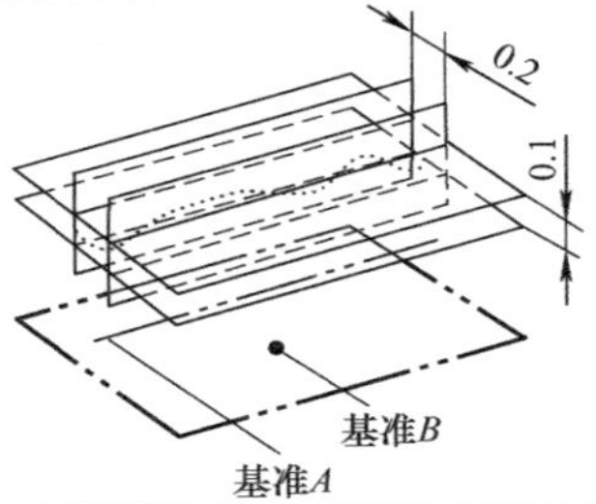 基准B、基准A	中心线	在与基准B平行（或垂直）的定向平面（或垂直）的中心线的定向平面应限定在两对同距平行平面之间，且平行于基准轴线A的平行平面之间分别等于0.1mm和0.2mm，且平行于基准轴线A的两平行平面之间（四棱柱内区域）。定向平面框格规定了公差带宽度相对于基准平面B的方向。基准B为基准A的辅助基准
	相对于基准直线的中心线平行度	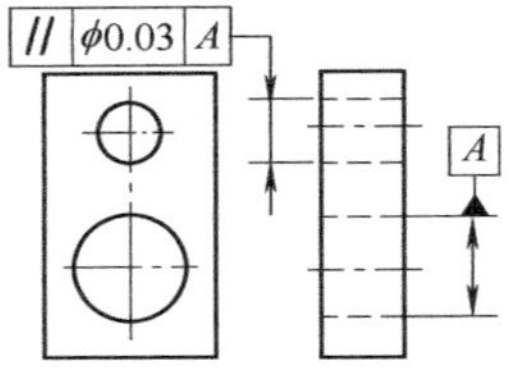 `// ⌀0.03 A` 基准A	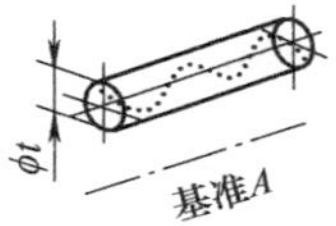 ⌀、基准A	中心线	提取（实际）要素上孔的中心线（下孔中心线）A的直径等于0.03圆柱面内。若公差值前加注"符号⌀"，则公差带定义为平行于基准轴线的直径等于公差值⌀的圆柱面所限定的区域（圆柱体内区域）

（续）

项目	基准	标注示例	公差带图示	被测提取（实际）要素	公差带限定范围
平行度	相对于基准面的中心线平行度	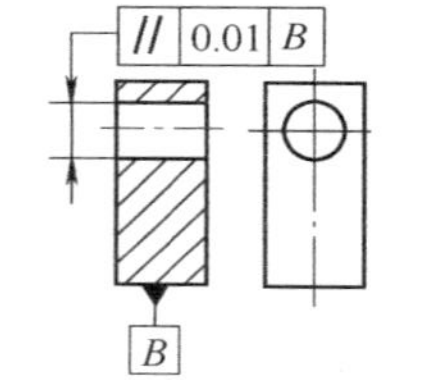 ∥ 0.01 B　B	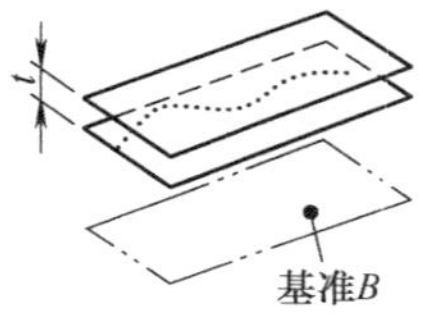 基准B	中心线	提取（实际）要素上孔的中心线应限定在间距等于0.01mm，且平行于基准平面B的两平行平面之间（两平行平面内区域）
	相对基准面的一组在一表面上的线平行度	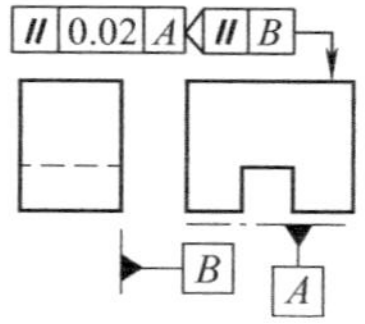 ∥ 0.02 A B　B A	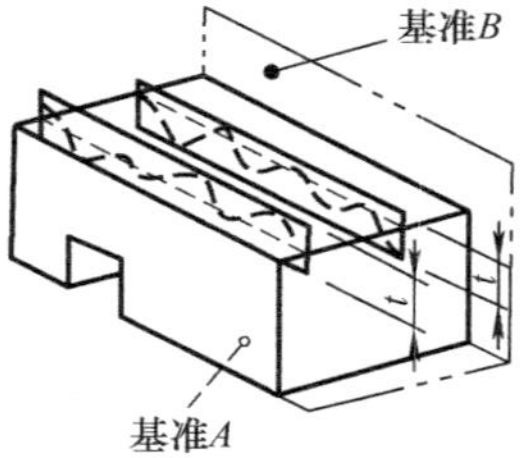 基准B 基准A	平面	每条由相交平面框格规定的平行于基准B的提取（实际）线要素应限定在间距等于0.02mm，且平行于基准平面A的两平行平面之间。基准B为基准A的辅助基准（因有基准体系存在，相当于两平行直线内区域）
	相对于基准直线的平面平行度	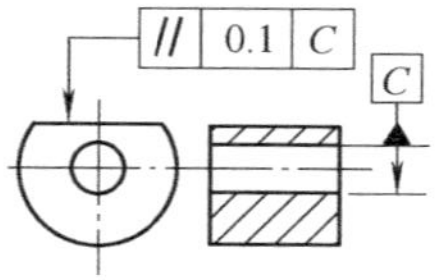 ∥ 0.1 C　C	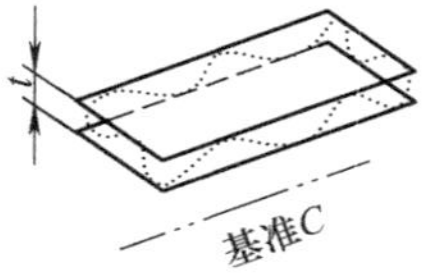 基准C	平面	提取（实际）要素上平面应限定在间距等于0.1mm，且平行于基准轴线C的两平行平面之间（两平行平面内区域）
	相对于基准面的平面平行度	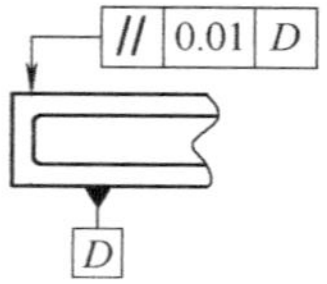 ∥ 0.01 D　D	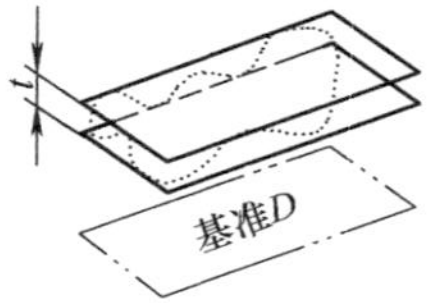 基准D	平面	提取（实际）要素上平面应限定在间距等于0.01mm，且平行于基准平面D的两平行平面之间（两平行平面内区域）

		被测要素	说明
相对于基准直线的中心线垂直度		中心线	提取（实际）要素斜孔的中心线应限定在间距等于 0.06mm，且垂直于基准轴 A 的两平行平面之间（两平行平面内区域）
相对于基准体系的中心线垂直度		中心线	在与基准 B 平行的定向平面方向上，圆柱面的提取（实际）中心线应限定在间距等于 0.1mm，且垂直于基准 A 的两平行平面之间（两平行平面内区域）
		中心线	在与基准 B 平行（或垂直）的定向平面方向上，圆柱的提取（实际）中心线应限定在间距分别等于 0.1mm 和 0.2mm 的两组平行平面之间（四棱柱内区域）。其中一组平行平面平行于辅助基准 B，另一组平行平面则垂直辅助基准 B
相对于基准面的中心线垂直度		中心线	圆柱面的提取（实际）中心线应限定在直径等于 0.03mm，且垂直于基准平面 A 的圆柱内（圆柱体内区域）

垂直度

（续）

项目	基准	标注示例	公差带图示	被测提取（实际）要素	公差带限定范围
垂直度	相对于基准直线的平面垂直度	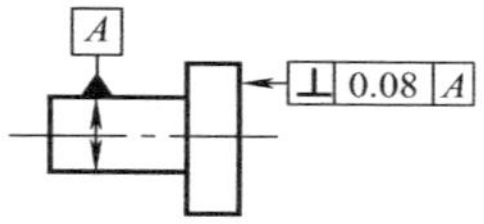 ⊥ 0.08 A（基准A）	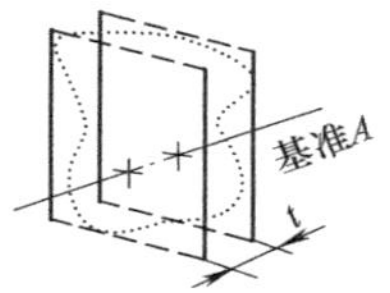 （公差带图示）	平面	提取（实际）要素右平面应限定在间距等于0.08mm，且垂直于基准轴线A的两平行平面之间（两平行平面内区域）
	相对于基准的平面垂直度	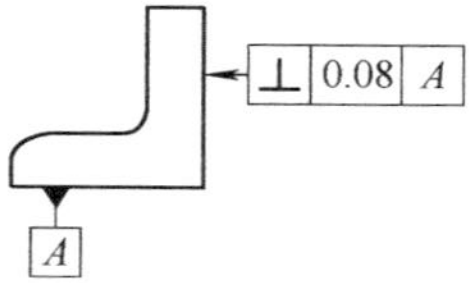 ⊥ 0.08 A	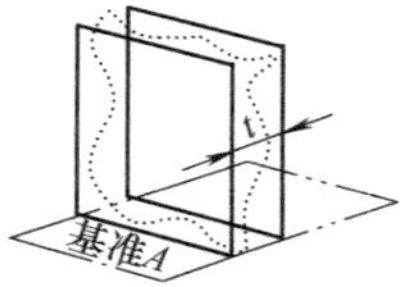 （公差带图示，基准A）	平面	提取（实际）要素右平面应限定在间距等于0.08mm，且垂直于基准平面A的两平行平面之间（两平行平面内区域）
倾斜度	相对于基准直线的中心线倾斜度	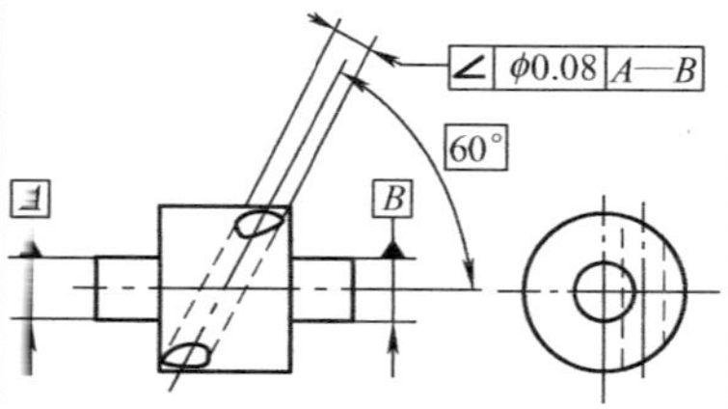 ∠ φ0.08 A—B　60°	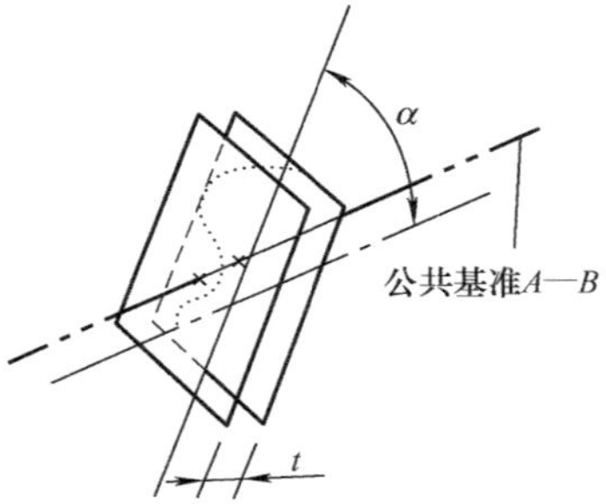 （公差带图示，公共基准A—B）	中心线	提取（实际）要素斜孔中心线应限定在间距等于0.08mm，且按理论正确角度60°倾斜于公共基准轴线A—B的两平行平面之间（两平行平面内区域）
		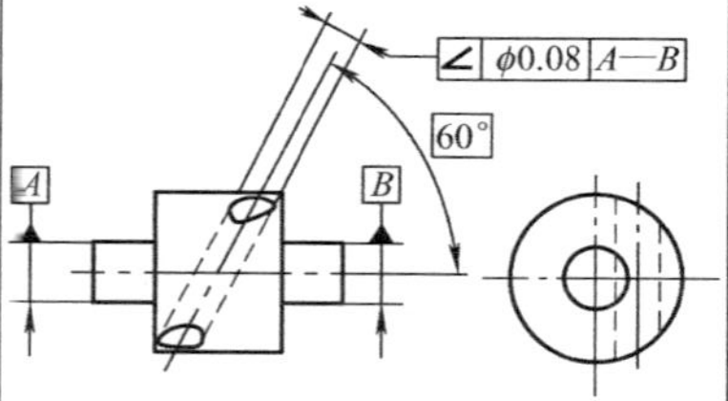 ∠ φ0.08 A—B　60°	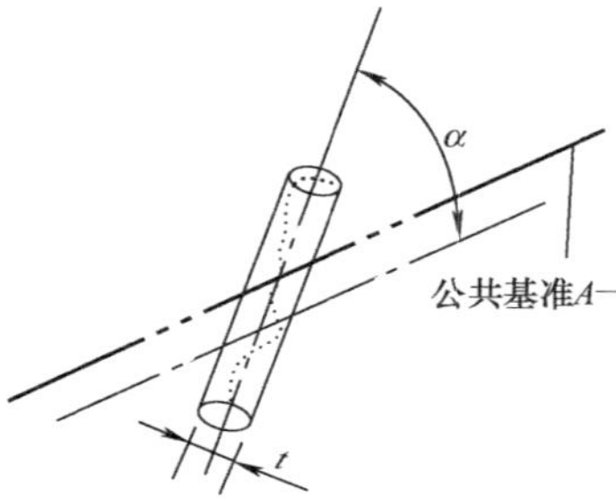 （公差带图示，公共基准A—B）	中心线	提取（实际）要素斜孔中心线应限定在间距等于0.08mm，且按理论正确角度60°倾斜于公共基准轴线A—B的两平行平面之间（两平行平面内区域）

倾斜度	公差标注	公差带定义图	要素	说明
相对于基准体系的中心线倾斜度	∠ ϕ0.1 A B　60°　A　B		中心线	提取（实际）要素斜孔中心线应限定在直径等于0.1mm，按理论正确角度60°倾斜于基准平面A且平行行于基准平面B的圆柱面内（圆柱体内区域）
相对于基准直线的平面倾斜度	∠ 0.1 A　A　75°		平面	提取（实际）要素斜面应限定在间距等于0.1mm，且按理论正确角度75°倾斜于基准轴线A的两平行平面之间（两平行平面内区域）
相对于基准的平面倾斜度	∠ 0.08 A　40°　A		平面	提取（实际）要素斜面应限定在间距等于0.08mm，且按理论正确角度40°倾斜于基准平面A的两平行平面之间（两平行平面内区域）

3. 方向公差值

平行度、垂直度和倾斜度公差见表2-29。"未注公差值"分 H、K、L 三级。

未注方向公差值在技术文件或图样上的技术要求中写明："未注几何公差采用 GB/T 1184-H （或 K 或 L）级"，在一张图样上，未注公差值应采用一个等级。

表2-29　平行度、垂直度和倾斜度公差（摘自 GB/T 1184—1996）

主参数 L, $d(D)$ /mm	公差等级											
	1	2	3	4	5	6	7	8	9	10	11	12
	公差值/μm											
≤10	0.4	0.8	1.5	3	5	8	12	20	30	50	80	120
>10 ~16	0.5	1	2	4	6	10	15	25	40	60	100	150
>16 ~25	0.6	1.2	2.5	5	8	12	20	30	50	80	120	200
>25 ~40	0.8	1.5	3	6	10	15	25	40	60	100	150	250
>40 ~63	1	2	4	8	12	20	30	50	80	120	200	300
>63 ~100	1.2	2.5	5	10	15	25	40	60	100	150	250	400
>100 ~160	1.5	3	6	12	20	30	50	80	120	200	300	500
>160 ~250	2	4	8	15	25	40	60	100	150	250	400	600
>250 ~400	2.5	5	10	20	30	50	80	120	200	300	500	800
>400 ~630	3	6	12	25	40	60	100	150	250	400	600	1000
>630 ~1000	4	8	15	30	50	80	120	200	300	500	800	1200
>1000 ~1600	5	10	20	40	60	100	150	250	400	600	1000	1500
>1600 ~2500	6	12	25	50	80	120	200	300	500	800	1200	2000
>2500 ~4000	8	15	30	60	100	150	250	400	600	1000	1500	2500
>4000 ~6300	10	20	40	80	120	200	300	500	800	1200	2000	3000
>6300 ~10000	12	25	50	100	150	250	400	600	1000	1500	2500	4000

2.5.6　位置公差

位置公差是被测提取（实际）要素相对基准在位置上允许的变动全量。所以位置公差具有确定位置的功能，即确定被测要素相对基准要素的位置。这类公差包括同心度、同轴度、对称度和位置度。同心度、同轴度是限制被测圆心、轴线偏离基准圆心、轴线的项目；对称度是限制被测要素（一般为轴线或中心平面）偏离基准要素的项目；位置度则是限制被测要素（点、线、面）实际位置偏离基准要素的项目，基准要素由尺寸公差和理论正确尺寸确定。位置度常用于限制零件上孔组的位置，孔组内各孔之间用理论正确尺寸标注，理论正确尺寸是确定被测要素拟合位置的尺寸，该尺寸不直接附带公差，误差由位置度公差限制。各孔的拟合轴线构成的几何图形称为几何图框，几何图框是确定一组被测要素之间的拟合位置和它们与基准之间的正确几何关系的图形。孔组在零件上的定位方式有两种：一是用尺寸公差定位，其提取要素形成的几何图框可以在位置公差带内平移或转动；二是要求严格时，用理论正确尺寸定位，其几何图框相对基准的位置是固定的，公差带位置也是固定的。

1. 位置误差基本的评定原则和方法

位置误差是被测提取（实际）要素对一具有确定位置的拟合要素的变动量，拟合要素的位置由基准确定，而基准由尺寸公差和理论正确尺寸定位。对于同轴度和对称度，理论正确尺寸为零。因此，一般情况下，在设计图样上提出位置公差要求时，除部分位置度要求外，要注明基准。因为基准实际要素本身也有形状误差，所以由基准实际要素建立基准时，应以基准实际要素的拟合要素为基准，而基准拟合要素的位置，应按最小条件原则来确定。

（1）定位最小条件原则　位置误差值用定位最小包容区域（简称定位最小区域）的宽度或直径表示。定位最小包容区域是指按基准拟合要素的位置包容被测提取要素时，具有最小宽度 t 或直径 ϕt 的包容区域。各公差项目定位最小包容区域的形状，分别和各自的公差带形状一致，但宽度（或直径）由被测（提取）要素本身决定。对极重要的高精度测量和仲裁的场合，应按最小条件原则评定。

（2）其他常用的评定原则和方法　测量和评定位置误差时，在满足零件功能要求的前提下，与方向误差一样，其基准要素也难以按最小条件原则来确定，工程上仍然可以用直接法、模拟法、分析法和目标法来体现基准，有的符合最小条件原则，但多数是近似符合最小条件原则。当用模拟法体现被测提取要素进行测量时，在实测范围内和所要求的范围内，两者之间的误差值，可按正比关系折算。

2. 位置公差项目

位置公差项目有位置度、同轴度（同心度）和对称度。

（1）位置度　被测要素可以是组成要素或导出要素。其公称被测要素的属性为一个组成要素或导出的点、直线、平面，或导出曲线、导出曲面。公称被测要素的形状，除直线与平面外，应通过图样上完整的标注或 CAD 模型的查询明确给定。

（2）同轴度（同心度）　被测要素可以是导出要素。其公称被测要素的属性与形状是点要素、一组点要素或直线要素。当所标注的要素的公称状态为直线，且被测要素为一组点要素时，应标注"ACS"。此时，每个点的基准也是同一横截面上的一个点。锁定公称被测要素与基准之间的角度与线性尺寸则由缺省的 TED 给定。

（3）对称度　被测要素可以是组成要素或导出要素。其公称被测要素的属性与形状可以是点要素、一组点要素、直线、一组直线或平面。当所标注的要素的公称状态为平面，且被测要素为该表面上的一组直线时，应标注相交平面框格。当所标注的要素的公称状态为直线，且被测要素为线要素上的一组点要素时，应标注"ACS"。此时，每个点的基准都是在同一横截面上的一个点。在公差框格中应至少标注一个基准，且该基准可锁定公差带的一个未受约束的转换。锁定公称被测要素与基准之间的角度与线性尺寸由缺省的 TED 给定。

位置公差项目及标注见表 2-30。

3. 位置公差值

同心度、同轴度、对称度和跳动公差见表 2-31。"未注公差值"分 H、K、L 三级。

未注位置公差值在技术文件或图样上的技术要求中写明："未注几何公差采用 GB/T 1184—H（或 K 或 L）级"，在一张图样上，未注公差值应采用一个等级。

表2-30　位置公差项目及标注

项目	基准	标注示例	公差带图示	被测提取（实际）要素	公差带限定范围
位置度	导出点的位置度	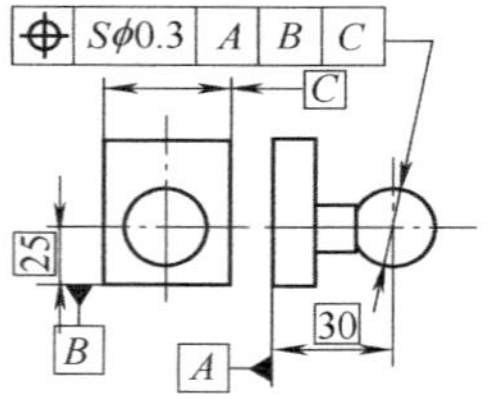	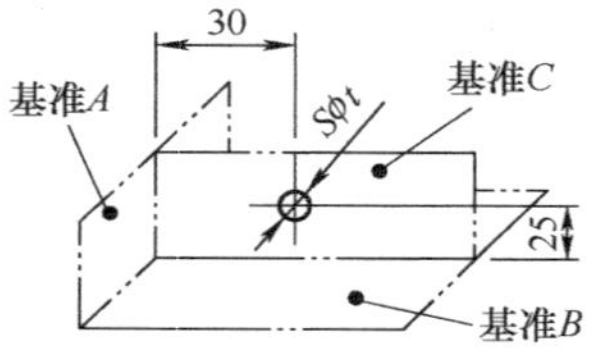	球心	提取（实际）要素球心应限制在直径等于0.3mm的圆球面内（球面内区域），且该圆球面的中心与基准平面A、B，基准中心平面C和理论正确尺寸30mm、25mm确定的位置一致
	中心线的位置度	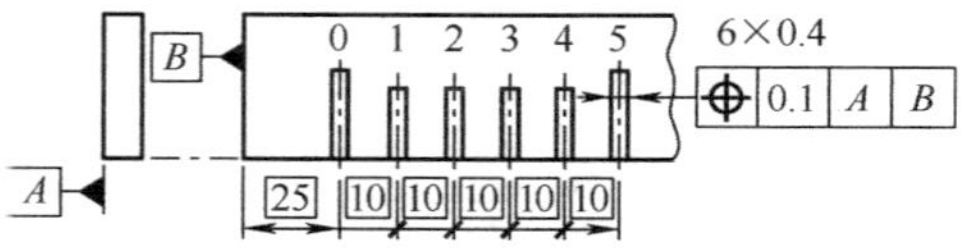	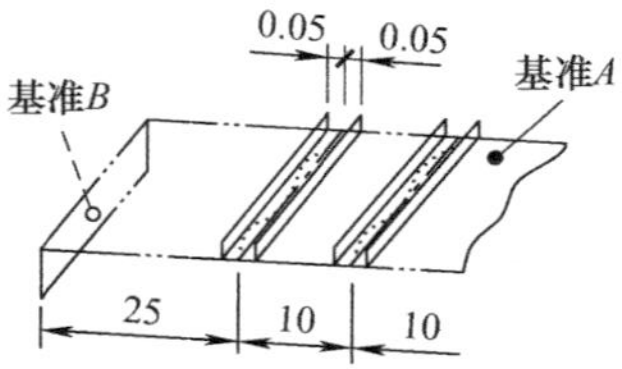	中心线	各条刻线的提取（实际）中心线应限定在对称于基准平面A、B和理论正确尺寸25mm、10mm确定的两平行平面之间（两平行平面内区域），间距等于0.1mm
	中心线的位置度	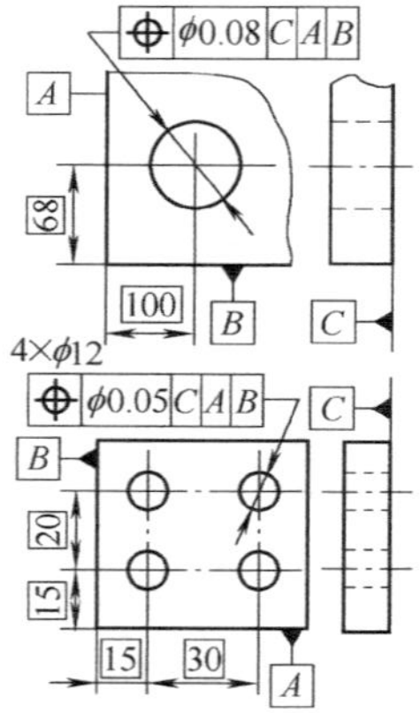	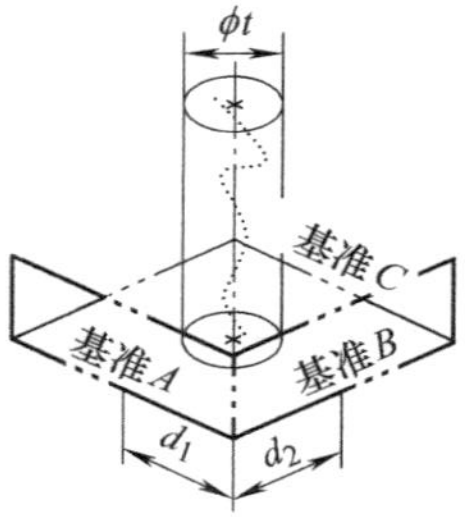	中心线	提取（实际）要素孔的中心线应限定在直径等于0.08mm的圆柱面内（圆柱体内区域），且该圆柱面的轴线应处于由基准平面C、A、B和理论正确尺寸100mm、68mm确定的位置

		平表面	提取（实际）表面应限定在间距等于0.05mm的两平行平面之间。该两对平行平面对平行平面由基准平面A、基准轴线B所确定的理论正确位置

| 平表面的位置度 | | | |

		圆心	在任一横截面内（符号ACS，代表任意横截面），提取（实际）要素应限定在直径等于0.1mm，且以基准内孔截面中心A（在同一横截面内）圆周的圆周内（圆周区域）。规范所定义的公差带为直径等于该公差值 ϕ_t 的圆周所限定的区域

| 点的同心度 | | | |

		中心线	提取（实际）要素右外圆柱面轴线应限定在直径等于0.08mm，且相对公共基准轴线A—B确定的圆柱面内（圆柱体内区域）

| 中心线的同轴度 | | | |

同心度或同轴度

（续）

项目	基准	标注示例	公差带图示	被测提取（实际）要素	公差带限定范围
对称度	中心平面的对称度	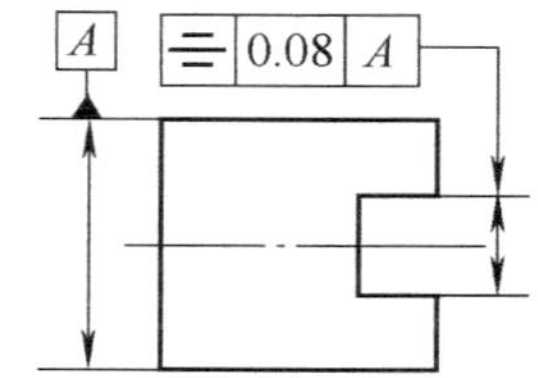 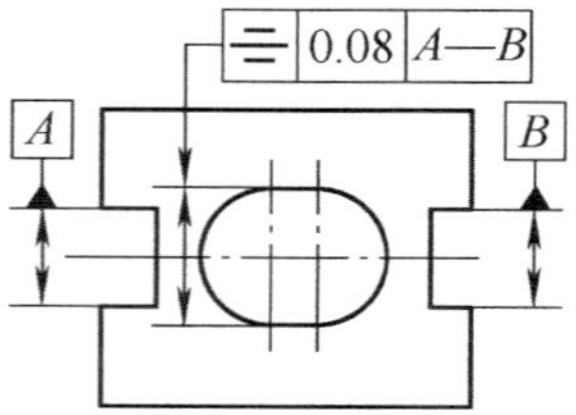	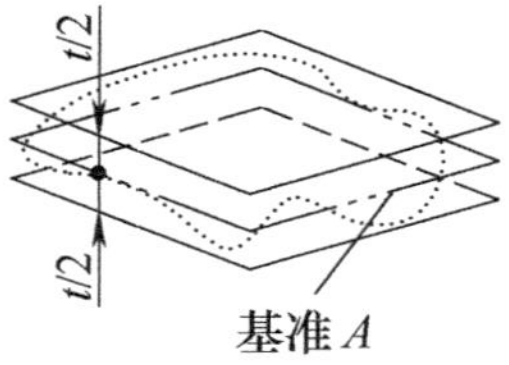 基准 A	中心面	提取（实际）中心表面应限定在间距等于 0.08mm，且对称于基准中心平面 A 的两平行平面之间（两平行平面内区域）

表 2-31　同心度、同轴度、对称度和跳动公差（摘自 GB/T 1184—1996）

主参数 d(D)，B，L/mm	公差等级											
	1	2	3	4	5	6	7	8	9	10	11	12
	公差值/μm											
≤1	0.4	0.6	1.0	1.5	2.5	4	6	10	15	25	40	60
>1~3	0.4	0.6	1.0	1.5	2.5	4	6	10	20	40	60	120
>3~6	0.5	0.8	1.2	2	3	5	8	12	25	50	80	150
>6~10	0.6	1	1.5	2.5	4	6	10	15	30	60	100	200
>10~18	0.8	1.2	2	3	5	8	12	20	40	80	120	250
>18~30	1	1.5	2.5	4	6	10	15	25	50	100	150	300
>30~50	1.2	2	3	5	8	12	20	30	60	120	200	400
>50~120	1.5	2.5	4	6	10	15	25	40	80	150	250	500
>120~250	2	3	5	8	12	20	30	50	100	200	300	600
>250~500	2.5	4	6	10	15	25	40	60	120	250	400	800
>500~800	3	5	8	12	20	30	50	80	150	300	500	1000
>800~1250	4	6	10	15	25	40	60	100	200	400	600	1200
>1250~2000	5	8	12	20	30	50	80	120	250	500	800	1500
>2000~3150	6	10	15	25	40	60	100	150	300	600	1000	2000
>3150~5000	8	12	20	30	50	80	120	200	400	800	1200	2500
>5000~8000	10	15	25	40	60	100	150	250	500	1000	1500	3000
>8000~10000	12	20	30	50	80	120	200	300	600	1200	2000	4000

位置度公差只规定了系数表，见表 2-32。

表 2-32　位置度公差系数表（摘自 GB/T 1184—1996）　　　　　（单位：μm）

1	1.2	1.5	2	2.5	3	4	5	6	8
1×10^n	1.2×10^n	1.5×10^n	2×10^n	2.5×10^n	3×10^n	4×10^n	5×10^n	6×10^n	8×10^n

注：n 为正整数。

2.5.7　跳动公差

跳动公差与方向、位置公差不同，它是以检测方式规定的项目。跳动公差分为圆跳动和全跳动两类。每类按控制和检测方位的不同，又有径向、轴向之分。

1. 跳动公差的评定

（1）圆跳动　被测提取要素绕基准轴线做无轴向移动回转一周时，由位置固定的指示计（如百分表）在给定方向上测得的最大与最小示值之差。

（2）全跳动　被测提取要素绕基准轴线做无轴向移动回转，同时指示计沿给定方向的理想直线连续移动（或被测提取要素每回转一周，指示计沿给定方向的理想直线做间断多点移动），由指示计在给定方向上测得的最大与最小示值之差。

2. 跳动公差项目

（1）圆跳动公差　被测要素是组成要素，其公称被测要素的形状与属性由圆环线或一组圆环线明确给定，属线性要素。

（2）全跳动公差　被测要素是组成要素，其公称被测要素的形状与属性为平面或回转体表面。公差带保持被测要素的公称形状，但对于回转体表面不约束径向尺寸。

跳动公差项目及标注见表2-33。

表 2-33　跳动公差项目及标注

项目	标注示例	公差带图示	被测实际（提取）要素	公差带限定范围
径向圆跳动	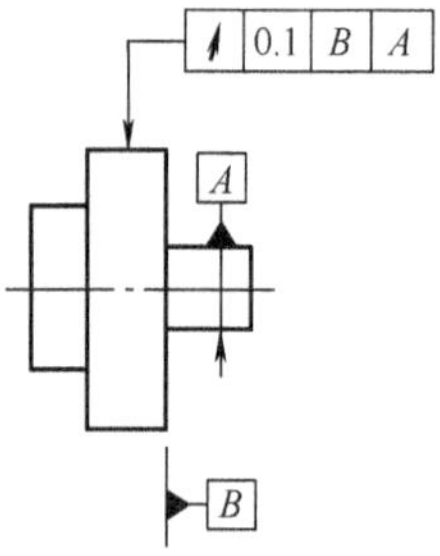	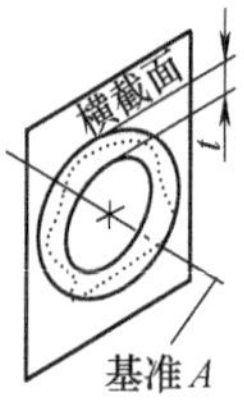	圆	在任一平行于基准平面 B、垂直于基准轴线 A 的测量横截面内，提取（实际）线应限定在半径差等于 0.1mm，且圆心在基准轴线 A 上的两共面同心圆之间（两共面同心圆内区域）
	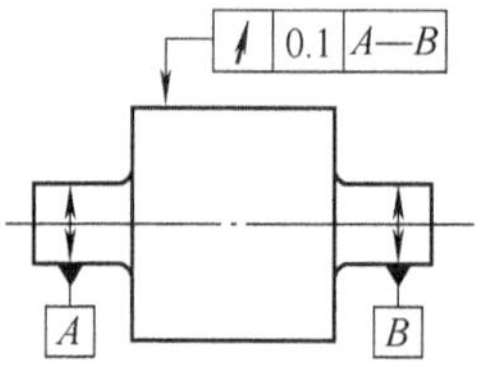			在任一垂直于公共基准轴线 A—B 的测量横截面内，提取（实际）线应限定在半径差等于 0.1mm，且圆心在基准轴线 A—B 上的两共面同心圆之间（两共面同心圆内区域）
轴向圆跳动	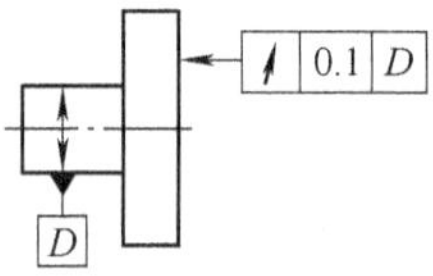	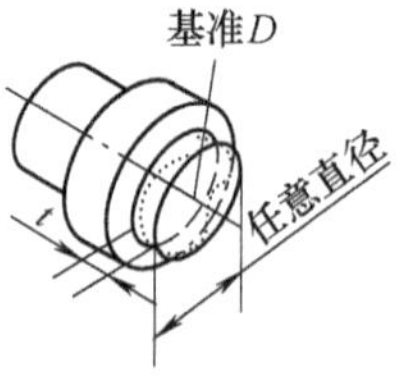	圆	在任一与基准轴线 D 同轴的圆柱形截面上，提取（实际）圆应限定在轴向距离等于 0.1mm 的两个等圆之间（两同轴圆环线的区域）
斜向圆跳动	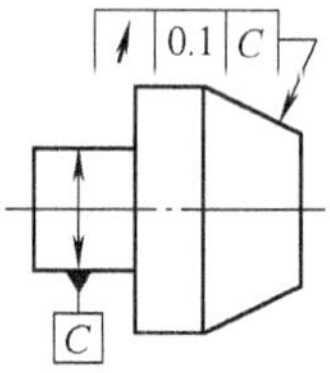	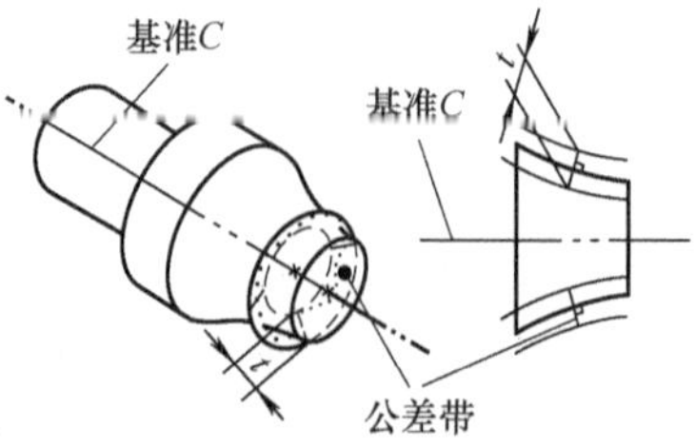	圆	在与基准轴线 C 同轴的任一圆锥截面上，提取（实际）线应限定在素线方向间距等于 0.1mm，且相对于基准轴线 C 确定的两不等圆之间（两不等直径的同轴圆环斜向测量方向内区域）

（续）

项目	标注示例	公差带图示	被测实际（提取）要素	公差带限定范围
斜向圆跳动	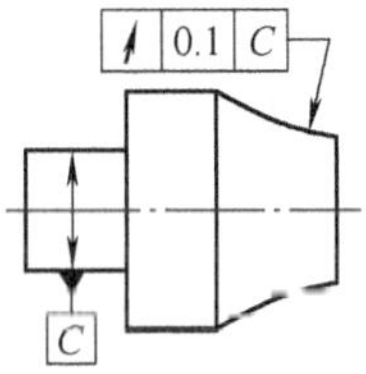 ↗ 0.1 C C	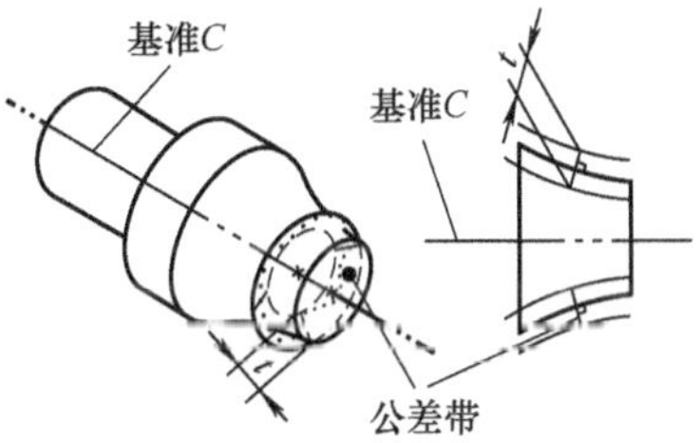 基准C 基准C 公差带	圆	在与基准轴线C同轴的任一被测要素法向圆锥截面上，提取（实际）线应限定在测量方向间距等于0.1mm，且相对于基准轴线C确定的两不等圆之间（两不等直径的同轴心圆环斜向测量方向内区域，此时测量圆锥面的锥角要随所测圆的实际位置而改变，以保持与被测要素垂直）
给定方向的圆跳动	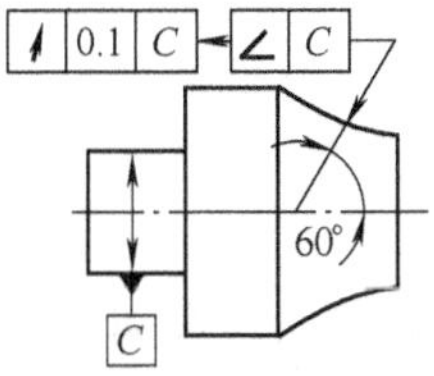 ↗ 0.1 C ∠ C 60° C	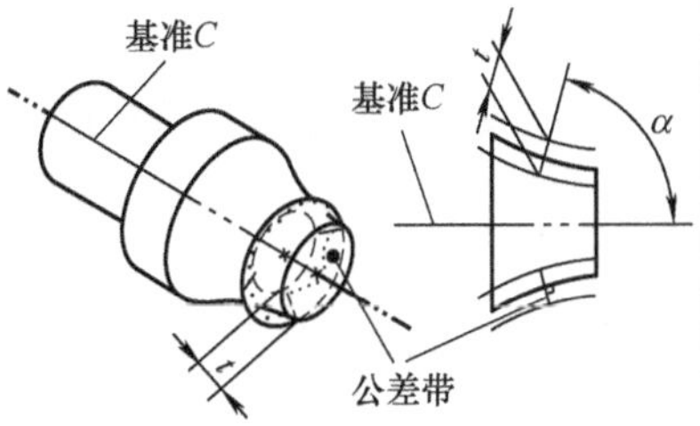 基准C 基准C α 公差带	圆	在相对于方向要素给定角度60°）的任一圆锥截面上，提取（实际）线应限定在圆锥截面内间距等于0.1mm的两不等圆之间（两不等直径的同轴心圆环斜向测量方向内区域，此时测量圆锥面的锥角不随所测圆的实际位置而改变）
径向全跳动	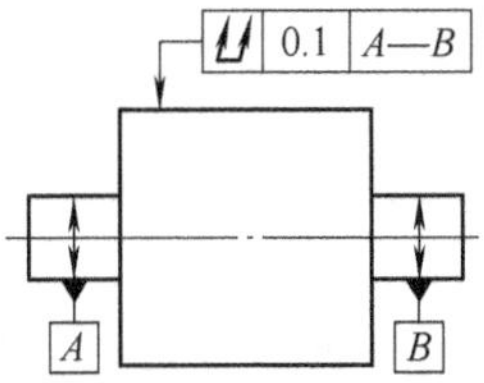 ↗↗ 0.1 A—B A B	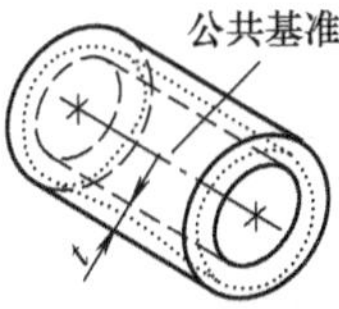 公共基准A—B	圆柱面	提取（实际）表面应限定在半径差等于0.1mm，与共基准轴线A—B同轴的两同心圆柱之间（两同心圆柱内区域）
轴向全跳动	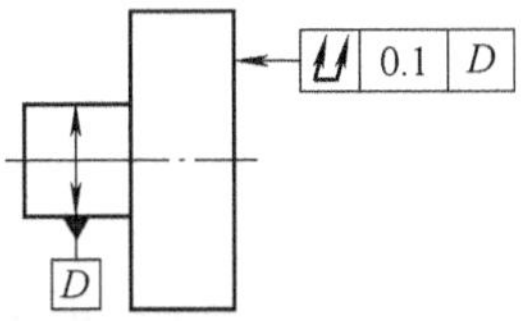 ↗↗ 0.1 D D	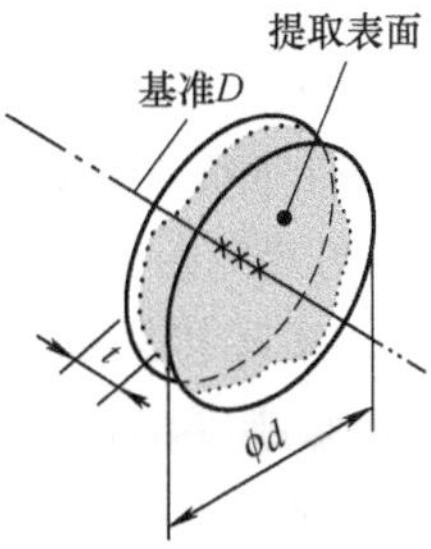 提取表面 基准D φd	圆平面	提取（实际）表面应限定在轴向测量方向距离等于0.1mm，且垂直于基准轴线D的两平行平面之间（两平行平面间区域）

3. 跳动公差值

跳动的测量非常简便，同时还可综合控制或代替另外一些几何误差项目的测量，故在生产中应用广泛。径向圆跳动和径向全跳动的公差带形状分别与圆度和圆柱度的公差带相同。

跳动公差带有基准轴线，即测量跳动公差的轴线应与基准轴线同轴，位置是固定的；而圆度和圆柱度属形状公差，其公差带的位置是完全浮动的，轴线位置不受限制，随被测实际要素的变化而浮动。对同一被测要素，径向圆跳动是圆度误差和同轴度误差的综合反映，径向全跳动是圆柱度误差和同轴度误差的综合反映。另外，轴向全跳动与该端面对基准轴线的垂直度的公差带相同，控制误差的效果也一样，二者可互相取代。理论上全跳动也可有斜向全跳动，但测量时指示计移动要有精确的专用斜向导轨。由于要求限制斜向全跳动的情况不多，故实际上不使用该项目。

跳动公差值见表2-31。

2.6　表面粗糙度

2.6.1　表面粗糙度的影响

零件在机械制造过程中，由于刀具或砂轮切削后遗留的刀痕、切削过程中切屑分离时的塑性变形，以及机床的振动等原因，会使被加工的表面产生微小的峰谷，相邻两波峰或波谷之间的距离很小，一般在1mm以下。这些微小峰谷的高低程度和间距状况称为表面粗糙度，它是一种微观几何形状误差，也称为微观不平度。

在国家标准中，表面粗糙度、波纹度、原始轮廓统称为表面结构。它们的区别在于波峰或波谷之间的距离不同，波纹度、原始轮廓的波距更大。三者的表示方法有许多相同之处，本章节只研究表面粗糙度。

表面粗糙度对机械零件的使用性能和寿命都有很大的影响，尤其是对在高温、高压和高速条件下工作的机械零件影响更大。其影响主要表现在以下几个方面：

1）对摩擦和磨损的影响：具有微观几何形状误差的两个表面只能在轮廓的峰顶发生接触。

2）对配合性能的影响：对于间隙配合，相对运动的表面因其粗糙不平而迅速磨损，致使间隙增大；对于过盈配合，表面轮廓峰顶在装配时容易被挤平，使实际有效过盈量减小，致使联接强度降低。

3）对耐蚀性的影响：粗糙的表面易使腐蚀性物质存积在表面的微观凹谷处，并渗入到金属内部，致使腐蚀加剧。

4）对疲劳强度的影响：零件表面越粗糙，凹痕就越深，当零件承受交变荷载时，对应力集中很敏感，使疲劳强度降低，导致零件表面产生裂纹而损坏。

5）对接触刚度的影响：接触刚度影响零件的工作精度和抗震性。由于表面粗糙度使表面间只有一部分面积接触，一般情况下，实际接触面积只有公称接触面积的百分之几，因此，表面越粗糙受力后局部变形越大，接触刚度也越低。

6）对接合面密封性的影响：粗糙的表面接合时，两表面只在局部点上接触，中间有缝隙，影响密封性。因此，降低表面粗糙度，可提高其密封性。

表面粗糙度对零件其他性能，如对测量精度、流体流动的阻力及零件外形的美观等，也都有很大的影响。

在保证零件尺寸及几何精度的同时，应对表面粗糙度提出相应的要求。表面粗糙度误差的随机性很强，一般是用标准规定的评定参数来检测和评定。对表面粗糙度不太大的表面，生产中常用粗糙度样板来和被检表面进行比较检验，而具体参数值则需用各种仪器来测量。

2.6.2 表面粗糙度的评定基准

为了客观统一地评定表面粗糙度，即表面的微观起伏不平，首先要确定测量的长度范围和方向。

1. 取样长度 *lr*

取样长度是指在 *x* 轴方向判别被评定轮廓不规则特征的长度，即评定表面粗糙度时所规定的一段基准线长度。取样长度的大小要能限制和削弱表面波度对测量表面粗糙度的影响，一般在取样长度范围内有五个以上表面微观起伏的峰和谷。我国国家标准推荐的取样长度见表2-34。

表2-34 取样长度、评定长度与表面结构评定参数的对应关系（摘自 GB/T 1031—2009）

$Ra/\mu m$	$Rz/\mu m$	lr/mm	ln/mm
≥0.008 ~ 0.02	≥0.025 ~ 0.10	0.08	0.4
>0.02 ~ 0.1	>0.01 ~ 0.50	0.25	1.25
>0.1 ~ 2.0	>0.50 ~ 10.0	0.8	4.0
>2.0 ~ 10.0	>10.0 ~ 50.0	2.5	12.5
>10.0 ~ 80.0	>50 ~ 320	8.0	40.0

2. 评定长度 *ln*

由于表面粗糙度的随机性很强，能够较全面地反映表面粗糙度所规定的一段长度，叫作评定长度。它包括多个取样长度，一般为五个，即 $ln = 5lr$。对均匀性好的表面，可少于五个；反之，可多于五个。

测量时，在每个取样长度上测得一个评定参数数据，在评定长度上测得多个（如五个）数据，最后取其平均值为测量结果。

评定长度和取样长度在轮廓（直线、圆弧等）总的走向上量取，如图2-33所示。由于 α 角很小，所以

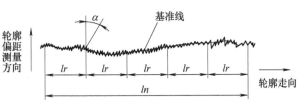

图2-33 取样长度和评定长度

取样长度范围内的基准线长度，即可视为等于取样长度。

3. 轮廓中线 *m*

轮廓中线是具有几何轮廓形状并划分轮廓的基准线。轮廓中线简称中线，是具有取样长度并划分轮廓的基准线，它的作用是确定测量微观表面不平的方位。中线的几何形状与工件表面几何轮廓的走向一致。中线有轮廓的最小二乘中线和轮廓的算术平均中线两种，如图2-34b所示。

1）轮廓的最小二乘中线：在取样长度内，使被测轮廓上各点到该中线的距离 Z_i（称为轮廓偏距）的二次方和为最小，即

$$\sum_{i=1}^{n} Z_i^2 = \min$$

如图 2-34a 所示，最小二乘中线只有一条，是唯一的基准线。它符合最小二乘原则，从理论上讲，是很理想的基准线，也是 ISO 确定的基准线。

2）轮廓的算术平均中线：在取样长度内，与轮廓走向一致，划分轮廓使上、下两边面积相等的基准线，即

$$F_1 + F_2 + \cdots + F_n = S_1 + S_2 + \cdots + S_n$$

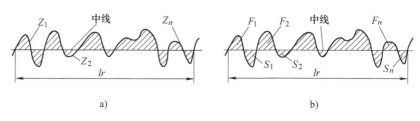

图 2-34　轮廓中线

a）最小二乘中线　b）算术平均中线

算数平均中线与最小二乘中线相差很小，故实用中以它来代替最小二乘中线。虽然当轮廓很不规则时，可能有多个划分上、下两边面积相等的中线，所以有时它并非唯一的基准线，但也相差不大，一般不影响使用与评定。

2.6.3　表面粗糙度的评定参数

为了能正确地反应表面粗糙度对零件使用性能的影响，评定表面粗糙度有以下三个方面的参数。

1. 幅度参数

（1）轮廓的算术平均偏差 Ra　Ra 是在取样长度内轮廓偏距 Z_i 绝对值的算术平均值，如图 2-35 所示，有

$$Ra = \frac{1}{lr} \int_0^{lr} |Z(x)| \, dx \approx \frac{1}{n} \sum_{i=1}^{n} |Z_i| \tag{2-8}$$

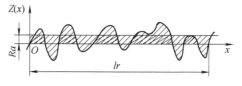

图 2-35　轮廓的算术平均偏差

Ra 一般是用电动轮廓仪进行测量的，原理如图 2-36 所示。当测针和整个传感器在被测表面上移动时，所感受的起伏不平使线圈中的衔铁上下移动，从而输出相应的电信号，经电路处理后，由显示器指示 Ra 值。

（2）轮廓最大高度 Rz　在取样长度内，被评定轮廓上的最高点距中线的距离叫作轮廓

峰高，用符号 Zp_i 表示，其中最大的距离叫作最大轮廓峰高 Rp；最低点距中线的距离叫作轮廓谷深，用符号 Zv_i 表示，其中最大的距离叫作最大轮廓谷深 Rv，如图 2-37 所示。轮廓最大高度 Rz 为

$$Rz = Rp + Rv \qquad (2-9)$$

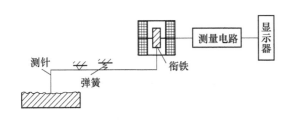

图 2-36 用电动轮廓仪测量
轮廓算术平均偏差的原理

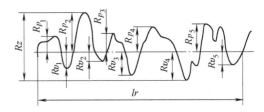

图 2-37 轮廓最大高度

2. 间距参数

轮廓单元的平均宽度 Rsm。轮廓峰和相邻轮廓谷的组合称为轮廓单元。轮廓单元与中线相交，所截中线的长度称为轮廓单元宽度 Xs_i，如图 2-38 所示。在一个取样长度内，Rsm 表示为

$$Rsm = \frac{1}{n} \sum_{i=1}^{n} Xs_i \qquad (2-10)$$

3. 曲线参数

轮廓支承长度率 Rmr。在给定水平截面高度 c 上，轮廓的实体材料长度 $Ml(c)$ 与评定长度 ln 的比率。评定时应给出对应的水平截面高度 c，如图 2-38 所示，即

$$Rmr(c) = \frac{Ml(c)}{ln} = \frac{\sum_{i=1}^{n} Ml_i}{ln} \qquad (2-11)$$

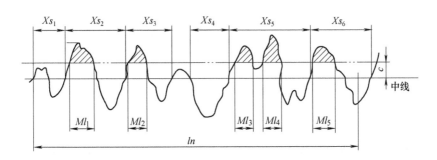

图 2-38 轮廓单元的平均宽度和轮廓支承长度率

4. 评定参数的基本系列数值

国家标准 GB/T 1031—2009 对 Ra 规定了 14 个系列值，对 Rz 规定了 17 个系列值，以供

设计时选用。表面粗糙度评定参数基本系列的数值见表 2-35。其中，Ra、Rz、Rsm 数值满足优先数系的派生数系；Rmr（c）数值分段为等差数系。此外，国家标准 GB/T 1031—2009 还对表面粗糙度评定参数规定了补充系列值。

表 2-35　表面粗糙度评定参数基本系列的数值（摘自 GB/T 1031—2009）

$Ra/\mu m$			$Rz/\mu m$			Rsm/mm		Rmr（c）（%）	
0.012	0.8	50	0.025	1.6	100	0.006	0.4	10	50
0.025	1.6	100	0.05	3.2	200	0.0125	0.8	15	60
0.05	3.2		0.1	6.3	400	0.025	1.6	20	70
0.1	6.3		0.2	12.5	800	0.05	3.2	25	80
0.2	12.5		0.4	25	1600	0.1	6.3	30	90
0.4	25		0.8	50		0.2	12.5	40	

2.6.4　表面粗糙度的图样标注

表面粗糙度的标注方法也适用于波纹度和原始轮廓，即表面结构的标注方法。

1. 有关概念

1）16% 规则：当参数的规定值为上限值时，如果所选参数在同一评定长度上的全部实测值中，大于图样或技术产品文件中规定值的个数不超过实测值总数的 16%，则该表面合格；当参数的规定值为下限值时，如果所选参数在同一评定长度上的全部实测值中，小于图样或技术文件中规定值的个数不超过实测值总数的 16%，则该表面合格。指明参数的上、下限值时，所用参数符号没有"max"标记。

2）最大化规则：检验时，若参数的规定值为最大值，则在被检表面的全部区域内测得的参数值一个也不应超过图样或技术产品文件中的规定值。若规定参数的最大值，应在参数符号后面增加一个"max"标记，如 Rz max。

2. 完整图形符号和文字表示

表面结构要求的完整图形符号和文字表示见表 2-36。其中，完整图形符号用于图样上表面结构要求有补充信息的标注；文字表示用于图样上表面结构要求为报告和合同文本的标注。

表 2-36　表面结构要求的完整图形符号及文字表示

加工方法	允许任何工艺	去除材料	不去除材料
基本图形符号	√	—	—
扩展图形符号	—	▽	◯
完整图形符号	√	▽	◯

（续）

加工方法	允许任何工艺	去除材料	不去除材料
文字表示	APA	MRR	NMR
意义及说明	上图为基本图形符号，表面可以用任何方法获得。当不标注粗糙度值或有关说明时，仅适合简化代号标注；下图在基本图形符号上加一短横，用于标注有关说明	上图为基本图形符号加一短横，表面是用去除材料的方法获得，为扩展图形符号；下图为扩展图形符号加一短横，用于标注有关说明	上图为基本图形符号加一圆圈，表面是用不去除材料的方法获得，为扩展图形符号；下图为扩展图形符号加一短横，用于标注有关说明

3. 工件轮廓各表面的图形符号

当图样某个视图上构成封闭轮廓的各表面有相同的表面结构要求时，应在表 2-36 的完整图形符号上加一圆圈，标注在图样中工件的封闭轮廓线上，如图 2-39 所示。图示的表面结构要求符号是指对图形中封闭轮廓的六个面的共同要求（不包括前后面），如果标注会引起歧义时，各表面应分别标注。

4. 表面结构完整图形符号的组成

为了明确表面结构要求，除了标注表面结构要求参数和数值外（单一要求），必要时应标注补充要求，补充要求包括表面结构参数要求（与表面结构有关，本章不研究）、取样长度、加工工艺、表面纹理及方向、加工余量等。为了保证表面的功能特征，应对表面结构参数规定不同要求。在完整图形符号中，对表面结构要求的单一要求和补充要求应注写在图 2-40 所示的指定位置。

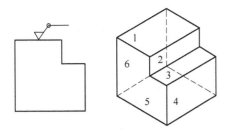

图 2-39　封闭符号

图 2-40　补充要求的注写位置

a：表面结构的单一要求，标注表面结构要求参数代号、极限值和取样长度。为了避免误解，在参数代号和极限值间应插入空格。取样长度后应有一斜线"/"，之后是表面结构要求参数代号，最后是数值。例如：－0.8/Rz 6.3。

b：第二个或多个表面结构要求。

c：加工方法、表面处理、涂层或其他加工工艺要求等，如车、磨、镀等加工表面。

d：表面纹理和方向。

e：加工余量，以毫米为单位给出数值。

5. 符号标注示例

表面结构要求的符号及标注示例见表 2-37。

表 2-37 表面结构要求的符号及标注示例

图形标注	文字标注	说明
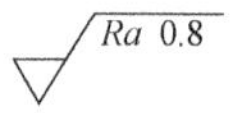 $\sqrt{Ra\ 0.8}$	MRR Ra 0.8	去除材料方法加工，Ra 上限值为 0.8μm，（16%规则，下同）
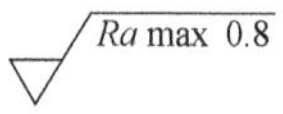 $\sqrt{Ra\ \max\ 0.8}$	MRR Ra max 0.8	去除材料方法加工，Ra 最大值为 0.8μm，（最大化规则，下同）
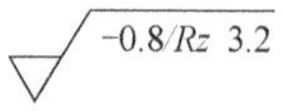 $\sqrt{-0.8/Rz\ 3.2}$	MRR −0.8/Rz 3.2	去除材料方法加工，取样长度 lr = 0.8mm（默认 4.0），Rz 上限值 为 3.2μm
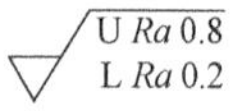 $\sqrt{\begin{array}{l} U\ Ra\ 0.8 \\ L\ Ra\ 0.2 \end{array}}$	MRR U Ra 0.8；L Ra 0.2	去除材料方法加工，Ra 上限值为 0.8μm，下限值为 0.2μm（双向极 限）
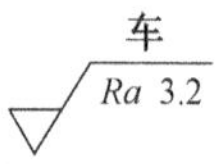 $\sqrt{\dfrac{车}{Ra\ 3.2}}$	MRR 车 Ra 3.2	去除材料方法加工，车削加工，Ra 上限值为 3.2μm
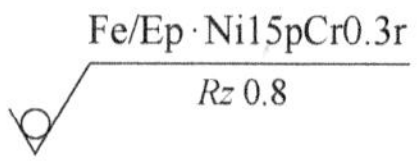 $\sqrt{\dfrac{Fe/Ep\cdot Ni15pCr0.3r}{Rz\ 0.8}}$	NMR Fe/Ep·Ni15pCr0.3r；Rz 0.8	表面不去除材料方法加工，镀覆，Rz 上限值为 0.8μm
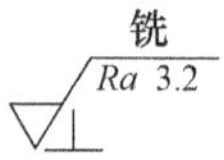 $\sqrt{\dfrac{铣}{Ra\ 3.2}}\!\!\perp$	标注表面纹理不适用文本标注	去除材料方法加工，铣削加工，Ra 上限值为 3.2μm，加工纹理方向垂直于识图所在的投影面
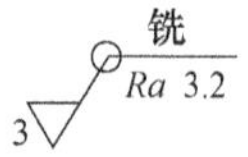 $\overset{铣}{\underset{3}{\sqrt{\circ\ Ra\ 3.2}}}$		去除材料方法加工，铣削加工，封闭表面结构，所以封闭表面 Ra 上限值为 3.2μm，加工余量为 3mm

6. 图形标注示例

1）表面结构要求的注写和读取方向与尺寸的注写和读取方向要一致。表面结构要求可标注在轮廓线上，其符号应从材料外指向并接触表面。必要时，也可用带箭头或黑点的指引线引出标注，如图 2-41 所示。

2）在不致引起误解时，表面结构要求可以标注在给定的尺寸线上（图 2-42）。

3）表面结构要求可标注在几何公差框格的上方（图 2-43）。

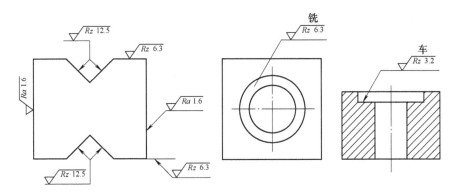

图 2-41 标注在轮廓线上或指引线上

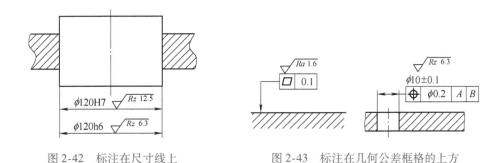

图 2-42 标注在尺寸线上

图 2-43 标注在几何公差框格的上方

4）圆柱和棱柱的表面结构要求只标注一次。如果每个棱柱表面有不同的要求，则应分别单独标注在圆柱和棱柱表面上（图 2-44）。

5）简化标注。有相同表面结构要求时，如果在工件的多数（或全部）表面要求相同，则可统一标注在图样的标题栏附近。例如，如图 2-45a 所示，除左外圆柱面（Rz 6.3）和内孔圆柱面（Rz 1.6）外的其他表面有相同的表面结构要求，则标注方法为在标题栏附近统一标注，并且表面

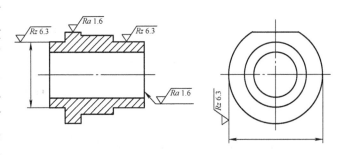

图 2-44 标注在圆柱和棱柱表面上

结构要求的符号后面的圆括号内给出无任何其他标注的基本符号。注意，如果全部表面都有相同的表面粗糙度要求，可以省略括号及括号内的基本符号内容。再如，如图 2-45b 所示，除左外圆柱面（Rz 3.2）和内孔圆柱面（Rz 1.6）外的其他表面有相同的表面结构要求，并且该"相同的表面结构要求"又根据不同轮廓要素的不同情况有所区别，则标注方法为在标题栏附近统一标注，并且表面结构要求的符号后面的圆括号内给出不同轮廓要素的不同的表面结构要求（外圆柱面 Rz 6.3 和内孔圆柱面 Ra 12.5）。

当多个表面具有相同的表面结构要求或图样空间有限时，可用带字母的完整图形符号，以等式的形式，在图形或标题栏附近，对有相同要求的表面进行简化标注，如图 2-46a 所

示，即左平面 $Ra\,3.2$ 和上平面 $Ra\,0.8\sim1.6$。表面粗糙度符号的简化标注形式还可以采用图 2-46b 所示的多种形式，以等式的形式，在图形或标题栏附近，对有相同要求的表面结构进行简化标注。

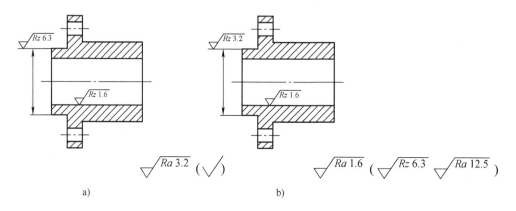

图 2-45　简化标注

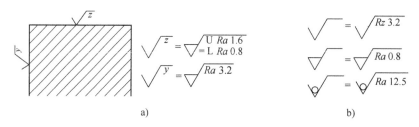

图 2-46　相同要求表面的简化标注

2.6.5　表面结构要求新老标准的比较

由于一些原因，表面结构要求新旧标准的使用可能还会共同存在一段时间。两种标准的标注方法比较见表 2-38。

表 2-38　表面结构要求新旧标准的比较

1993 版	$\dfrac{3.2}{\nabla}\ \dfrac{3.2}{\nabla}$	$R_y3.2$	1.6max	$\dfrac{3.2}{}\ ^{0.8}$
2006 版	$Ra\ 3.2$	$Rz\ 3.2$	$Ra\ \text{max}\ 1.6$	$-0.8/Ra\ 3.2$
1993 版	$R_y3.2\ ^{0.8}$	$R_y6.3$ $R_y1.6$	$R_y3.2$	$\dfrac{3.2}{1.6}$
2006 版	$-0.8/Rz\ 3.2$	U $Rz\ 6.3$ L $Rz\ 1.6$	$Rz\ 3.2$	U $Ra\ 3.2$ L $Ra\ 1.6$

习题与思考题

2-1 试述系统误差、随机误差和粗大误差的特点及对其进行处理的基本措施。

2-2 试述公称尺寸、极限尺寸、上下极限尺寸、公差的定义及相互关系。

2-3 配合公差等于相互配合的孔、轴尺寸公差之和说明什么问题? 配合的松紧程度和松紧的均匀程度有什么区别? 它们可分别用什么参数表示?

2-4 绘出下列三对孔、轴配合的公差带图,并分别计算它们的极限间隙($X_{\max}$,$X_{\min}$)或极限过盈($Y_{\max}$,$Y_{\min}$)。

1)$\phi20^{+0.033}_{0}/\phi20^{-0.065}_{-0.098}$; 2)$\phi35^{+0.017}_{-0.018}/\phi35^{0}_{-0.016}$; 3)$\phi50^{+0.030}_{0}/\phi5^{+0.060}_{+0.041}$。

2-5 加工一批轴类零件,其尺寸要求为$\phi30^{0}_{-0.13}$,加工后实际尺寸服从正态分布,经计算得标准偏差$\sigma=0.025$mm,试确定:

1)实际尺寸分布中心和公差带中心重合时产生的不可修废品率。

2)为了避免不可修废品的产生,应如何调整设备? 调整量是多少? 调整后的可修废品率为多少(轴的实际尺寸大于最大极限尺寸的废品为可修废品)?

2-6 查表并计算下列三对孔、轴配合的极限间隙或极限过盈,并绘出公差带图。

1)$\phi80H8/f7$; 2)$\phi30K7/h6$; 3)$\phi180H7/u6$。

2-7 将题2-6中的三对配合改成相同性质但基准制不同的配合,并算出改后各配合相应的极限偏差。

2-8 已知下列三对轴、孔配合的极限间隙或极限过盈,试分别确定轴、孔尺寸的公差等级,并从标准中选择适当的配合(单位为mm)。

1)配合的基本尺寸$\phi25$,$X_{\max}=+0.086$,$X_{\min}=+0.020$(按基孔制)。

2)配合的基本尺寸$\phi40$,$Y_{\max}=-0.076$,$Y_{\min}=-0.035$(按基轴制)。

3)配合的基本尺寸$\phi60$,$Y_{\max}=-0.050$,$X_{\max}=+0.026$(按基孔制)。

2-9 比较下列两项误差之间的异同:

1)圆度与圆柱度。

2)圆度与径向圆跳动。

3)圆柱度与径向全跳动。

4)垂直度与轴向全跳动。

2-10 试将下列几何公差要求以框格符号的形式标注在图2-47中:

1)左端面的平面度公差为0.01mm。

2)右端面对左端面的平行度公差为0.04mm。

3)$\phi70H7$孔的轴线对左端面的垂直度公差为0.02mm。

4)$4\times\phi20H8$孔的轴线对左端面(第一基准)和$\phi70H7$孔的轴线的位置度公差为0.15mm。

5)$\phi210h7$对$\phi70H7$的同轴度公差为0.03mm。

2-11 试改正图2-48中标注的错误。

2-12 图2-49所示零件的技术要求如下:

1)$2\times\phi d$轴线对其公共轴线的同轴度公差为$\phi0.02$mm。

2)ϕD轴线对$2\times\phi d$公共轴线的垂直度公差为0.02/100mm(在几何公差标注中,表示线性局部公差

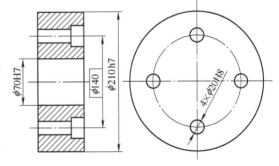

图2-47 题2-10图

带，直接标注此数值即可）。

　　3）ϕD 轴线对 $2 \times \phi d$ 公共轴线的偏离量不大于 $\pm 10 \mu m$。

　　试用几何公差符号及框格标出这些要求。

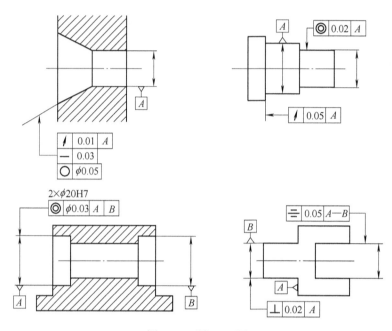

图 2-48　题 2-11 图

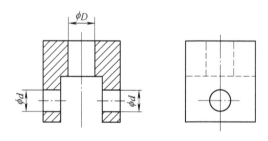

图 2-49　题 2-12 图

2-13　评定表面粗糙度为什么要确定基准线？基准线是根据什么确定的？

2-14　表面粗糙度有哪些评定参数？其定义各是什么？

第3章

零件几何量精度的设计基础

3.1 概述

零件几何量精度的设计是机械设计中重要的一环。零件几何量精度确定得是否恰当,对机械的使用性能和制造成本都有很大影响,有时甚至起着决定性的作用。

零件几何量精度设计的内容与加工误差的类型相对应,一般包括三方面的内容,即尺寸精度、几何精度和表面粗糙度;同时还要求正确处理几何公差和尺寸公差的关系。确定零件几何量精度的原则可以概括为:保证机械产品的性能优良,制造上经济可行。或者说,应使机械产品的使用价值与制造成本的综合技术经济效果最好。

确定零件几何量精度的方法一般有三种,即计算法、试验法和类比法。计算法如用流体润滑理论来计算配合的间隙,根据弹塑性变形理论来计算配合的过盈等,这在有些情况下是必要的和可行的。但一般来说,影响零件几何量精度的因素较多,间隙和过盈的理论计算又只是近似的,故计算法在实践中还没有广泛使用。此外,计算法还包括按尺寸链原理(见第6章)计算有关尺寸的公差和几何量公差值等方法。试验法是对与产品性能关系很大的一些几何参数用试验的方法来确定其公差与配合的最佳值。试验法一般成本很高,周期较长,应用受到很大限制,只对大批量生产的零件上特别重要的部位偶尔使用。确定零件几何量精度最常用的方法是类比法。所谓"类比法"就是以经过生产和使用验证的类似的机械零部件为依据,通过分析对比,进行必要的修正,来确定所设计的机械零部件的几何量精度。

机械零件的类型众多,在几何量精度设计上各有特点,考虑到圆柱形结合在机械产品中的应用最为广泛,因此本章主要以圆柱形结合的零件为代表来叙述零件几何量精度设计方面的基础知识。

3.2 尺寸公差与配合的选择

尺寸公差与配合的选择包括三方面的内容,即配合制的选择、公差等级的选择和配合的选择(有关零件之间尺寸链的计算见第6章)。

3.2.1 配合制的选择

选择配合制,应从结构、工艺和经济性等方面综合考虑。

1)一般情况下优先选用基孔制。在机械制造中优先采用基孔制主要是从工艺和经济效果上考虑的。用钻头、铰刀等定值刀具加工中、小尺寸的孔,每一把刀具只能加工一种尺寸,而用同一把车刀或一个砂轮可以加工各种大小尺寸的轴。因此,改变轴的极限尺寸在制造上所产生的困难和增加的生产费用同改变孔的极限尺寸相比要小得多。采用基孔制使孔公差带种类大大减少，可以减少定值刀具（如钻头、铰刀、拉刀等）和定值量具（如塞规）的规格和数量，获得较好的经济效益。

2）在有明显经济效果的情况下应采用基轴制，使轴公差带种类大大减少。例如：

① 在农业机械和纺织机械中，有时采用 IT9 ~ IT11 的冷拉钢直接做轴（不经切削加工），此时应采用基轴制。

② 尺寸小于1mm 的精密轴比同一公差等级的孔加工要困难，因此在仪器制造、钟表生产和无线电工程中，常使用经过光轧成形的钢丝或有色金属棒料直接做轴，这时也应采用基轴制。

③ 在结构上，当同一轴与公称尺寸相同的几个孔相配合，并且在配合性质要求不同的情况下，可根据具体结构考虑采用基轴制。如图 3-1a 所示的发动机活塞部件中，根据工作要求，活塞销 1 和活塞 2 应为过渡配合，活塞销 1 和连杆 3 应为间隙配合。如果采用基孔制配合，则活塞 2 的两孔和连杆 3 的孔均应为基准孔（如 φ30H6），而活塞销 1 的相应部位应按配合要求分别选用不同的公差带（如 φ30m5 和 φ30h5），以形成适当的过渡配合（φ30H6/m5）和间隙配合（φ30H6/h5），其公差带如图 3-1b 所示。显然，这种设计把同一

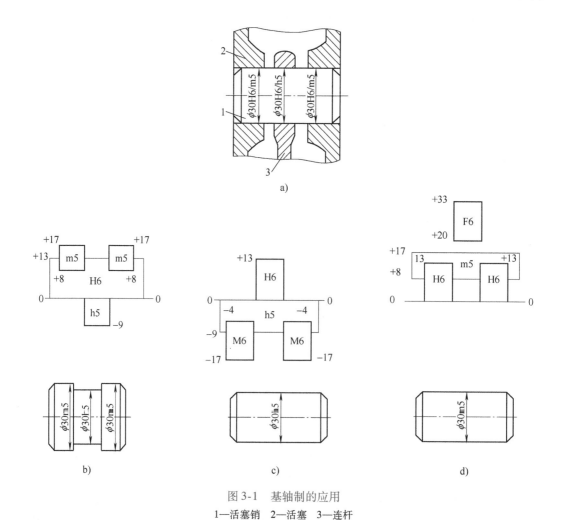

图 3-1 基轴制的应用

1—活塞销 2—活塞 3—连杆

公称尺寸的活塞销做成两端大、中间小的台阶形，既不利于加工又影响强度，而且活塞销两端部的直径大于连杆孔径，装配时还会擦伤轴和孔的表面，影响配合质量。但如果采用基轴制配合，则活塞销 1 各处均为基准轴（如 $\phi30h5$），以形成适当的过渡配合（$\phi30M6/h5$）和间隙配合（$\phi30H6/h5$），其公差带如图 3-1c 所示。这样活塞销就可做成光轴，便于加工，也便于装拆。

3）当采用标准件（部件或零件）时，应以标准件为基准件来确定采用基孔制还是基轴制。例如，滚动轴承内圈与轴颈的配合应采用基孔制，外圈与壳体孔的配合应采用基轴制。

4）有时允许孔与轴都不用基准件（H 或 h）而采用任意孔、轴公差带组成的配合。例如，在图 3-1d 中，活塞销 1 与活塞 2 仍采用基孔制配合（$\phi30H6/m5$），但为了不使活塞销做成台阶形，又能保证它与连杆孔形成间隙配合，可以将连杆 3 的孔选用基轴制配合的孔（如 $\phi30F6$），使它与基孔制配合的轴（$\phi30m5$）形成要求的间隙配合。$\phi30F6/m5$ 就是一种既不是基孔制又不是基轴制的混合制配合。

3.2.2　公差等级的选择

公差等级的高低直接影响产品的使用性能和加工的经济性。公差等级过低，产品质量得不到保证；公差等级过高，将使加工成本增加。合理地选用公差等级的原则是，在充分满足使用要求的前提下，考虑工艺的可能性，尽量选用较低的公差等级。选择公差等级时应考虑以下几点：

1）孔、轴公差等级的搭配关系：孔、轴的公差等级需按工艺等价原则进行搭配。在常用尺寸段（即尺寸小于或等于 500mm）范围内，孔、轴公差等级的搭配一般以 IT8 为界。当公差小于 IT8 的公差值时，由于孔的加工一般比轴困难，故推荐选用孔的公差等级比相配轴低一级，如 H7/f6；对公差大于 IT8 的公差值的孔、轴均采用同级配合，如 H9/f9；IT8 级的孔可与同级的或高一级的轴配合，如 H8/f8 或 H8/f7。

2）公差等级与配合的关系：因为孔、轴公差等级或公差影响间隙或过盈的变动，所以配合要求包含公差要求。例如，对过渡配合或过盈配合，不允许其间隙或过盈的变动太大，应选较高的公差等级，常用孔的公差等级不大于 IT8，轴的公差等级不大于 IT7；而有的间隙配合，允许间隙变动较大，故有较低的公差等级，通常孔、轴公差等级不大于 IT12。

就间隙配合而言，一般间隙小时，相配件运动精度有较高要求，故公差等级较高；间隙大时公差等级较低。例如，在优先、常用间隙配合中，有 H7/g6、H8/g7，但没有 H7/a6，因后者显然不合理；同样，有 H11/c11，但没有 H11/g11 等。

3）标准件及专业标准的规定：与标准件相配零件的公差等级由专业标准专门规定。例如，齿坯的装配孔、轴的公差等级由齿轮精度标准规定（详见第 4 章）；与各级滚动轴承相配零件的公差等级由滚动轴承公差标准规定（详见本章 3.6 节）。

4）各标准公差等级的应用范围：各标准公差等级的应用范围见表 3-1。下面较详细地说明一些有配合要求的尺寸公差等级的应用情况。IT0 ~ IT1 仅用于个别特别重要的精密配合，据悉，宇航工程中曾有用到；IT2 ~ IT5 用于重要的精密配合，如与高精度滚动轴承配合的轴和外壳孔，精密机床主轴及精密仪器中特别精密的部位等；IT5 ~ IT12 为一般机器中常用的配合，这些配合可大致分为精密、中等和低精度三种类型，其相应的公差等级大体如下：

① 孔 IT6 和轴 IT5 为精密配合中高的公差等级，配合一致性很好，但制造成本较高，用于高精度和重要配合处，如车床尾座套筒与顶尖套筒的配合、铣床上刀杆与铣刀孔的配合、发动机中活塞销与活塞孔的配合、镗孔夹具上镗杆与镗套的配合等。

表 3-1　标准公差等级的应用范围

应用场合			公差等级（IT）																		
			0	1	2	3	4	5	6	7	8	9	10	11	12	13	14	15	16	17	18
配合尺寸	个别特别重要的精密配合		○	○																	
	重要的精密配合	孔				○	○	○												
		轴			○	○	○													
	精密配合	孔							○	○	○									
		轴						○	○	○										
	中等精密配合	孔										○	○							
		轴									○	○	○							
	低精度配合													○	○					
非配合尺寸、未注公差尺寸															○	○	○	○	○	○	○
原材料公差											○	○	○	○	○	○	○		

注："○"表示应用。

② 孔 IT7 和轴 IT6 为精密配合中较高的公差等级，配合一致性好，在机械制造中应用较为广泛，如机床中一般传动轴与轴承的配合、发动机中曲轴与轴承孔的配合、夹具中钻套与钻模板的配合等。

③ 孔 IT8 和轴 IT7 用于一般精密配合，如一般机械中转速不高的轴和轴承的配合、重型机械中精度要求稍高的配合、农业机械中较重要的配合等。

④ 孔、轴 IT9 为中等精度中常用的公差等级，其松紧一致的程度不高，广泛应用于机床和发动机中次要部位的配合。

⑤ 孔、轴 IT11 为低精度中常用的公差等级，配合一致性较差，仅适用于粗糙配合处。

5）公差等级的选择既要满足设计要求，也要考虑到工艺的可能性及经济性，各种加工方法能达到的标准公差等级见表 3-2。

表 3-2　各种加工方法能达到的标准公差等级

加工方法	公差等级（IT）																
	01	0	1	2	3	4	5	6	7	8	9	10	11	12	13	14	15	16
研磨	○	○	○	○	○	○	○										
珩磨						○	○	○	○								
圆磨							○	○	○	○							
平磨							○	○	○	○							
金刚石车							○	○	○								
金刚石镗							○	○	○	○							
拉削							○	○	○								
铰孔								○	○	○	○	○					
车									○	○	○	○	○				
镗									○	○	○	○	○				

（续）

加工方法	公差等级（IT）																	
	01	0	1	2	3	4	5	6	7	8	9	10	11	12	13	14	15	16
铣										○	○	○	○					
刨、插												○	○					
钻孔												○	○	○	○			
滚压、挤压												○	○					
冲压												○	○	○	○	○		
压铸													○	○	○			
铸造、气割																		○
锻造																	○	

注："○"表示能达到。

3.2.3　配合的选择

配合的选择，首先应按设计使用要求明确配合选择的大体范围，然后再根据工作条件选择配合的具体种类。

1. 配合大体范围的选择

表 3-3 是根据常见的使用要求所列出的配合选择的范围。

表 3-3　配合选择的范围

工作时相配孔轴无相对运动	需要传递扭矩	要求孔、轴同轴性好	扭矩大，永久联接	过盈配合
			一般扭矩，可拆联接	过渡配合（一般都要加紧固件）
		扭矩小，不要求精确同轴		间隙配合 H（h）（间隙较小，加紧固件）
	不需要传递扭矩			过渡配合或小过盈的过盈配合，不加紧固件
工作时相配孔轴有相对运动	只有轴向移动			基本偏差为 H（h）、G（g）等间隙配合
	转动或转动和移动的复合运动			基本偏差为 A～F（a～f）等间隙配合

2. 配合种类的选择

配合种类的选择，即基本偏差的选择，主要是用计算法和类比法。

（1）计算法　对某些配合可用计算选择，它是根据一定的理论和公式，计算出所需要的间隙或过盈。

1）间隙配合的计算：在低速运转或要求不高的机械设备中，常采用构造较简单的滑动轴承，就是在许多高速、重载、高精度和受冲击载荷的机械设备中，滑动轴承也得到广泛的应用。滑动轴承实际上是一种间隙配合，也就是在联接件（孔与轴）间具有间隙的一种运动结合。

以常见的圆柱表面，单油楔液体摩擦径向滑动轴承为例，其工作状态如下：当轴颈静止时处于轴承孔的最下方。当转速 n 增加到一定大小时，已能带入足以把轴颈与轴承接触面分开的油量，油层内建立起能支承轴颈上外载荷压力的油膜，轴承就开始按照液体摩擦状态工作，如图 3-2 所示。

图 3-3 所示为轴承工作时轴颈的位置和压力分布情况。根据液体润滑理论，由运动参数（如轴的角速度 ω）、动力参数（如油膜平均压力 p、润滑油的动力黏度 μ 等）及几何参数（如轴承直径 D、轴承长度 l 等）之间的关系，可计算并确定其间隙值。

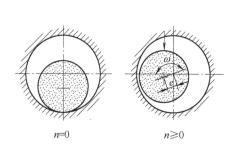
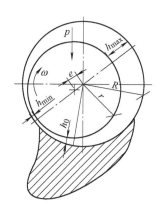

图 3-2 轴承的工作状态 　　　　图 3-3 轴承工作时轴颈的位置和压力分布

2）过盈配合的计算：在各种机械零件的固定联接中，广泛采用过盈配合。这种配合结构简单，加工方便，承载能力高，承受变载和冲击的性能好，配合定心性也较好。但配合面加工精度要求较高，装配需加压力。大多数过盈配合在配合件之间不需要紧固件（螺钉、键、销等），但某些小过盈配合也可附加紧固件。

过盈配合的计算是根据配合件的结构尺寸（直径、配合长度）和材料性能，按所需传递的扭矩计算其必须保证的最小结合力和最小过盈量，再按配合面不产生塑性变形的条件计算可容许的最大结合力和最大过盈量，进而按标准中的基本偏差选择配合，最后进行验算。

关于过盈配合计算的原理、计算公式和具体方法步骤，可查阅国家标准 GB/T 5371—2004。

正如本章 3.1 节中所提到的那样，因为影响配合间隙或过盈的因素较多，理论计算仅是近似的，所以计算的结果多是作为参考依据，应用时可根据实际工作条件进行必要的修正。

（2）类比法 生产中选择配合主要是采用类比法。用类比法选择配合种类，可从以下三方面着手：

1）了解各类配合的性质和特征，特别是对标准推荐的常用和优先配合的特征要深入了解。

2）熟悉一些典型的被验证过的配合实例（从实践中了解或从图样资料分析中获得），供类比时参考。

3）分析配合部位在机器中的作用和使用要求，懂得当待定配合部位与类比的典型对象在工作条件方面有差异时，应如何调整配合的间隙或过盈。

此外在确定具体配合时，还应注意优先选用优先公差带和优先配合，其次选用常用公差带和常用配合，再次选用一般用途的公差带组成的配合。基孔制和基轴制的优先、常用配合种类可查阅第 2 章表 2-17、表 2-18。

表 3-4 列出了轴的各种基本偏差的应用资料，该资料也适用于同名孔的各种基本偏差（如轴的基本偏差代号 a、b 与孔的基本偏差代号 A、B 同名），供选用配合时参考。

表 3-4 轴的各种基本偏差的应用资料

配合	基本偏差	配合特性及应用
间隙配合	a, b	可得到特别大的间隙，应用很少
	c	可得到很大间隙，一般适用于缓慢、松弛的转动配合，用于工作条件较差（如农业机械），受力变形，或为了便于装配，而必须有较大间隙时。推荐配合为 H11/c11。其较高等级的配合，如 H8/c7 适用于轴在高温工作的紧密转动配合，如内燃机排气阀和导管
	d	一般用于 IT7 ~ IT11 级，适用于松的转动配合，如密封盖、滑轮、空转带轮等与轴的配合，也适用于大直径滑动轴承配合，如汽轮机、球磨机、轧滚成形和重型弯曲机及其他重型机械中的一些滑动支承
	e	多用于 IT7 ~ IT9 级，通常适用于要求有明显间隙，易于转动的支承配合，如大跨距支承，多支点支承等配合，高等级的 e 轴适应于大的、高速重载支承，如涡轮发电机、大的电动机支承等，也适用于内燃机主要轴承、凸轮轴支承、摇臂支承等配合
	f	多用于 IT6 ~ IT8 级的一般转动配合。当温度差别不大，对配合基本上没影响时，被广泛用于普通润滑油（或润滑脂）润滑的支承，如齿轮箱、小电动机、泵等的转轴与滑动支承的配合
	g	多用于 IT5 ~ IT7 级，配合间隙很小，制造成本高，除很轻载荷的精密装置外，不推荐用于转动配合，最适合不回转的精密滑动配合，也用于插销等定位配合，如精密连杆轴承、活塞及滑阀、连杆销等
	h	多用于 IT4 ~ IT11 级，广泛应用于无相对转动的零件，作为一般的定位配合。若没有温度、变形的影响，也用于精密滑动配合
过渡配合	js	为完全对称偏差（±IT/2），多用于 IT4 ~ IT7 级，要求间隙比 h 轴配合时小，并允许略有过盈的定位配合，如联轴器、齿圈与钢制轮毂。一般可用手或木锤装配
	k	适用于 IT4 ~ IT7 级，推荐用于要求稍有过盈的定位配合，如为了消除振动用的定位配合。一般用木锤装配
	m	适用于 IT4 ~ IT7 级。一般可用木锤装配，但在最大过盈时，要求相当的压入力
	n	平均过盈比用 m 轴时稍大，很少得到间隙，适用于 IT4 ~ IT7 级。用锤或压力机装配。H6/n5 为过盈配合
过盈配合	p	与 H6 或 H7 孔配合时是过盈配合，而与 H8 孔配合时为过渡配合。对非铁类零件，为较轻的压入配合，易于拆卸。对钢、铸铁或铜-钢组件装配是标准压入配合。对弹性材料，如轻合金等，往往要求很小的过盈，可采用 p 轴配合
	r	对铁类零件，为中等打入配合，对非铁类零件，为轻的打入配合，可以拆卸。与 H8 孔配合，直径在 ϕ100mm 以上时为过盈配合，直径小时为过渡配合
	s	用于钢和铁制零件的永久性和半永久性装配，过盈量充分，可产生相当大的结合力。当用弹性材料，如轻合金时，配合性质与铁类零件的 p 轴相当，如套环压在轴上、阀座等配合。尺寸较大时，为了避免损伤配合表面，需用热胀或冷缩法装配
	t ~ z	过盈量依次增大，除 u 外，一般不推荐

表 3-5 列出一些常见的工作条件有差异的配合件应如何修正间隙或过盈，供选用配合时参考。

表 3-5 不同工作条件考虑间隙或过盈的修正

具体工作情况	过盈应增或减	间隙应增或减	具体工作情况	过盈应增或减	间隙应增或减
材料许用应力小	减	—	装配时可能歪斜	减	增
经常装拆	减	—	旋转速度较高	增	增
有冲击载荷	增	减	有轴向运动	—	增
工作时热膨胀量孔大于轴	增	减			
工作时热膨胀量轴大于孔	减	增	润滑油黏度大	—	增
配合长度较大	减	增	表面较粗糙	增	减
几何误差大	减	增	装配精度高	减	减

3.3 公差原则

公差原则规定了尺寸误差和几何误差之间的关系。

3.3.1 独立原则

一般说来,图样上给定的每一个尺寸和几何(形状、方向和位置)要求都是独立的,即几何公差和尺寸公差间是相互独立的,应分别满足设计要求,互不干涉,互不影响。这种要求称为独立原则。

按照独立原则,被测提取要素的尺寸公差只用来控制尺寸误差,即用上极限尺寸和下极限尺寸来控制提取要素的局部尺寸;而几何误差只由几何公差控制,不受该要素的尺寸及尺寸公差的影响。

遵守独立原则的尺寸公差和几何公差在图样上不加任何特定的关系符号。

1. 线性尺寸公差

线性尺寸公差仅控制提取要素的局部尺寸,不控制提取圆柱面的奇数棱状工件的圆度误差及由于提取导出要素形状误差引起的提取要素的形状误差(如提取中心线直线度误差引起的提取圆柱面的素线直线度误差或提取中心面平面度误差引起的两对应提取平面的平面度误差)。

形状误差应由单独标注的形状公差、一般几何公差或包容要求、最大实体要求、最小实体要求控制。

图 3-4 所示为一外圆柱面,仅标注了直径公差。此标注说明其提取圆柱面的局部直径必须位于 149.96 ~ 150mm 之间。线性尺寸公差(0.04mm)不控制提取圆柱面的奇数棱状工件的圆度误差及提取中心线直线度误差引起的提取圆柱面的素线直线度误差。

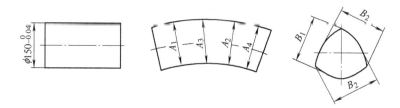

图 3-4 线性尺寸公差

2. 角度尺寸公差

以角度单位标注的角度公差只控制提取组成要素的总方向，不控制提取要素的形状误差。总方向标注在接触线的法向，接触线是与提取组成要素相接触的最大距离为最小的理想直线。提取要素的形状误差应由单独标注的形状公差或一般形状公差控制。

如图 3-5 所示，A、B 两公称组成要素，实际应用时，其提取组成要素应分别按最小条件确定其拟合组成要素，该拟合组成要素的夹角应在规定的极限角度（43°~47°）之间。角度公差不控制拟合组成要素的形状误差。

图 3-5　角度尺寸公差

3. 几何公差

不论提取要素的局部尺寸如何，提取要素均应位于给定的几何公差带之内，其几何误差允许达到最大值。

图 3-6 中标注有直径公差、素线直线度公差和圆度公差，其提取圆柱面的局部尺寸应在上极限尺寸与下极限尺寸之间，形状误差应在给定的形状公差之内。不论提取回转面的局部尺寸如何，其形状误差（素线直线度公差和圆度公差）均允许达到约定的最大值。

独立原则适用于几何公差、尺寸公差根据不同功能要求提出的，需要分别满足要求且两者不发生联系的要素。独立原则可用于任何要素的任何公差项目，对于未注尺寸公差和未注几何公差的要素，均应按独立原则对待。

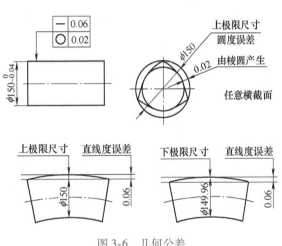

图 3-6　几何公差

3.3.2　相关要求

实际上，在有些情况下，采用独立原则对满足设计功能要求以及经济性等方面并不有利。

例如，有一对孔为 $\phi 20^{+0.033}_{0}$ mm 和轴 $\phi 20^{0}_{-0.025}$ mm 的配合（俗称零碰零配合），工作要求必须保证最小间隙为零。若孔和轴都做成了最大实体尺寸，即孔与轴均为 $\phi 20$mm，此时就不允许有几何误差存在（如轴线的直线度误差等）。轴线若有弯曲，则孔、轴的作用尺寸（装配时起作用的尺寸）都将大于最大实体尺寸，这样就不能保证最小间隙为零的配合性质。为了保证配合性质，这时可用所谓"边界"来综合控制实际尺寸和几何误差。本例应采用的边界是以最大实体尺寸为直径的理想圆柱面（称为最大实体边界），零件表面上任一点都不得超过这个边界，这样就可确保最小间隙为零的间隙配合。

再如，有一 $\phi 20_{-0.13}^{\ 0}$ mm 的轴，要能自由装入 $\phi 20_{+0.1}^{+0.2}$ mm 的孔中，并要保证装配互换性。如果采用独立原则，则其几何误差的公差值（如轴线的直线度公差）可定为 $\phi 0.1$ mm。这样，当孔和轴的尺寸均为最大实体尺寸 $\phi 20.1$ mm 和 $\phi 20$ mm，轴线的直线度误差达到最大允许值 $\phi 0.1$ mm（最不利的装配情况）时，此轴能正好装入孔中。但是，此时该轴在加工中，尺寸达到最大实体尺寸已是一种极端情况，而轴线的直线度误差同时也达到最大允许值 $\phi 0.1$ mm 的可能性也已很小。由于正常情况下，轴的作用尺寸总是小于 $\phi 20.1$ mm 的，因此就可用另一种思路来处理这类问题，即可用另一种"边界"来综合控制实际尺寸和几何误差。本例对轴应采用的边界是以最大实体尺寸加上几何公差 t 值为直径（即 $\phi 20.1$ mm）的理想圆柱面（标准中称为最大实体实效边界），轴表面上任一点都不得超过这个边界，这样就可确保该轴能自由装入 $\phi 20.1$ mm 的孔中。当轴的实际尺寸偏离最大实体尺寸时，允许轴线的直线度误差大于公差值 $\phi 0.1$ mm，最大可达到 $\phi 0.1$ mm $+ \phi 0.13$ mm $= \phi 0.23$ mm（当轴的实际尺寸为最小实体尺寸 $\phi 19.87$ mm 时）；反之，当轴线的直线度误差小于规定值 $\phi 0.1$ mm 时，允许实际尺寸超出其最大实体尺寸（超出尺寸公差带范围）。如果真能做到轴线的直线度误差为零（实际不可能），轴的实际尺寸可做成 $\phi 20.1$ mm。这样，该轴的实际尺寸和轴线的直线度误差都比采用独立原则时允许有更大的变动范围。所以对配合精度要求不高、只要求保证可装配性的工件，可采用比最大实体边界放宽了几何公差值的实效边界。这样，对加工精度的要求可以适当放宽，并将获得较好的经济效益。

上述两例中，不是采用独立原则，而是对几何误差和实际尺寸采用边界来综合控制，即二者之间有相关要求。这是几何公差和尺寸公差间的另一种关系，即彼此相关的关系，称为相关要求。根据实际需要，国家标准 GB/T 4249—2018 及 GB/T 16671—2018 中规定的相关要求有以下四种：包容要求、最大实体要求、最小实体要求及可逆要求。

1. 术语和概念

与相关要求有关的术语和概念如图 3-7 所示。

2. 边界

简要地说，边界是具有一定尺寸大小和正确几何形状的界面，用于控制实际要素的局部实际尺寸和几何误差的综合状态。当采用某种边界时，零件表面上任一点都不得超过边界。

边界也相当于一个与该要素相配接的理想要素，如图 3-8a 所示。对于关联要素的边界，还必须与基准保持图样上规定的几何关系，如图 3-8b 所示。

用边界来综合控制实际尺寸和几何误差，要用量规（详见第 7 章）模拟边界来检验，即对孔用一直径为边界尺寸的理想轴（对轴用理想孔）塞入检验，能通过就说明孔（轴）表面上任一点都没有超过边界，结论为合格。

（1）**最大实体边界（MMB）** 是与最大实体尺寸相应的理想形状的界面。如图 3-9 所示，轴的最大实体边界为直径等于最大实体尺寸 $\phi 19.993$ mm 的理想圆柱面，而孔的最大实体边界为直径等于最大实体尺寸 $\phi 20$ mm 的理想圆柱面。即 $d_{MMS} = 19.993$ mm，$D_{MMS} = 20$ mm。

（2）**最大实体实效边界（MMVB）** 图 3-10 所示是以最大实体尺寸 D_{MMS}（或 d_{MMS}）与轴线直线度公差所确定的最大实体实效边界的示例。

3. 标注及应用举例

（1）**包容要求**

例 3-1 包容要求标注如图 3-11 所示。

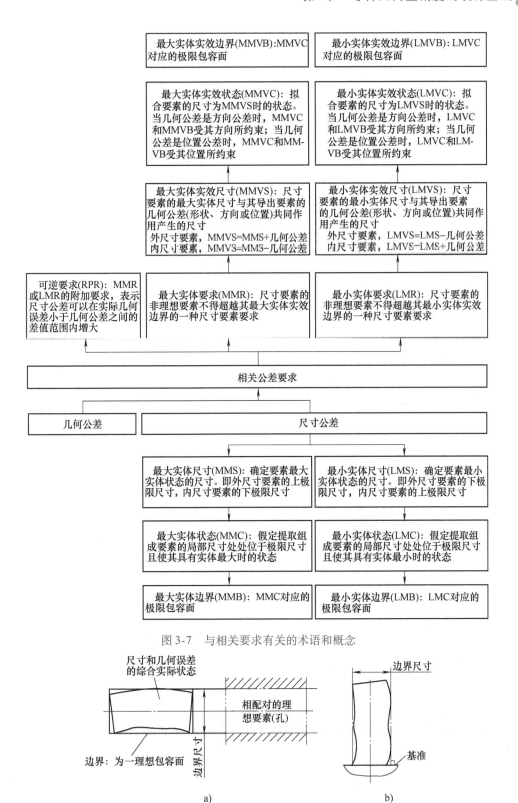

图 3-7　与相关要求有关的术语和概念

图 3-8　边界示意图

a）单一要素的理想边界　b）关联要素的理想边界

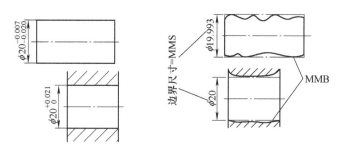

图 3-9　孔和轴的最大实体边界

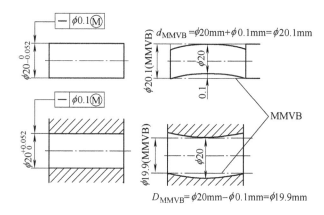

$d_{MMVB} = \phi20mm + \phi0.1mm = \phi20.1mm$

$D_{MMVB} = \phi20mm - \phi0.1mm = \phi19.9mm$

图 3-10　孔和轴的最大实体实效边界

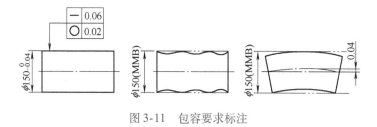

图 3-11　包容要求标注

图 3-11 中，提取圆柱面应在 MMB 之内；边界尺寸为 MMS = $\phi150mm$；局部尺寸 $d \geqslant 149.96mm$。

例 3-2　如果采用包容要求，而对几何误差要提出进一步更严格的要求，则可采用图 3-12 所示的标注方式，即包容要求外加独立原则的标注方法。

如果图样上没有标注 $\phi0.015mm$ 轴线直线度公差，则在实际尺寸为最小实体尺寸时，允许轴线直线度误差值可达尺寸公差值 $0.03mm$。但由于标注了 $\phi0.015mm$ 的轴线直线度公差，因此当实际尺寸偏离最大实体尺寸的值大于 $0.015mm$ 时，轴线的直线度误差也不得超过 $\phi0.015mm$。

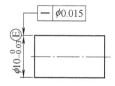

图 3-12　独立原则和包容要求标注

（2）最大实体要求

例 3-3　图 3-13 所示为零件遵守最大实体要求。

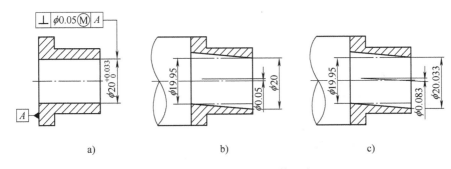

图 3-13 零件遵守最大实体要求

提取要素不得超越 MMVB；边界为最大实体实效尺寸 MMVS $= \phi(20 - 0.05)$ mm $=$ $\phi 19.95$mm 且垂直于基准 A 面的理想圆柱面。当孔处于最大实体状态，即实际尺寸为最大实体尺寸 $\phi 20$mm 时，其轴线对 A 基准的垂直度误差允许达到给定值 $\phi 0.05$mm，如图 3-13b 所示。若实际尺寸偏离最大实体尺寸，则允许垂直度误差超出图样上给定的公差值 $\phi 0.05$mm。若孔为最小实体尺寸 $\phi 20.033$mm，则垂直度误差可增大至 $\phi 0.05$mm $+ \phi 0.033$mm $=$ $\phi 0.083$mm，如图 3-13c 所示。

例 3-4 图 3-14 所示为最大实体要求用于基准要素和被测要素，实现阶梯轴与阶梯孔配合。

最大实体要求不仅可用于被测要素，而且也可用于基准要素，此时应在基准符号后面加注"Ⓜ"。基准要素应遵守相应的边界（基准要素本身采用最大实体要求时，其相应的边界为 MMVB；基准要素本身采用包容要求时，其相应的边界为 MMB）。若基准要素的实际轮廓偏离其相应边界时，允许基准要素在一定范围内浮动，即被测要素的几何公差可进一步得到补偿。

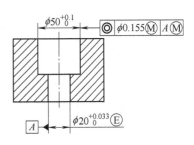

图 3-14 最大实体要求应用于被测要素和基准要素

此例中允许的最大同轴度误差值可达 $\phi(0.155 + 0.1 + 0.033)$mm $= \phi 0.288$mm。

外尺寸要素的提取要素不得违反其 MMVC。边界尺寸为 MMVS $= \phi(50 - 0.155)$mm $= \phi 49.845$mm；外尺寸要素的提取要素各处的局部直径 $D \geqslant$ MMS $= \phi 50$mm 且 $D \leqslant$ LMS $= \phi 50.1$mm；MMVC 的位置与基准要素的 MMVC 同轴；基准要素的提取要素不得违反 MMVC，其 MMVS $=$ MMS $= \phi 20$mm；基准要素的提取要素各处的局部直径 $D \leqslant$ LMS $= \phi 20.033$mm。

（3）最小实体要求

例 3-5 图 3-15 所示为最小实体要求用于被测要素和基准要素，是说明控制最小壁厚、承受内压的示例。

解：

外圆柱要素的提取要素不得违反 LMVC；边界尺寸为 LMVS $= \phi 69.8$mm；

外圆柱要素的提取要素各处的局部直径 $d \leqslant$ MMS $= \phi 70.0$mm 且应 $d \geqslant$ LMS $= \phi 69.9$mm；

内圆柱要素（基准要素）的提取要素不得违反 LMVC；边界尺寸为 LMVS $=$ LMS $= \phi 35.1$mm；

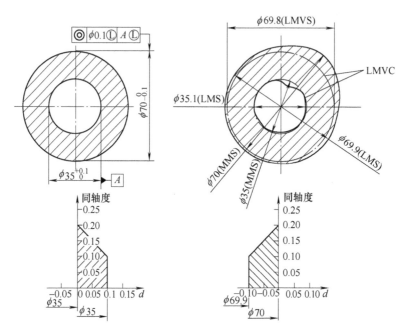

图 3-15　最小实体要求应用于被测要素和基准要素

内圆柱要素的提取要素各处的局部 $D \geqslant MMS = \phi 35 mm$ 且 $D \leqslant LMS = \phi 35.1 mm$；

外圆柱要素的 LMVC 位于内圆柱要素（基准要素）轴线的理论正确位置。

（4）可逆要求

例 3-6　图 3-16 所示为可逆要求用于最大实体要求，是说明零件的预期功能为 $2 \times \phi 100 mm$ 的两销柱与两个公称尺寸为 $\phi 10 mm$ 并且相距 20mm 的孔及板类零件装配，且要与平面 A 相垂直的示例。

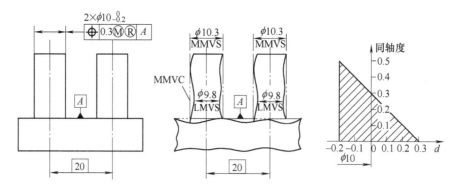

图 3-16　可逆要求应用于最大实体要求

解：

两销柱的提取要素不得违反 MMVC；边界尺寸为 $MMVS = 10.3 mm$；

两销柱的提取要素各处的局部直径 $d \geqslant LMS = 9.8 mm$；

可逆要求（RPR）允许其局部直径从 MMS（$= 10.0 mm$）增加至 MMVS（$= 10.3 mm$）；

两个 MMVC 的位置处于其轴线彼此相距为理论正确尺寸 20mm，且与基准 A 保持理论正确垂直。

3.3.3　公差原则和要求的比较说明

公差原则和要求的比较说明见表 3-6。

表 3-6　公差原则和要求的比较说明

	解释	特征	图样标注	动态公差图
独立原则	尺寸和几何公差各自独立控制。用于轮廓或中心要素	1）无边界 2）用于尺寸和几何公差要求差距较大、两者没有必然联系、两者均要求严格且不允许互补、未注尺寸与几何公差、保证某些功能要求（如导轨运动精度、气缸套密封性能）等	略	无
包容要求	被测实际要素不得超越 MMB。只适用于几何公差	1）遵守 MMB，边界尺寸等于 MMS 2）合格条件（极限尺寸判断原则——泰勒原则）： 孔 $D_{作用} \geq D_{min}$ 且 $D_{实际} \leq D_{max}$ 轴 $d_{作用} \leq d_{max}$ 且 $d_{实际} \geq d_{min}$ 3）以尺寸公差带控制几何公差 4）主要应用于必须保证配合性质的要素		
最大实体要求	被测实际要素的轮廓处处不超越 MMVB。当实际尺寸偏离 MMS 时，允许其几何误差值超出在最大实体状态下给出的公差值。仅用于中心要素	1）遵守 MMVB，边界尺寸等于 MMVS 2）合格条件： 孔 $D_{作用} \geq D_{MMVS}$ 且 $D_{min} < D_{实际} \leq D_{max}$ 轴 $d_{作用} \leq d_{MMVS}$ 且 $d_{min} \leq d_{实际} \leq d_{max}$ 3）尺寸公差可补偿给几何公差 4）主要用于保证零件的装配互换性的场合		

（续）

	解释	特征	图样标注	动态公差图
最小实体要求	被测实际要素的轮廓处处不超出 LMVB。当实际尺寸偏离 LMVS 时，允许其几何误差值超出在最小实体状态下给出的公差值。仅能用于中心要素	1）遵守 LMVB，边界尺寸等于 LMVS 2）合格条件： 孔 $D'_{作用} \leqslant D_{LMVS}$ 且 $D_{min} \leqslant D_{实际} \leqslant D_{max}$ 轴 $d'_{作用} \geqslant d_{LMVS}$ 且 $d_{min} \leqslant d_{实际} \leqslant d_{max}$ 3）尺寸公差可补偿给几何公差 4）主要用于保证零件的最小壁厚和设计强度	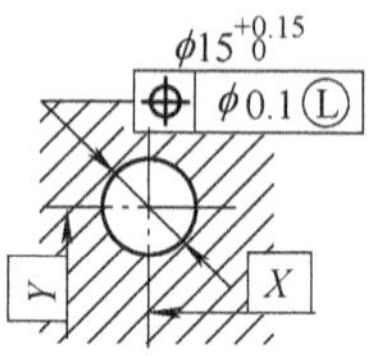 $\phi 15^{+0.15}_{0}$ ⊕ $\phi 0.1$ Ⓛ	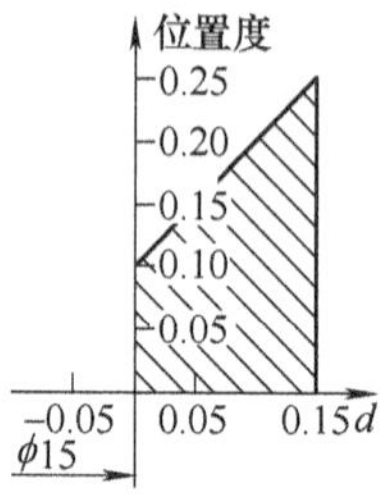 位置度
可逆要求	中心要素的几何误差值小于给出的几何公差值时，允许在满足零件功能要求的前提下扩大尺寸公差	可逆要求用于最大实体要求 1）遵守 MMVB 2）合格条件： 孔 $D_{作用} \geqslant D_{MMVS}$ 且 $D_{MMVS} \leqslant D_{实际} \leqslant D_{max}$ 轴 $d_{作用} \leqslant d_{MMVS}$ 且 $d_{min} \leqslant d_{实际} \leqslant d_{MMVS}$ 3）尺寸公差可补偿给几何公差，几何公差也可补偿给尺寸公差	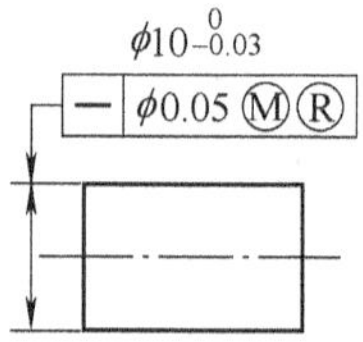 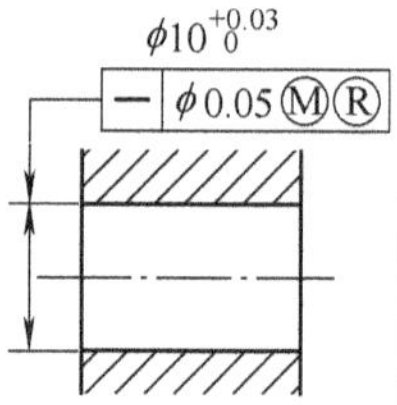 $\phi 10^{0}_{-0.03}$ — $\phi 0.05$ Ⓜ Ⓡ $\phi 10^{+0.03}_{0}$ — $\phi 0.05$ Ⓜ Ⓡ	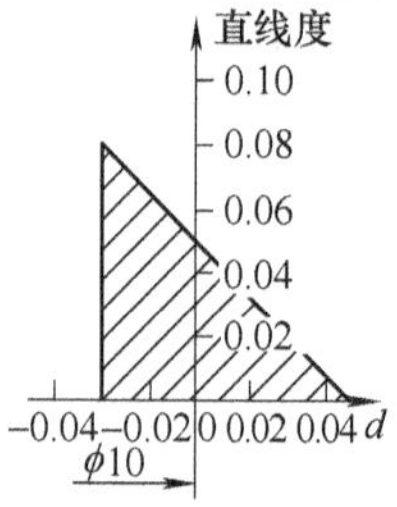 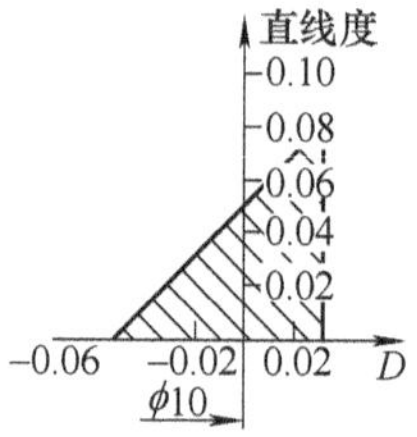 直线度 直线度

注：$D_{作用}$（$d_{作用}$）—体外作用尺寸；$D'_{作用}$（$d'_{作用}$）—体内作用尺寸。

3.4 几何公差的选择

几何公差的选择，直接关系到产品的质量、使用性能及加工经济性。因此，在进行几何量精度设计时，必须根据产品的功能要求、结构特点以及使用条件等，综合多方面的因素，正确合理地选择几何公差项目、基准和几何公差值。

3.4.1 几何公差项目的确定

几何公差项目的选择依据如下：

（1）要素的几何特征 由于形状公差项目主要是按要素的几何形状特征制定的，因此要素的几何特征自然是选择单一要素公差项目的基本依据。例如，控制平面的形状误差应选择平面度，控制导轨导向面的形状误差应选择直线度，控制圆柱面的形状误差应选择圆度或圆柱度等。

因为位置公差项目是按要素间几何方位关系制定的，所以关联要素的公差项目应以它与基准间的几何方位关系为基本依据。对线（轴线）、面可规定方向和位置公差，对点只能规定位置度公差，只有回转体零件才规定同轴度公差和跳动公差。

（2）零件的使用要求　主要是分析几何误差对零件使用性能的影响。一般说来，平面的形状误差将影响支承面的平稳和定位可靠性，影响贴合面的密封性和滑动面的磨损；导轨面的形状误差将影响导向精度；圆柱面的形状误差将影响定位配合的连接强度和可靠性，影响转动配合的间隙均匀性和运动平稳性，影响移动配件的导向精度及结合件的密封性等。轮廓表面或中心要素的位置误差将直接决定机器的装配精度和运动精度，如齿轮箱体上两孔轴线不平行将影响齿轮副的接触精度，降低承载能力，滚动轴承的轴肩与轴线不垂直，将影响轴承旋转时的精度等。

（3）检测的具体情况　例如，当要素为一圆柱面时，圆柱度是理想的项目，因为它综合控制了圆柱面的各种形状误差，但由于圆柱度检测不便，故可选用圆度、直线度和素线平行度几个分项，或者选用径向全跳动公差等。又如，径向圆跳动与同轴度的公差带虽不一样，但径向圆跳动是综合公差，它可以同时控制回转体的圆度和同轴度误差，因此，在忽略圆度误差时，用径向圆跳动代替同轴度，径向圆跳动合格，同轴度一定合格。同样，在忽略平面度误差时，可用轴向圆跳动代替端面对轴线的垂直度要求。轴向圆跳动的公差带和端面对轴线垂直度的公差带完全相同，可相互取代。

3.4.2　基准的选择

基准是确定关联要素之间方向或位置关系的依据。选择基准时，主要应根据设计和使用要求，并兼顾基准统一原则和结构特征等。具体选择时，可从以下几方面来考虑：

1）根据零件的功能要求及要素间的几何关系来选择基准。例如，对旋转轴，通常都以轴承的轴颈轴线作基准。

2）根据装配关系，选择相互配合或相互接触的表面为各自的基准，以保证零件的正确装配。例如，箱体的装配底面、盘类零件的端平面等。

3）从加工、测量角度考虑，选择在夹具、量具中定位的相应要素作基准，应尽量使工艺基准、测量基准与设计基准统一。

4）采用多基准时，通常选择对被测要素使用要求影响最大的表面或定位最稳的表面作为第一基准。

3.4.3　几何公差值的确定

选择几何公差值的原则与选择尺寸公差值的原则基本相同，即在满足零件功能要求的前提下，兼顾工艺的经济性和检测条件，尽量选较大的公差值。选择几何公差值的方法也有计算法和类比法。

1. 计算法

目前，用计算法确定几何公差值还没有成熟、系统的计算步骤和方法，一般是根据产品的功能要求，在有条件的情况下计算求得几何公差值，下面举例说明。

例3-7　图3-17所示为孔和轴的间隙配合。为了保证轴能在孔中自由回转，要求最小功能间隙 X_{minf}（功能间隙为孔轴配合尺寸考虑几何误差后所得到的间隙）不得小于0.02mm。

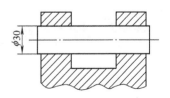

图3-17　孔和轴的间隙配合

试确定孔和轴的几何公差值。

解：此部件主要要求保证配合性质，对孔或轴的形状精度无特殊要求，故采用包容要求给出尺寸公差。两孔同轴度误差对配合性质有影响，故以两孔轴线建立公共基准轴线，并给出两孔轴线对公共基准轴线的同轴度公差。

设孔的直径公差等级为 IT7，轴的直径公差等级为 IT6，则尺寸公差 $T_孔 = 0.021\text{mm}$，$T_轴 = 0.013\text{mm}$。又按基孔制配合，孔的下极限偏差 $EI = 0\text{mm}$，上极限偏差 $ES = +0.021\text{mm}$。因 $X_{\text{minf}} = EI - es - (t_孔 + t_轴)$，故轴的基本偏差必须为负值，且绝对值应大于 $(t_孔 + t_轴)$，$t_孔$ 和 $t_轴$ 为孔、轴的几何公差。

取轴的基本偏差为 e，其上极限偏差 $es = -0.04\text{mm}$，故有

$$0.02 = 0 - (-0.04) - (t_孔 + t_轴)$$

$$t_孔 + t_轴 = (0.04 - 0.02)\text{mm} = 0.02\text{mm}$$

因轴为光轴，采用包容要求后，轴在最大实体状态下的 $t_轴 = 0\text{mm}$，故孔的同轴度公差 $t_孔 = 0.02\text{mm}$。孔和轴的尺寸公差和几何公差标注如图 3-18 所示。

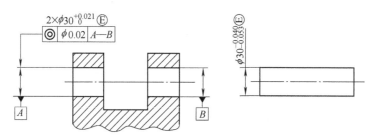

图 3-18　孔和轴的尺寸公差和几何公差标注

2. 类比法

用类比法选择几何公差值时，应正确处理下列关系：

1）形状公差值与方向或位置公差值的关系：同一要素上给定的形状公差值应小于方向或位置公差值。例如，要求平行的两个表面，其平面度公差值应小于平行度公差值；圆柱形零件上圆度公差值应小于径向圆跳动公差值等。

2）几何公差值与尺寸公差值的关系：一般情况下，同一要素的几何公差值应小于尺寸公差值。例如，圆柱形零件的圆度和圆柱度公差值应小于直径公差值（轴线的直线度公差值除外）；两要素的平行度公差值应小于其距离的公差值等。

3）对于长度与直径的比值较大的轴和孔，距离较大的轴和孔，宽度较大（一般大于长度的一半）的零件表面，以及孔相对于轴、线对线和线对面相对于面对面的平行度或垂直度，考虑到加工的难易程度和除主参数外其他参数的影响，在满足零件功能的要求下，应适当降低 1~2 级选用。

表3-7～表3-10 列举了一些典型的几何公差应用的经验资料，供选择几何公差等级和数值时参考。表3-11～表3-14 列出了一些常用的加工方法可达到的几何公差等级，供参考。

表 3-7　直线度、平面度公差等级的应用

公差等级	应用举例（参考）
1，2	工具、显微镜等精密量仪的导轨面，喷油嘴针阀体端面平面度，油泵柱塞套端面的平面度等
3	量仪导轨的直线度，量仪的测杆等
4	量仪的 V 形导轨，高精度平面磨床的 V 形导轨和滚动导轨等
5	平面磨床导轨，液压龙门刨床导轨面，柴油机进排气门导杆等
6	一般机床导轨面，柴油机机体接合面等
7	机床床头箱接合面，液压泵盖接合面，压力机导轨及滑块等
8	车床溜板箱体、发动机曲轴箱体、减速器壳体的接合面等
9，10	摩托车曲轴箱体、手动机械的支承面等
11，12	易变形的薄片、薄壳零件等

表 3-8　圆度、圆柱度公差等级的应用

公差等级	应用举例（参考）
0，1	高精度量仪主轴，高精度机床主轴，滚动轴承的滚珠和滚柱等
2	精密量仪主轴，精密机床主轴，高压油泵柱塞及套，高速柴油机进、排气门等
3	高精度外圆磨床轴承，微型轴承内、外圈等
4	较精密机床主轴、主轴箱孔，高压阀门活塞、活塞销，与较高精度滚动轴承配合的轴等
5	一般量仪主轴，一般机床主轴轴颈及轴承孔，柴油机和汽油机的活塞、活塞销，与 P6 级滚动轴承配合的轴等
6	通用减速器轴颈，高速船用发动机曲轴、拖拉机曲轴主轴颈等
7	低速柴油机曲轴、活塞、活塞销，机车传动轴，水泵及一般减速器轴颈等
8	低速发动机曲轴轴颈，拖拉机、小型船用柴油机气缸套等
9	空气压缩机缸体，通用机械杠杆与拉杆用的套筒销子等
10	吊车、绞车、起重机滑动轴承轴颈等

表 3-9　平行度、垂直度公差等级的应用

公差等级	应用举例（参考）	
	平行度	垂直度
1	高精度机床、高精度量仪的主要基准面和工作面	高精度机床、高精度量仪的主要基准面和工作面
2，3	精密机床、精密量仪的基准面和工作面	精密机床导轨，普通机床重要导轨，机床主轴轴向定位面，精密机床主轴肩端面，精密刀具、量具工作面和基准面
4，5	普通机床，量仪的基准面和工作面，重要轴承孔的基准面，机床床头箱重要孔间要求	普通机床导轨，机床重要支承面，普通机床主轴端面对轴线的偏摆，气缸的支承端面
6，7，8	一般机床零件的工作面和基准面，一般机床轴孔的基准面，机床床头箱一般孔间要求	一般机床的主要基准面和工作面，回转工作台端面，活塞销孔对活塞中心线
9，10	低精度零件，重型机械滚动轴承盖	花键轴轴肩端面，减速器壳体平面

表 3-10 同轴度、对称度、跳动公差等级的应用

公差等级	应用举例（参考）
1, 2	精密量仪的主轴和顶尖，柴油机喷油针阀等
3, 4	机床主轴轴颈，砂轮轴轴颈，汽轮机主轴，安装高精度齿轮的轴颈
5, 6, 7	机床轴颈，测量仪器的测量杆，汽轮机轴，柱塞油泵转子，内燃机曲轴、凸轮轴轴颈，水泵轴，齿轮轴，电动机转子等
8, 9, 10	拖拉机发动机分配轴轴颈，水泵叶轮，离心泵泵体，内燃机气缸套配合面，自行车中轴，摩托车活塞，印染机导布辊，气缸套外圈的内孔等
11, 12	用于无特殊要求，一般尺寸精度按 IT12 或 IT13 制造的零件

表 3-11 常用加工方法可达到的直线度、平面度公差等级

加工方法		直线度、平面度公差等级											
		1	2	3	4	5	6	7	8	9	10	11	12
车	粗											○	○
	细									○	○		
	精					○	○	○	○				
铣	粗											○	○
	细										○	○	
	精						○	○	○				
刨	粗											○	○
	细									○	○		
	精						○	○	○				
磨	粗									○	○	○	
	细							○	○	○			
	精		○	○	○	○	○	○					
研磨	粗				○	○							
	细			○									
	精	○	○										
刮研	粗						○	○					
	细				○	○							
	精	○	○	○									

注："○"表示可达到。

表 3-12 常用加工方法可达到的圆度、圆柱度公差等级

表面	加工方法		圆度、圆柱度公差等级											
			1	2	3	4	5	6	7	8	9	10	11	12
轴	精密车削				○	○	○							
	普通车削							○	○	○	○	○	○	
	普通立车	粗						○	○	○				
		细							○	○	○	○	○	
	自动车 半自动车	粗								○	○			
		细								○	○			
		精						○	○					

（续）

表面	加工方法		圆度、圆柱度公差等级											
			1	2	3	4	5	6	7	8	9	10	11	12
轴	外圆磨	粗					○	○	○					
		细			○	○	○							
		精	○	○	○									
	无心磨	粗						○	○					
		细		○	○	○	○							
	研磨			○	○	○	○							
	精磨		○	○										
孔	钻								○	○	○	○	○	○
	普通镗	粗							○	○	○	○		
		细					○	○	○	○				
		精				○	○							
	金刚石镗	细			○	○								
		精	○	○	○									
	铰孔						○	○	○					
	扩孔						○	○	○					
	内圆磨	细				○	○							
		精			○	○								
	研磨	细				○	○	○						
		精	○	○	○	○								
	珩磨						○	○	○					

注："○"表示可达到。

表 3-13 常用加工方法可达到的平行度、垂直度公差等级

加工方法		平行度、垂直度公差等级											
		1	2	3	4	5	6	7	8	9	10	11	12
		面对面											
研磨		○	○	○	○								
刮		○	○	○	○	○	○	○					
磨	粗					○	○	○	○				
	细				○	○	○						
	精		○	○	○								
铣							○	○	○	○	○	○	
刨								○	○	○	○	○	
拉								○	○	○			
插								○	○				

（续）

加工方法		平行度、垂直度公差等级											
		1	2	3	4	5	6	7	8	9	10	11	12
轴线对轴线（或平面）													
磨	粗							○	○				
	细				○	○	○	○					
镗	粗								○	○	○		
	细							○	○				
	精						○	○					
金刚石镗					○	○	○						
车	粗										○	○	
	细							○	○	○	○		
铣							○	○	○	○			
钻										○	○	○	○

注："○"表示可达到。

表 3-14　常用加工方法可达到的同轴度、圆跳动公差等级

加工方法		同轴度、圆跳动公差等级										
		1	2	3	4	5	6	7	8	9	10	11
车镗	孔				○	○	○	○	○	○		
	轴			○	○	○	○	○	○			
铰					○	○	○	○				
磨	孔		○	○	○	○	○	○				
	轴	○	○	○	○	○	○					
珩磨			○	○	○							
研磨		○	○	○								

注："○"表示可达到。

3.5　表面粗糙度的选择

零件表面粗糙度的一般选择原则如下：

1）同一零件上，工作表面的粗糙度参数值（以下称粗糙度值）应小于非工作表面的粗糙度值。

2）工作过程中摩擦表面的粗糙度值应小于非摩擦表面，滚动摩擦表面的粗糙度值应小于滑动摩擦表面。

3）处于有腐蚀性物质工作条件下的零件，其粗糙度值应较小。

4）承受交变载荷的表面及容易引起应力集中的部位，其粗糙度值应较小。

5）要求配合性质稳定可靠的零件，其粗糙度值应选小些，配合间隙小的间隙配合表面以及要求联接可靠、受重载的过盈配合表面都要求较小的粗糙度值。

6）由于工艺上的原因，配合性质相同的小尺寸接合面应比大尺寸接合面要求的粗糙度值小些，配合零件中轴表面的粗糙度值要求小于孔表面。尺寸公差、表面形状公差和表面粗糙度并不存在确定的函数关系，但在正常工艺条件下，三者之间的关系见表3-15。其中 IT 表示尺寸公差，t 表示形状公差，粗糙度值用 Ra 和 Rz 表示。

表3-15　t 与 Ra、Rz 的关系

t	Ra	Rz
0.6IT	≤0.05IT	≤0.2IT
0.4IT	≤0.025IT	≤0.1IT
0.25IT	≤0.012IT	≤0.05IT

表3-16 所列的"Ra 的应用范围"与表3-17 所列的"部分常用孔、轴公差带相适应的表面粗糙度 Ra 值"，均可作为选择表面粗糙度时的参考。

表3-16　Ra 的应用范围

$Ra/\mu m$	适应的零件表面
12.5	粗加工非配合表面。用于轴端面、倒角、钻孔、键槽非工作表面、垫圈接触面、不重要的安装支承面、螺钉、铆钉孔表面等
6.3	半精加工表面。用于不重要的零件的非配合表面，如支柱、轴、支架、外壳、衬套、盖等的端面；螺钉、螺栓和螺母的自由表面；不要求定心和配合特性的表面，如螺栓孔、螺钉通孔、铆钉孔等；飞轮、带轮、离合器、联轴器、凸轮、偏心轮的侧面；平键及键槽上、下面，花键非定心表面，齿顶圆表面；所有轴和孔的退刀槽；不重要的连接配合表面；犁铧、犁侧板、深耕铲等零件的摩擦工作面；插秧爪面等
3.2	半精加工表面。外壳、箱体、盖、套筒、支架等和其他零件联接而不形成配合的表面；不重要的紧固螺纹表面。非传动用梯形螺纹、锯齿形螺纹表面；燕尾槽表面；键和键槽的工作面；需要发蓝处理的表面；需滚花的预加工表面；低速滑动轴承和轴的摩擦面；张紧链轮、导向滚轮与轴的配合表面；滑块及导向面（速度为 20~50m/min）；收割机械切割器的摩擦器动刀片、压力片的摩擦面，脱粒机格板工作表面等
1.6	要求有定心及配合特性的固定支承、衬套、轴承和定位销的压入孔表面；不要求定心及配合特性的活动支承面、活动关节及花键接合面；8级齿轮的齿面，齿条齿面；传动螺纹工作面；低速传动的轴颈；楔形键及键槽上、下面；轴承盖凸肩（对中心用），V带轮槽表面，电镀前金属表面等
0.8	要求保证定心及配合特性的表面，锥销和圆柱销表面；与P0和P6级滚动轴承相配合的孔和轴颈表面；中速转动的轴颈，过盈配合的孔IT7，间隙配合的孔IT8，花键轴定心表面，滑动导轨面 不要求保证定心及配合特性的活动支承面；高精度的活动球状接头表面、支承垫圈、榨油机螺旋孔辊表面等
0.2	要求能长期保持配合特性的孔IT6和IT5，6级精度齿轮齿面，蜗杆齿面（6~7级），与P5级滚动轴承配合的孔和轴颈表面；要求保证定心及配合特性的表面；滑动轴承轴瓦工作表面；分度盘表面；工作时受交变应力的重要零件表面；受力螺栓的圆柱表面，曲轴和凸轮轴工作表面、发动机气门圆锥面，与橡胶油封相配的轴表面等
0.1	工作时受较大交变应力的重要零件表面，保证疲劳强度、耐蚀性及在活动接头工作中耐久性的一些表面；精密机床主轴箱与套筒配合的孔；活塞销的表面；液压传动用孔的表面，阀的工作表面，气缸内表面，保证精确定心的锥体表面；仪器中承受摩擦的表面，如导轨、槽面等
0.05	滚动轴承套圈滚道、滚动体表面，摩擦离合器的摩擦表面，工作量规的测量表面，精密刻度盘表面，精密机床主轴套筒外圆面等

（续）

$Ra/\mu m$	适应的零件表面
0.025	特别精密的滚动轴承套圈滚道、滚动体表面；量仪中较高精度间隙配合零件的工作表面；柴油机高压泵中柱塞副的配合表面；保证高度气密的接合表面等
0.012	仪器的测量面；量仪中高精度间隙配合零件的工作表面；尺寸超过100mm量块的工作表面等

注：1. 表中只列举了 Ra 参数值所适应的零件表面的示例，若由于客观条件的限制或某些特殊的要求，只能测出 Rz 参数值时，可根据 Ra 和 Rz 之间的大致对应比值关系，换算出 Rz 的参数值。

2. 对应关系比值为 $Ra \geqslant 2.5\mu m$，$Ra:Rz=1:4$ 或 $Rz=4Ra$；$Ra<2.5\mu m$，$Ra:Rz=1:5$ 或 $Rz=5Ra$。

表 3-17 部分常用孔、轴公差带相适应的表面粗糙度 *Ra* 值 （单位：μm）

公差带代号	直径/mm										
	>6~10	>10~18	>18~30	>30~50	>50~80	>80~120	>120~180	>180~250	>250~315	>315~400	>400~500
h6	0.80	0.80	1.6	1.6	1.6	1.6	3.2	3.2	3.2	3.2	3.2
H7	1.6	1.6	1.6	3.2	3.2	3.2	3.2	3.2	6.3	6.3	6.3
js6，k6，n6	0.80	0.80	1.6	1.6	1.6	1.6	3.2	3.2	3.2	3.2	3.2
e6，f6，p6	0.80	1.6	1.6	1.6	1.6	3.2	3.2	3.2	6.3	6.3	6.3
r6，s6，t6	1.6	1.6	1.6	1.6	3.2	3.2	3.2	3.2	6.3	6.3	6.3
H8	1.6	1.6	1.6	3.2	3.2	3.2	3.2	3.2	6.3	6.3	6.3
h7，js7，k7，m7，n7	1.6	1.6	1.6	3.2	3.2	3.2	3.2	3.2	6.3	6.3	6.3
H9	3.2	3.2	3.2	3.2	3.2	3.2	6.3	6.3	6.3	6.3	12.5
h8，h9，d9，f9	3.2	3.2	3.2	3.2	3.2	3.2	6.3	6.3	6.3	12.5	12.5
H10，h10	3.2	3.2	3.2	6.3	6.3	6.3	6.3	12.5	12.5	12.5	12.5
H11，a11，b11，c11，d11	3.2	6.3	6.3	6.3	6.3	6.3	12.5	12.5	12.5	12.5	12.5
H12，h12，b12	6.3	6.3	6.3	6.3	6.3	12.5	12.5	12.5	12.5	12.5	12.5

3.6 与滚动轴承相配零件的几何量精度

滚动轴承（图3-19）是一种标准化部件，其内圈以内径 d 与轴颈配合，外圈以外径 D 与壳体孔配合，它们属于部件的外互换，采用完全互换；而轴承内部各零件间的装配尺寸（如内圈滚道直径、外圈滚道直径和滚动体直径等）属于部件的内互换，由于其精度要求很高，从制造经济性出发，采用分组选配法进行装配，为不完全互换。

滚动轴承公差的国家标准不仅规定了滚动轴承本身的尺寸精度、旋转精度、测量方法，还规定了与滚动轴承相配的壳体孔和轴颈的尺寸精度、公差带代号、几何精度和表面粗糙度等。

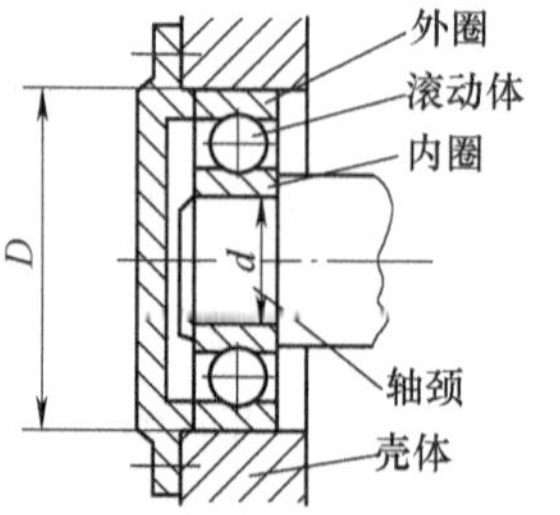

图3-19 滚动轴承

3.6.1 滚动轴承的公差等级及其应用

根据国家标准 GB/T 272—2017《滚动轴承 代号方法》规定，滚动轴承按其内外圈公称尺寸的精度和旋转精度分为 P0、P6（6X）、P5、P4、P2 五个公差等级，精度依次增高。凡属 P0（普通级）的轴承，一般在轴承型号上不标公差等级代号。

　　滚动轴承公称尺寸精度是指内圈的内径、外圈的外径和宽度尺寸的精度。由于轴承内、外圈为薄壁结构，制造和存放中易变形（常呈椭圆形），但在装配后能得到矫正，因此，为利于制造，允许内、外圈有一定的变形（允许的变形在国家标准中用单一直径偏差和单一直径变动量来控制）。为保证轴承与接合件的配合性质，所限制的仅是内、外圈在其单一平面内的平均直径（用 d_{mp} 和 D_{mp} 表示），也即轴承的配合尺寸，其计算式为

$$D_{mp} = (D_{smax} + D_{smin})/2$$

$$d_{mp} = (d_{smax} + d_{smin})/2$$

式中，D_{smax}、D_{smin}、d_{smax}、d_{smin} 分别为加工后测量得到的最大、最小单一外径、内径。

　　合格的轴承内、外圈直径，必须使 d_{mp}、D_{mp} 在允许的尺寸范围内。

　　滚动轴承的旋转精度是指轴承内、外圈的径向跳动、轴向跳动及滚道的侧向摆动等。表 3-18 和表 3-19 列出了国家标准 GB/T 3071—2017 规定的轴承内、外径的极限偏差及径向跳动数值（其他的精度指标数值见国家标准）。

表 3-18　向心轴承(圆锥滚子轴承除外)内圈极限偏差及允许跳动值　　（单位：μm）

偏差或公差	公差等级	偏差名称或允许跳动	内径公称尺寸 d/mm					
			>10 ~18	>18 ~30	>30 ~50	>50 ~80	>80 ~120	>120 ~180
单一平面平均内径偏差 Δd_{mp}	P0	上极限偏差	0	0	0	0	0	0
		下极限偏差	−8	−10	−12	−15	−20	−25
	P6	上极限偏差	0	0	0	0	0	0
		下极限偏差	−7	−8	−10	−12	−15	−18
	P5	上极限偏差	0	0	0	0	0	0
		下极限偏差	−5	−6	−8	−9	−10	−13
	P4	上极限偏差	0	0	0	0	0	0
		下极限偏差	−4	−5	−6	−7	−8	−10
	P2	上极限偏差	0	0	0	0	0	0
		下极限偏差	−2.5	−2.5	−2.5	−4	−5	−7
成套轴承的内圈径向跳动 K_{ia}	P0	最大	10	13	15	20	25	30
	P6	最大	7	8	10	10	13	18
	P5	最大	4	4	5	5	6	8
	P4	最大	2.5	3	4	4	5	6
	P2	最大	1.5	2.5	2.5	2.5	2.5	2.5

表 3-19 向心轴承（圆锥滚子轴承除外）外圈极限偏差及允许跳动值（单位：μm）

偏差或公差	公差等级	偏差名称或允许跳动	外径公称尺寸 D/mm					
			>18 ~30	>30 ~50	>50 ~80	>80 ~120	>120 ~150	>150 ~180
单一平面平均外径偏差 ΔD_{mp}	P0	上极限偏差	0	0	0	0	0	0
		下极限偏差	−9	−11	−13	−15	−18	−25
	P6	上极限偏差	0	0	0	0	0	0
		下极限偏差	−8	−9	−11	−13	−15	−18
	P5	上极限偏差	0	0	0	0	0	0
		下极限偏差	−6	−7	−9	−10	−11	−13
	P4	上极限偏差	0	0	0	0	0	0
		下极限偏差	−5	−6	−7	−8	−9	−10
	P2	上极限偏差	0	0	0	0	0	0
		下极限偏差	−4	−4	−4	−5	−5	−7
成套轴承的外圈径向跳动 K_{ea}	P0	最大	15	20	25	35	40	45
	P6	最大	9	10	13	18	20	23
	P5	最大	6	7	8	10	11	13
	P4	最大	4	5	5	6	7	8
	P2	最大	2.5	2.5	4	5	5	5

选择滚动轴承的精度等级，主要考虑以下两方面：一是根据机器功能对轴承部件的旋转精度要求。例如，当机床主轴的径向跳动要求为 0.01mm 时，多选用 P5 级轴承；若径向跳动要求为 0.001 ~ 0.005mm 时，多选用 P4 级轴承。二是转速的高低。转速高时，由于与轴承配合的旋转轴（或壳体孔）可能随轴承的跳动而跳动，势必造成旋转不平稳，产生振动和噪声，因此转速高时，应选用精度高的轴承。

P0 级轴承用于旋转精度要求不高的一般机构中，在机械制造业中应用最广泛，如普通机床和汽车的变速机构，普通电机、水泵、压缩机的旋转机构等。

P6、P5、P4 级轴承用于转速较高和旋转精度也要求较高的机构中，如机床的主轴、精密仪器和精密机械中使用的轴承等。

P2 级轴承用于高精密机床或机械中特别精密的部位，如精密坐标镗床的主轴轴承等。

3.6.2 滚动轴承与相配孔、轴间的公差与配合的特点

滚动轴承为标准部件，根据标准件的特点，滚动轴承内圈与轴的配合采用基孔制，外圈与壳体孔的配合采用基轴制。

图 3-20 所示为轴承内外径的公差带图。由图可见，各级轴承的单一平面平均外径 D_{mp} 的公差带的上极限偏差均为零，与一般基轴制的规定相同；单一平面平均内径 d_{mp} 的公差带，其上极限偏差也为零，与一般基孔制的规定不同。这样的公差带分布是考虑到轴承和轴颈配合的特殊需要。实践证明，当它与一般过渡配合的轴相配时，可以获得小量的过盈，正好满足了轴承内孔与轴的配合要求。若 d_{mp} 的下极限偏差为零，则满足不了要求。滚动轴承

的配合都为高精度的小间隙或小过盈配合。

D_{mp} 和 d_{mp} 的公差数值与国家标准 "极限与配合" 中的标准公差数值不同，在装配图上标注滚动轴承与轴颈和壳体孔的配合时，只需标注轴和壳体孔的公差带代号，如图 3-21 所示。

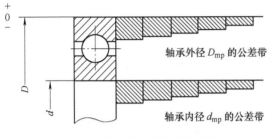

图 3-20　轴承内外径的公差带图

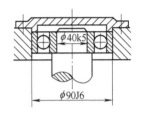

图 3-21　轴承公差带的标注

3.6.3　与滚动轴承相配零件的公差等级与配合的选择

1. 公差等级的选择

与滚动轴承相配合的孔、轴的公差等级与轴承的精度等级密切相关。一般对与 P6、P0 级轴承配合的轴，其公差等级多为 IT5 ~ IT7，壳体孔多为 IT6 ~ IT8；与 P5、P4 级轴承相配合的轴，其公差等级多为 IT4 ~ IT5，壳体孔多为 IT5 ~ IT6。

2. 配合的选择

选择轴承配合的依据是，轴承内外圈与所受负荷方向的关系、轴承所受负荷大小、轴承的工作温度、轴承的旋转精度和旋转速度以及与轴承相配合的孔和轴的材料和装卸要求等。

（1）轴承内外圈与所受负荷方向的关系

1）套圈相对于负荷方向静止（局部负荷）：作用于轴承上的合成径向负荷与套圈相对静止，即负荷方向始终不变地作用在套圈滚道的局部区域上。例如，轴承承受一个方向不变的径向负荷 R_g，此时，固定不转的套圈就相对于负荷方向静止，如图 3-22a、b 所示。

2）套圈相对于负荷方向旋转（循环负荷）：作用于轴承上的合成径向负荷与套圈相对旋转，即合成径向负荷顺次地作用在套圈的整个圆周上。例如，轴承承受一个方向不变的径向负荷 R_g，旋转套圈就相对于负荷方向旋转，如图 3-22a 中内圈和图 3-22b 中外圈，以及图 3-22c 中内圈和图 3-22d 中外圈所示。

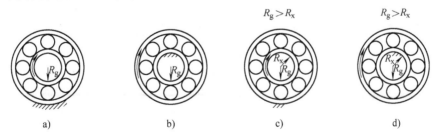

图 3-22　轴承承受负荷情况

a）内圈相对于负荷方向旋转，外圈相对于负荷方向静止　b）内圈相对于负荷方向静止，
外圈相对于负荷方向旋转　c）内圈相对于负荷方向旋转，外圈相对于负荷方向摆动
d）内圈相对于负荷方向摆动，外圈相对于负荷方向旋转

3）套圈相对于负荷方向摆动（摆动负荷）：作用于轴承上的合成径向负荷与所承载的套圈在一定区域内相对摆动，即其合成径向负荷经常变动地作用在套圈滚道的小于180°的部分圆周上。例如，轴承承受一个方向不变的径向负荷 R_g 和一个较小的旋转径向负荷 R_x，两者的合成径向负荷 R，其大小与方向都在变动，但合成径向负荷 R 仅在非旋转套圈 $\overset{\frown}{AB}$ 一段滚道内摆动（图3-23），该套圈相对于负荷方向摆动，如图3-22c 中外圈和图3-22d 中内圈所示。

当套圈相对于负荷方向静止时，其配合应选择得松些，甚至可有不大的间隙，以便在滚动体摩擦力的带动下使套圈有可能产生少许转动，从而使滚道磨损均匀，延长轴承使用寿命。当套圈相对于负荷方向旋转时，为了防止套圈在轴颈或壳体孔的配合表面上"爬行"，配合应选择得紧些。当套圈相对于负荷方向摆动时，套圈与轴颈或壳体孔配合的松紧程度，一般与相对于负荷方向旋转的情况相同或稍松。

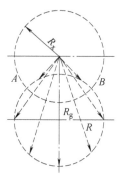

图 3-23　轴承受摆动负荷

（2）**轴承所受负荷大小**　轴承在负荷作用下，套圈会发生变形，使配合面受力不均匀，引起松动。因此，当轴承承受重负荷时，配合应紧些；承受较轻负荷时，配合可松些。轴承所承受负荷的大小，当 $P \leqslant 0.07C$ 时为轻负荷；$0.07C < P \leqslant 0.15C$ 时为正常负荷；当 $P > 0.15C$ 时为重负荷。这里 P 为径向负荷，C 为轴承额定负荷（其数据可从有关手册中查得）。

（3）**轴承的工作温度**　由于轴承旋转时，套圈的温度经常高于相邻零件的温度，因此轴承内圈可能因热胀而使配合变松，而外圈可能因热胀而使配合变紧。所以在选择配合时，必须考虑工作温度的影响。

（4）**轴承的旋转精度和旋转速度**　当对轴承有较高的旋转精度要求时，为消除弹性变形和振动的影响，配合应选得紧些。当轴承旋转速度越高时，应选用越紧的配合。

轴承在运转时，除了上述各因素外，还有其他因素的复杂影响，如轴颈和壳体孔的材料、轴承的安装与拆卸要求、轴承部件的结构等，应做全面的分析考虑。

表3-20 列出了与各级精度滚动轴承相配合的轴和壳体孔公差带。表3-21 和表3-22 分别列出了安装向心轴承的轴和壳体孔公差带，可供选择时参考。

表 3-20　与各级精度滚动轴承相配合的轴和壳体孔公差带

轴承精度	轴公差带		壳体孔公差带		
	过渡配合	过盈配合	间隙配合	过渡配合	过盈配合
P0	h9 h8 g6, h6, j6, js6 g5, h5, j5	r7 k6, m6, n6, p6, r6 k5, m5	H8 G7, H7 H6	J7, JS7, K7, M7, N7 J6, JS6, K6, M6, N6	P7 P6
P6	g6, h6, j6, js6 g5, h5, j5	r7 k6, m6, n6, p6, r6 k5, m5	H8 G7, H7 H6	J7, JS7, K7, M7, N7 J6, JS6, K6, M6, N6	P7 P6
P5	h5, j5, js5	k6, m6 k5, m5	G6, H6	JS6, K6, M6 JS5, K5, M5	

（续）

轴承精度	轴公差带		壳体孔公差带		
	过渡配合	过盈配合	间隙配合	过渡配合	过盈配合
P4	h5，js5	k5，m5		K6	
	h4，js4	k4	H5	JS5，K5，M5	

注：1. 孔 N6 与 P0 级精度轴承（外径 $D<150mm$）和 P6 级精度轴承（外径 $D<315mm$）的配合为过盈配合。

　　2. 轴 r6 用于内径 $d>120\sim500mm$；轴 r7 用于内径 $d>180\sim500mm$。

表 3-21　安装向心轴承的轴公差带

内圈工作条件		应用举例	深沟球轴承和角接触球轴承	圆柱滚子轴承和圆锥滚子轴承	调心滚子轴承	公差带
旋转状态	载荷类型		轴承公称内径 d/mm			
圆柱孔轴承						
内圈相对于载荷方向旋转或摆动	轻载荷	电器仪表、机床（主轴）、精密机械、泵、通风机、传送带	≤18 >18~100 >100~200 —	— ≤40 >40~140 >140~200	— ≤40 >40~100 >100~200	h5 j6① k6① m6①
	正常载荷	一般通用机械、电动机、蜗轮机、泵、内燃机、变速箱、木工机械	≤18 >18~100 >100~140 >140~200 >200~280 — —	— ≤40 >40~100 >100~140 >140~200 >200~400 —	— ≤40 >40~65 >65~100 >100~140 >140~280 >280~500 >500	j5 js5 k5② m5② m6 n6 p6 r6
	重载荷	铁路车辆和电力机车的轴箱、牵引电动机、轧机、破碎机等重型机械	— — — —	>50~140 >140~200 >200 —	>50~100 >100~140 >140~200 >200	n6③ p6③ r6③ r7③
内圈相对于载荷方向静止	所有载荷	内圈必须在轴向容易移动	静止轴上的各种轮子	所有尺寸		f6 g6
		内圈不必要在轴向移动	张紧轮、绳索轮	所有尺寸		h6 j6
旋转状态	纯轴向载荷	所有应用场合	所有尺寸			j6 或 js6
圆锥孔轴承（带锥形套）						
所有载荷		铁路车辆和电力机车轴箱	装在退卸套上的所有尺寸			h8（IT6）④⑤
		一般机械或传动轴	装在紧定套上的所有尺寸			h9（IT7）④⑤

① 凡对精度有较高要求的场合，应用 j5，k5，m5 代替 j6，k6，m6。

② 单列圆锥滚子轴承和单列角接触球轴承配合对游隙的影响不大，可用 k6 和 m6 代替 k5 和 m5。

③ 重载荷下轴承游隙应选大于 N 组。

④ 凡有较高的精度或转速要求的场合，应选用 h7（IT5）代替 h8（IT6）等。

⑤ IT6、IT7 表示圆柱度公差数值。

表 3-22 安装向心轴承的壳体孔公差带

外圈工作条件				应用举例	公差带[1]
旋转状态	载荷类型	轴向位移的限度	其他情况		
外圈相对于载荷方向静止	轻、正常和重载荷	轴向容易移动	轴处于高温场合	烘干筒、有调心滚子轴承的大电动机	G7[2]
			部分式外壳	一般机械，铁路车辆轴箱	H7
	冲击载荷	轴向能移动	整体式或剖分式外壳	铁路车辆轴箱轴承	J7、JS7
载荷方向摆动	轻和正常载荷			电动机、泵、曲轴主轴承	
	正常和重载荷		整体式外壳	电动机、泵、曲轴主轴承	K7
	重冲击载荷			牵引电动机	M7
外圈相对于载荷方向旋转	轻载荷	轴向不移动		张紧滑轮	J7、K7
	正常和重载荷			装有球轴承的轮毂	M7、N7[1]
	重冲击载荷		薄壁、整体式外壳	装有滚子轴承的轮毂	N7、P7[1]

① 凡对精度有较高要求的场合，应选用标准公差 P6、N6、M6、K6、J6 和 H6 分别代替 P7、N7、M7、K7、J7 和 H7，并应同时选用整体式外壳。

② 不适用于剖分式轴承座。

3. 配合表面的几何公差和表面粗糙度要求

为保证轴承正常运转，除了正确地选择轴承与轴颈及壳体孔的公差等级及配合外，还应对轴颈及壳体孔的几何公差及表面粗糙度提出要求。

形状公差要求如下：因轴承套圈为薄壁件，装配后靠轴颈和壳体孔来矫正，故套圈工作时的形状与轴颈及壳体孔表面形状密切相关。为保证轴承正常工作，对轴颈和壳体孔表面应提出圆柱度公差要求。

跳动公差要求如下：为保证轴承工作时有较高的旋转精度，应限制与套圈端面接触的轴肩及壳体孔肩的倾斜，以避免轴承装配后滚道位置不正而使旋转不平稳，因此规定了轴肩和壳体孔肩的轴向跳动公差。

轴和壳体孔的几何公差值见表 3-23。

表 3-23 轴和壳体孔的几何公差值

公称尺寸/mm		圆柱度 t								径向圆跳动 t_1							
		轴颈				壳体孔				轴肩				壳体孔肩			
		滚动轴承精度等级															
		P0	P6	P5	P4	P0	P6	P5	P4	P0	P6	P5	P4	P0	P6	P5	P4
>	到	公差值/μm															
10	18	3	2	1.2	0.8	5	3	2	1.2	8	5	3	2	12	8	5	3
18	30	4	2.5	1.5	1	6	4	2.5	1.5	10	6	4	2.5	15	10	6	4
30	50	4	2.5	1.5	1	7	4	2.5	1.5	12	8	5	3	20	12	8	5
50	80	5	3	2	1.2	8	5	3	2	15	10	6	4	25	15	10	6
80	120	6	4	2.5	1.5	10	6	4	2.5	15	10	6	4	25	15	10	6

表面粗糙度的高低直接影响配合质量和连接强度，因此，凡是与轴承内、外圈配合的表面通常都对表面粗糙度提出较高要求。表 3-24 列出了轴和壳体孔配合表面的表面粗糙度参数值。图 3-24 所示为轴颈和壳体孔尺寸公差、几何公差和表面粗糙度的标注示例。

表 3-24　轴和壳体孔配合表面的表面粗糙度参数值

配合表面	滚动轴承公差等级	滚动轴承公称内径或外径/mm	
		~80	>80~500
		表面粗糙度 Ra/μm	
轴颈	P0	0.8	1.6
	P6	0.8	1.6
	P5	0.4	0.8
	P4	0.2	0.4
壳体孔	P0	1.6	3.2
	P6	1.6	3.2
	P5	0.8	1.6
	P4	0.4	0.8
轴和壳体孔轴肩端面	P0	1.6	3.2
	P6	1.6	3.2
	P5	0.8	1.6
	P4	0.8	1.6

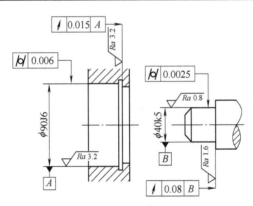

图 3-24　轴颈和壳体孔尺寸公差、几何
公差和表面粗糙度的标注示例

3.7　典型结构的几何量精度设计示例

3.7.1　一级圆柱齿轮减速器示例

一级圆柱齿轮减速器装配图如图 3-25 所示。其主要技术规格如下：

1）功率：5kW。

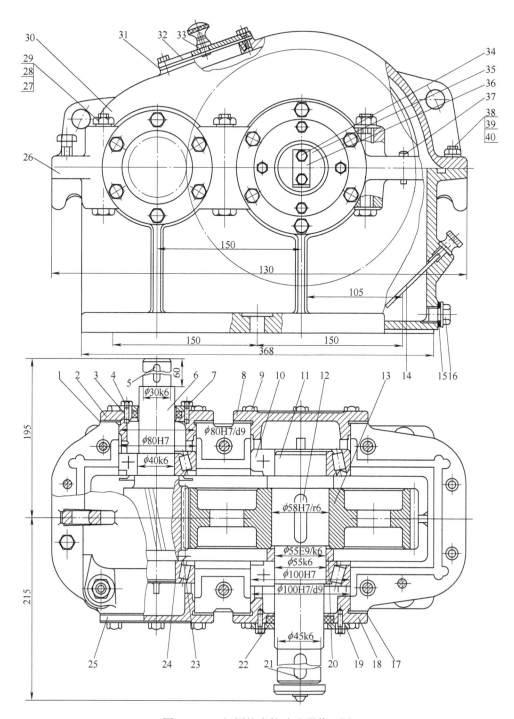

图 3-25　一级圆柱齿轮减速器装配图

1—密封垫　2、8、18、25、32—端盖　3—垫圈　4、9、16、19—螺栓　5、12、21—平键　6—带轮输入轴
7—密封圈　10、24—轴承　11—轴　13—大齿轮　14—油尺　15、27、38—平垫　17、22、31—密封垫
20—定距环　23—隔圈　26—机座　28、39—弹簧垫　29—螺母　30—机壳　33、34、37—螺钉
35—小端盖　36—压片　40—螺母

2）高速轴转速：327r/min。

3）传动比：3.95。

主要技术要求如下：

1）减速器装好后检验齿轮啮合时的齿侧间隙不得小于0.14mm。

2）齿轮啮合的接触斑点，沿齿高方向不少于45%，沿齿长方向不少于60%。

3）调整、固定轴承时应留有轴向间隙，对高速轴为0.05~0.1mm，对低速轴为0.08~0.15mm。

4）齿轮工作温度 $t_1 = 75℃$，机体工作温度 $t_2 = 50℃$。

生产条件：中小型工厂小批量生产。

1. 配合制、公差等级与配合的选择

在此减速器中，主要的配合有八处，各处公差与配合选择见表3-25。

表3-25 一级圆柱齿轮减速器公差与配合选择

序号	配合零件	选择理由			选择结果
		配合制	公差等级	配合类别	
1	带轮与输入轴6	无特殊情况应优先选用基孔制	影响性能的重要配合，应选用精密配合中较高的公差等级，孔取IT7，轴取IT6	要求同轴度较高的定位配合，且能拆装，应过渡配合，传递一定的载荷，装拆要方便，故选择H7/k6	$\phi30\frac{H7}{k6}$
2	滚动轴承30208外圈与机座26	轴承是标准件，必须选择基轴制。因轴承公差带自成体系，标注时不标出基准件代号	滚动轴承的精度等级应选P0级，其配合体孔一般选IT7	由受力情况分析，外圈相对于负荷方向静止，参照表3-22对部分式壳体可选用H7	$\phi80H7$
3	滚动轴承30208内圈与输入轴6	理由同上，选择基孔制，且不标出基准件代号	理由同上，选P0级轴承，其配合轴一般选IT6	由受力情况分析，内圈相对于负荷方向旋转，参照表3-21，可选用k6	$\phi40k6$
4	端盖2与机座26	此处机座26的壳体孔已选定为$\phi80H7$	端盖只起轴向定位作用，径向配合要求不高，可选较低公差等级如IT9	为便于拆装及补偿由于几何误差引起轴作用尺寸增大的影响，应选择大间隙的配合	$\phi80\frac{H7}{d9}$
5	滚动轴承30211外圈与机座26	理由同序号2，选用基轴制	选P0级滚动轴承，其配合壳体孔选IT7	由受力情况分析，外圈相对于负荷方向静止，参照表3-22，对部分式壳体，选用H7	$\phi100H7$
6	滚动轴承30211内圈与轴11	理由同序号3，选用基孔制	选P0级轴承，其配合轴选IT6	由受力情况分析，内圈相对于负荷方向旋转，参照表3-21，可选用k6	$\phi55k6$
7	大齿轮13与轴11	无特殊情况，应优先选用基孔制	影响性能的重要配合，应选精密配合中较高的公差等级，同时考虑齿轮精度为7级（参考第4章），孔取IT7，轴取IT6	要求齿轮在轴上精确定位。由于是部分式机座和盖，因此齿轮与轴一般可不拆卸，因而选择轻型过盈配合	$\phi58\frac{H7}{r6}$

（续）

序号	配合零件	选择理由			选择结果
		配合制	公差等级	配合类别	
8	定距环 20 与轴 11	此处配合应比轴与轴承内圈的配合松些，轴已选用 $\phi55k6$，应在此基础上选择一非基准孔，形成两非基准件组成的混合配合	定距环只起轴向定位作用，径向尺寸大些不影响工作性能，故选用较低公差等级 IT9	为便于拆装和避免装配时划伤轴颈，此处可取 $X_{min} = +0.04\text{mm}$ 左右，配合类别按公差带关系推算，可选用 E9	$\phi55\dfrac{E9}{k6}$

2. 几个零件的几何量精度设计

（1）轴 11 的精度设计及标注（图 3-26）

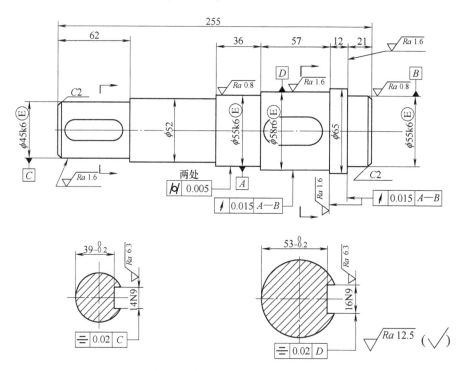

图 3-26　轴 11 的精度设计及标注

1）轴颈 $\phi45k6$ 与联轴器（图 3-26 中未画出）内孔相配合，轴颈 $\phi58r6$ 与大齿轮内孔相配合，为保证配合性能，两处公差都采用包容要求。

2）轴颈 $\phi55k6$（两处）与 P0 级滚动轴承相配合，按规定取圆柱度公差为 0.005mm，见表 3-23。此外，为保证齿轮的传动精度，安装齿轮的轴颈 $\phi58r6$ 对两轴颈 $\phi55k6$ 的公共轴线规定径向圆跳动公差为 0.015mm（见表 2-31 中的 6 级）。生产中为了测量方便，有时取轴线（轴的两顶尖孔）为跳动的基准。

3）$\phi65$ 两端轴肩，分别为滚动轴承内圈的止推面和安装齿轮的止推面，按规定应给出轴向圆跳动公差 0.015mm（见表 3-23 及表 2-31 中的 6 级）。按理应对 $\phi58r6$ 左肩面也规定轴向圆跳动公差 0.015mm，但因轴肩面太窄，故未做规定。

4）键槽配合选正常联接（见第 5 章 5.2 节），故轴键槽宽选 14N9，轴键槽深取（$d-t$）= 39.5$_{-0.2}^{0}$mm，键槽对称度公差通常取 7~9 级，现取 8 级，公差值为 0.02mm，见表 2-31。

5）ϕ45k6、ϕ58r6 轴颈的表面粗糙度按表 3-16 查得 Ra 分别为 1.6μm 和 3.2μm。两处与滚动轴承相配的轴颈 ϕ55k6 也可按表 3-24 查得 $Ra=0.8\mu$m。ϕ65 两端轴肩选 $Ra=1.6\mu$m，键槽两侧面 $Ra=6.3\mu$m，其余加工面均为 12.5μm。

（2）机座 26 的精度设计及标注（图 3-27）

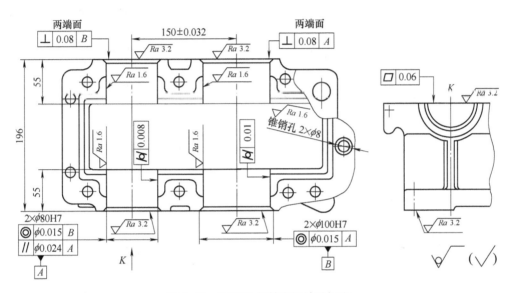

图 3-27　机座 26 的精度设计及标注

1）孔 ϕ100H7、ϕ80H7 与滚动轴承相配合，为保证给定的配合性能要求，按规定选取圆柱度公差值分别为 0.010mm 和 0.008mm，见表 3-23。

2）孔 ϕ100H7、ϕ80H7 的端面是端盖的轴向安装面，其对孔的轴线应有垂直度要求。影响端盖与滚动轴承外圈正确接触的因素主要有：一是端盖零件两端面间的平行度（图 3-28），二是孔端面对孔轴线的垂直度。但在孔端面和端盖之间装有调整垫片，在一定程度上能起到补偿作用，因此孔 ϕ100H7、ϕ80H7 端面对孔轴线的垂直度公差要求无需太高，可按垂直度公差 8、9 级选取，若选 8 级，则为 0.08mm，见表 2-18。

3）孔 ϕ100H7 和孔 ϕ80H7 之间中心距 150mm 的极限偏差和两轴线间的平行度公差，在国家标准"渐开线圆柱齿轮精度"中未做规定，参照标准 JB/GQ1071—1985《机床圆柱齿轮箱体孔中心距偏差和轴线平行度公差》，按 7 级精度齿轮选定中心距极限偏差 $\pm f_a=\pm0.032$mm，轴线平行度公差 $f_{\Sigma\delta}=24\mu$m。

4）机座上平面为机座与机盖的接合面，要求接触严密，有平面度公差要求，参阅表 3-7，选取 8 级，其平面度公差值为 0.06mm，见表 2-25。

5）两孔 ϕ100H7 支承轴 11，两孔 ϕ80H7 支承齿轮轴 6，为保证配合性质，壳体孔应规定同轴度，选取 6 级，公差值均为 0.015mm，见表 2-31。

6）机座为铸件，大量表面不机械加工。各机械加工面按功能要求分别选取表面粗糙度值如下：孔 ϕ100H7、ϕ80H7 选 $Ra=1.6\mu$m，孔端面选 $Ra=3.2\mu$m；上表平面选 $Ra=$

3.2μm；底面选 $Ra = 6.3$ μm；机座上有两锥销孔，是机座与机盖联接后精铰配作供安装定位销用，选 $Ra = 1.6$ μm；一切安装用的通孔及倒角等均选 $Ra = 12.5$ μm（因图 3-27 已经过简化，因而有几处表面粗糙度值在图中未标出）。

（3）端盖 8 的精度设计及标注（图 3-28）

1）基面 A 是安装定位面，下端面压靠滚动轴承外圈，为使压靠均匀，故下端面对基面 A 有平行度要求，取 6 级，公差值为 0.03mm，见表 2-29。

2）对备装螺钉的四个光孔 ϕ11H12 提出位置度要求，公差值为 ϕ0.5mm，因只要求可以装入，故公差采用最大实体要求，基准 B 也采用最大实体要求。

（4）定距环　定距环起轴向定位作用，因此主要是对两端面提出要求。定距环的精度设计及标注如图 3-29 所示。

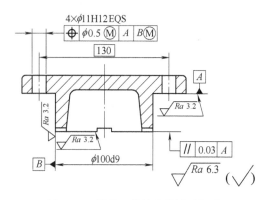

图 3-28　端盖 8 的精度设计及标注

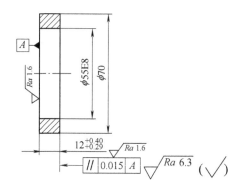

图 3-29　定距环的精度设计及标注

1）尺寸 $12^{+0.40}_{+0.29}$ mm 的公差是由结构原因确定的，有可能通过修配法改变该尺寸，来调整轴组件的轴向位置。

2）两端面间应有平行度要求，选平行度公差 7 级，公差值为 0.015mm。

3）两端面 $Ra = 1.6$ μm，其余表面的 $Ra = 6.3$ μm。

3.7.2　C616 型车床尾座示例

C616 型车床尾座装配图如图 3-30 所示。

尾座在车床上的作用是以其顶尖与主轴顶尖共同支持工件，承受切削力。使用尾座时，先沿床身导轨调整其大体位置，再搬动手柄 11，使偏心轴 10 转动，并将拉紧螺钉 12 和杠杆 14，通过压板 18 将尾座夹紧在车床床身上。再转动手轮 9，通过丝杠 5、螺母 6，使套筒 3 带动顶尖 1 向前移动，顶住工件。最后转动手柄 21，使夹紧套 20 靠摩擦夹住套筒，从而使顶尖的位置固定。

C616 型车床属于一般车床，中等精度，制造多是小批生产，用手工装配。主要技术要求为顶尖套筒移动到任意位置时都能保持主轴顶尖和尾座顶尖同轴，此精度要求靠装配时修刮底板来达到。

1. 配合制、公差等级与配合的选择

在此车床尾座中，主要的配合有 18 处，各处公差与配合选择见表 3-26。

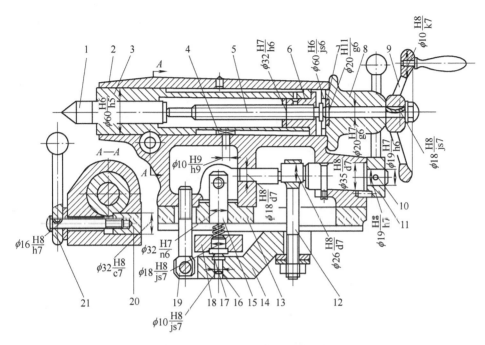

图 3-30　C616 型车床尾座装配图

1—顶尖　2—尾座体　3—套筒　4—定位块　5—丝杠　6—螺母　7—挡油圈　8—后盖
9—手轮　10—偏心轴　11、21—手柄　12—拉紧螺钉　13—滑座　14—杠杆
15—圆柱　16、17—压块　18—压板　19—螺钉　20—夹紧套

表 3-26　C616 型车床尾座公差与配合选择

序号	配合零件	选择理由			选择结果
		基准制	公差等级	配合选择	
1	套筒 3 外圆与尾座体 2 孔	无特殊情况，应优先选择基孔制	直接影响机床精度，选精密配合中高公差等级，即孔 IT6，轴 IT5	套筒在调整时要在孔中移动，需选用间隙配合。但移动速度不高，移动时导向精度要求高，间隙不能大，采用精度高、间隙小的间隙配合	$\phi60\dfrac{H6}{h5}$
2	套筒 3 孔与螺母 6 外圆	同序号 1	重要配合，选精密配合中较高的公差等级，即孔取 IT7，轴取 IT6	为径向定位配合，用螺钉固定。为装配方便，不能用过盈配合，但为避免螺母安装偏心，影响丝杠移动的灵活性，间隙也不应过大	$\phi32\dfrac{H7}{h6}$
3	套筒 3 长槽与定位块 4（图中未示出）	按平键标准取 h9，为基轴制	次要部位的配合，取 IT9 或 IT10	对套筒起防转作用，考虑长槽与套筒轴线有歪斜，取较松的配合	$12\dfrac{D9}{h9}$
4	定位块 4 圆柱面与尾座体 2 孔	同序号 1	次要部位的配合，取 IT9	要求装配方便，可略微转动	$\phi10\dfrac{H9}{h9}$

（续）

序号	配合零件	选择理由			选择结果
		基准制	公差等级	配合选择	
5	丝杠 5 轴颈与后盖 8 孔	同序号 1	同序号 2	低速转动配合	$\phi20\dfrac{H7}{g6}$
6	挡油圈 7 孔与丝杠 5 轴颈	丝杠 5 轴颈已选定为 g6	无定心要求，挡油圈孔精度可取低些	挡油圈要易于套上轴颈，间隙要求不严格	$\phi20\dfrac{H11}{g6}$
7	后盖 8 凸肩与尾座体 2 孔	尾座体 2 孔已选定为 H6	影响性能的重要配合，选用精密配合中较高的公差等级	定位配合，装配要求有间隙，使后盖径向偏移，以补偿各环节的偏心误差，使丝杠轴能灵活转动。本应选 H6/h6，考虑孔口加工时易做成喇叭口，可选紧一些的轴公差带	$\phi60\dfrac{H6}{js6}$
8	手轮 9 孔与丝杠 5 轴端	同序号 1	要求比重要配合低，孔取 IT8，轴取 IT7	装拆要方便，用半圆键联接，要避免手轮在轴上晃动	$\phi18\dfrac{H8}{js7}$
9	手柄轴与手轮 9 孔	同序号 1	同序号 8	本可用过盈配合，但手轮系铸件，配合过盈不能太大，若不紧可铆边	$\phi10\dfrac{H8}{k7}$
10	手柄 11 孔与偏心轴 10	同序号 1	同序号 8	用销作紧固联接件，装配时要调整手柄与偏心轴的相对位置（配作销孔），配合不能有过盈或过大间隙	$\phi19\dfrac{H8}{h7}$
11	偏心轴 10 与尾座体 2 上两支承孔	同序号 1	同序号 8	配合要使偏心轴能在两支承孔中转动。考虑到两轴颈间和两支承孔间同轴度误差，采用间隙较大的配合	$\phi35\dfrac{H8}{d7}$ $\phi18\dfrac{H8}{d7}$
12	偏心轴 10 偏心圆柱与拉紧螺钉 12 孔	同序号 1	同序号 8	有相对摆动，没有其他要求，考虑装配方便，用间隙较大的配合	$\phi26\dfrac{H8}{d7}$
13	压块 16 圆柱销与杠杆 14 孔，压块 17 圆柱销与压板 18 孔	同序号 1	同序号 8	此处配合无特殊要求，只希望压块装上后不掉下来，间隙不能太大	$\phi10\dfrac{H8}{js7}$ $\phi18\dfrac{H8}{js7}$
14	杠杆 14 孔与圆柱销（图中未示出）	同序号 1	同序号 2	杠杆孔与销之间配合需紧些，一般无相对运动，选用标准圆柱销 $\phi16n6$	$\phi16\dfrac{H7}{n6}$
15	偏心轴 10 孔与圆柱销（图中未示出）	圆柱销已选定为 n6，采用混合制	配合要求不高，孔的精度可低一些	配合比序号 14 松些，可有相对运动	$\phi16\dfrac{D8}{n6}$
16	圆柱 15 与滑座 13 孔	同序号 1	同序号 2	圆柱用锤打入孔中，要求在横向推力作用下不松动，但必要时需将圆柱在孔中转位，采用偏紧的过渡配合	$\phi32\dfrac{H7}{n6}$

（续）

序号	配合零件	选择理由			选择结果
		基准制	公差等级	配合选择	
17	夹紧套 20 与尾座体 2 孔	同序号 1	同序号 8	要求间隙较大，以便当手柄 21 放松后，夹紧套易于退出	$\phi 32 \dfrac{H8}{e7}$
18	手柄 21 孔与拉紧螺钉 12 轴	同序号 1	同序号 8	用半圆键联接，要求装配方便	$\phi 16 \dfrac{H8}{h7}$

2. 套筒 3 的几何量精度设计

套筒 3 的精度设计及标注如图 3-31 所示。

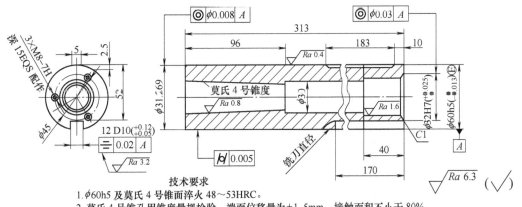

图 3-31 套筒 3 的精度设计及标注

1）$\phi 60h5$ （$^{\ 0}_{-0.013}$）外圆与尾座体 2 的孔相配，为保证配合性能要求，遵守包容要求，另外还对其形状精度进一步提出要求，取圆柱度公差等级 6 级，公差值为 5μm。表面粗糙度 $Ra = 0.4$μm。

2）$\phi 32H7$ （$^{+0.025}_{\ 0}$）为丝杠螺母 6 的安装孔，要求与 $\phi 60h5$ 轴线同轴，取同轴度公差等级 8 级，公差值为 30μm。表面粗糙度 $Ra = 1.6$μm。

3）莫氏 4 号锥孔用锥度量规检验，接触面积不小于 80%，表面粗糙度 $Ra = 0.8$μm。要求莫氏 4 号锥孔与 $\phi 60h5$ 轴线同轴，取同轴度公差等级 5 级，公差值为 8μm。考虑到检验方便，一般用锥度心轴插入锥孔，检验其径向圆跳动。在靠近端部处径向圆跳动值不得大于 8μm，由于轴线可能歪斜，在离端部 300mm 处再检验径向圆跳动值不得大于 20μm。

4）长键槽 12D10 （$^{+0.12}_{+0.05}$）对 $\phi 60h5$ 轴线的对称度公差等级一般取 8 级，公差值为 20μm，键槽侧面取表面粗糙度 $Ra = 3.2$μm。

5）$\phi 45$ 圆周上三螺孔 M8-7H 与螺母 6 配作，故不给出公差。

◆ 习题与思考题

3-1 如图 3-32 所示，叉头 1 的孔与轴 2 要求采用过渡配合，拉杆 3 的孔与轴 2 要求采用间隙配合。试分析应该采用哪种配合制？

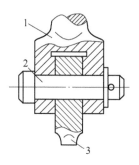

图 3-32 题 3-1 图

1—叉头 2—轴 3—拉杆

3-2 图 3-33 所示为车床溜板箱手动机构的部分结构。转动手轮 3 通过键带动轴 4、轴 4 上的小齿轮、轴 7 右端的齿轮 1、轴 7 以及与床身齿条（图中未示出）啮合的轴 7 左端的齿轮，使溜板箱沿导轨做纵向移动。各配合面的公称尺寸如下：①$\phi40$mm，②$\phi28$mm，③$\phi28$mm，④$\phi46$mm，⑤$\phi32$mm，⑥$\phi32$mm，⑦$\phi18$mm，⑧$\phi18$mm。试选择它们的配合制、公差等级和配合类别。

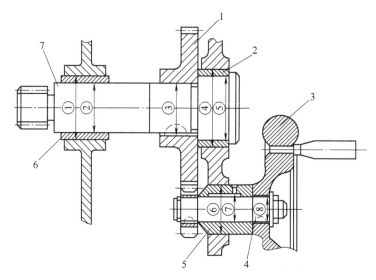

图 3-33 题 3-2 图

3-3 说明作用尺寸与实效尺寸的区别和关系。

3-4 独立原则、包容要求、最大实体要求、最小实体要求及可逆要求的含义是什么？

3-5 试按图 3-34 所示的公差要求填写表 3-27。

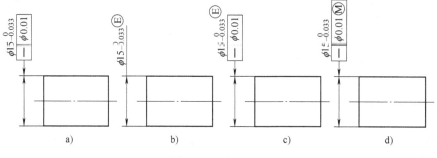

图 3-34 题 3-5 图

表 3-27 题 3-5 表

图样序号	公差原则和要求	理想边界及边界尺寸/mm	允许的最大形状误差值/mm
a			
b			
c			
d			

3-6 图 3-35 所示为套筒垂直度的四种标注方法，试按要求分别填写表 3-28。

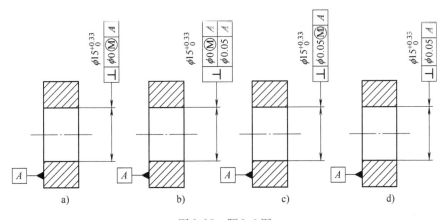

图 3-35 题 3-6 图

表 3-28 题 3-6 表

图样序号	公差原则和要求	孔为最大实体尺寸时允许的最大垂直度误差/mm	孔为最小实体尺寸时允许的最大垂直度误差/mm
a			
b			
c			
d			

3-7 6309 滚动轴承（P6 级精度，内径 ϕ45mm，外径 ϕ100mm），内圈与轴颈的配合为 j5，外圈与壳体孔的配合为 H6。试画出这两对配合的公差带图，并计算它们的极限过盈和间隙。

3-8 如图 3-36 所示，两个 P6010 滚动轴承 2（P6 级精度，内径 ϕ50mm，外径 ϕ80mm）与轴颈 1 和轴承套 3 的孔配合。中间有套筒 4 将这两个滚动轴承隔开。已知轴颈公差带代号为 ϕ50js5，要求套筒 4 的孔与轴颈 1 配合的间隙为 0.075～0.19mm，试确定套筒孔的公差带代号，并画出公差带图，计算其极限过盈和间隙。

3-9 如图 3-37 所示，有一 6207 滚动轴承（内径 ϕ35mm，外径 ϕ72mm，额定动载荷 C = 19700N）应用于闭式传动的减速器中。其工作情况如下：外壳固定，轴旋转，承受定向径向载荷 1300N。试确定：

1) 轴颈和壳体孔的公差带，并将公差带代号标注在装配图上。

2) 轴颈和壳体孔的尺寸极限偏差以及它们和滚动轴承配合的有关表面的几何公差、表面粗糙度参数值，并将它们标注在另画的零件图上。

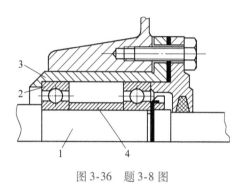

图 3-36　题 3-8 图

1—轴颈　2—滚动轴承　3—轴承套　4—套筒

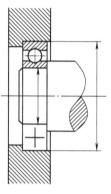

图 3-37　题 3-9 图

第4章

圆柱齿轮精度及应用

4.1　概述

齿轮传动是机器和仪器中一种重要的传动形式，用以传递运动和动力，应用极为广泛。齿轮传动是由齿轮副、轴、轴承和箱休等零件所组成的齿轮传动装置来实现的。这些零件、部件的制造精度和安装精度都将影响机器的工作性能和使用寿命，其中齿轮及齿轮副的精度是主要的影响因素。

4.1.1　对齿轮传动的工作性能要求

根据各类齿轮传动的工作情况，其使用要求可概括为以下四个方面：

（1）传递运动的准确性　要求齿轮在一转范围内传动比（或转角比）稳定，当主动轮转过 φ_1 角时，从动轮应按传动比（速比）i 转过相应的角度 $\varphi_2 = i\varphi_1$，若因有偏差而使从动轮的实际转角为 φ_2'，则有转角偏差 $\Delta\varphi_2 = \varphi_2' - \varphi_2$，要保证传递运动的准确性，就必须控制齿轮一转内的最大转角偏差。

（2）传动的平稳性　要求齿轮在每一齿范围内，其瞬时传动比（或瞬时转角比）稳定，以保证传动平衡，降低冲击和振动，减少噪声。

（3）载荷分布的均匀性　要求齿轮啮合时，工作齿面接触良好，均匀受载，以保证足够的承载能力和使用寿命。否则，会使齿面磨损加剧，早期点蚀，甚至折断。

（4）具有适当的传动侧隙　要求齿轮啮合时，非工作齿面间应留有一定的齿侧间隙，以储存润滑油，补偿制造偏差、装配偏差、热膨胀，以及受力后的弹性变形等。否则，齿轮传动过程中可能会出现卡死或烧伤现象。但过大的侧隙又将产生反转时的冲击及回程偏差。

为了保证齿轮传动的良好工作性能，对上述四个方面应均有一定的要求。但不同类型的齿轮传动对上述要求各有侧重。对分度和读数齿轮传动，如分度头中的齿轮和测量仪器读数装置中的齿轮，其特点是转速低、受力小，主要要求传递运动的准确性；对高速传动的齿轮，如汽轮机减速器和汽车及某些机床变速箱中的齿轮，其特点是圆周速度高、传递功率较大，主要要求传动的平稳性，且齿面接触良好；对低速传动的齿轮，如轧钢机、矿山机械和起重机械上的齿轮，其特点是传动功率大、圆周速率低，主要要求载荷分布的均匀性。至于传动侧隙，对各类齿轮，为保证其正常运转都应适当给定。

4.1.2　齿轮加工误差的来源及对齿轮工作性能的影响

齿轮副传动的效果与组成齿轮传动装置的零、部件的制造和安装精度密切相关，而齿轮本身的制造精度是最基本的影响因素。齿轮是多参数的零件，故影响齿轮传动效果的误差也是多种多样的。因此，首先应围绕齿轮加工误差及其评定参数，来研究渐开线圆柱齿轮的精度，以保证各几何参数的制造精度和安装精度符合使用要求。

1. 齿距误差

目前，齿轮轮齿的加工大多以滚齿为主，因此以滚齿加工为例进行说明。

（1）几何偏心 几何偏心产生的误差在径向，故属径向误差，主要是由齿坯在机床工作台上有安装偏心 e_1 造成的，如图 4-1 所示。由于齿坯安装孔与工作台上的心轴之间有间隙，致使齿坯的安装孔（或轴颈的轴线）不重合而产生偏心。这样在切齿过程中，齿坯安装孔中心线和滚刀中心线的径向距离 A，将以齿坯每转为周期产生变化，使切出的齿圈的基圆中心（加工时的回转中心）O 与安装孔的几何中心 O_1 产生偏心 e_1，且 e_1 值在齿圈上呈正弦周期性变化（$0 \rightarrow e_{max} \rightarrow 0 \rightarrow -e_{max} \rightarrow 0$）。这时，被切出的各齿（图 4-2 中实线）相对于基圆中心 O 是均匀分布的，但相对于齿轮安装孔的几何中心 O_1 是不均匀的，虚线表示相对安装孔几何中心 O_1 分布均匀的各理想齿的位置，两者的不符合将引起转角误差。各轮齿切出的深浅也是变化的。

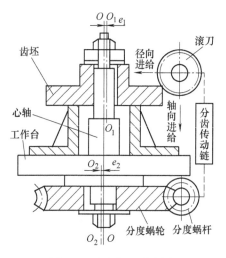

图 4-1 滚齿加工示意图

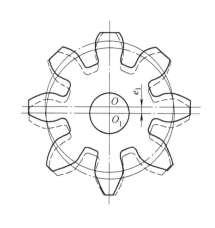

图 4-2 几何偏心

需要指出，若齿轮加工时没有几何偏心，但在装配时齿轮孔与转轴有偏心（如装配后有间隙），工作时也会产生径向误差，影响传递运动的准确性。实际上，齿轮在运转工作时，径向误差受上述两种因素的合成影响。

（2）运动偏心 运动偏心反映的误差主要在切向，它主要是由于滚齿机分度蜗轮的偏心 e_2 造成的（图 4-1）。e_2 是蜗轮在加工时的几何偏心和安装时的偏心综合形成的，它使机床工作台相对于滚刀回转不均匀。齿坯安装在工作台上随分度蜗轮同步转动，假定齿轮没有几何偏心，且忽略其他误差的影响，仅有分度蜗轮的偏心 e_2 引起的误差，此时，分度蜗轮的几何中心为 O_2，而其回转中心（工作台回转中心）为 O，如图 4-3 所示。若蜗杆匀速转动，蜗杆和蜗轮在节点上的线速度相等（v 为常数），因为蜗轮

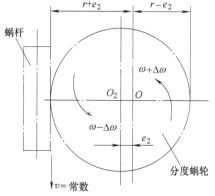

图 4-3 运动偏心

副的啮合点至回转中心 O 的距离也是按周期为 2π 的正弦规律变化，所以其角速度也是变动的。即当其距离为最小（$r - e_2$）时，角速度为最快（$\omega + \Delta\omega$）；当其距离为最大（$r + e_2$）时，角速度为最慢（$\omega - \Delta\omega$），呈周期性变化。因此，齿坯不均匀的旋转运动与滚刀刀齿的匀速轴向移动的不一致，使切出的齿距分布不均匀。这样加工出来的齿轮，即使保证齿轮传动时消除了几何偏心的影响，也仍然会引起转角误差，影响传递运动的准确性。

运动偏心 e_2 与几何偏心 e_1 不同，它使齿轮在加工中每一瞬时的基圆半径发生变化，相当于有一个基圆偏心。因为切齿时左、右齿廓是同时形成的，刀具相对于齿坯的径向位置是不变的，所以，在运动偏心影响下所形成的齿轮的齿廓其径向位置也基本不变，而是沿圆周的切线方向变动。

运动偏心 e_2 是源于机床传动链的传动误差，它也影响齿轮传递运动的准确性。对同一台机床，当加工精度 定时，e_2 的影响将随齿轮的基圆半径 r_1 增加而增人，因此，运动偏心 e_2 对大直径齿轮的影响较大。

实际上，由于齿轮的几何偏心和运动偏心是同时存在的，故对齿轮传动的影响是这两个偏心矢量的合成。它们都是长周期误差，或称低频误差，影响齿轮传递的准确性。

2. 齿廓误差

齿廓误差也称齿廓形状误差，是端面渐开线的形状误差，主要是由滚刀和分度蜗杆的制造误差和安装误差等因素造成的。例如，机床分度蜗杆的轴向窜动和径向跳动，致使工作台相对于刀具做多次重复的周期性不均匀回转，从而引起被加工齿轮的齿面上产生波纹，形成齿形误差。

由齿轮啮合的基本规律可知，渐开线齿轮之所以能平稳传动，是由于传动的瞬时啮合节点保持不变。若实际齿形与标准的渐开线齿形有差异，即存在齿形误差，则会使齿轮瞬时啮合节点发生变化，导致齿轮在一齿啮合范围内的瞬时传动比不断改变，从而引起振动、噪声，影响齿轮的传动平稳性。

3. 螺旋线误差

螺旋线误差是在端面基圆切线方向上测得的实际螺旋线偏离设计螺旋线的量。实质上是分度圆柱面与齿面的交线（即齿向线）的形状和方向误差，所以也可以称为齿向误差。造成螺旋线偏差的原因如下：

（1）滚齿机导轨误差的影响 滚齿机刀架导轨相对于工作台回转轴线的平行度误差，会使滚切出的轮齿倾斜，由此而形成齿向误差。

（2）齿坯轴线安装倾斜的影响 如图4-4所示，加工时以齿坯端面定位，因齿坯端面与基准孔的轴线不垂直，在安装时使齿坯基准孔的轴线 O-O 相对机床工作台轴线 O'-O' 倾斜了 θ 角，（O'-O' 是齿圈的几何轴线）。齿轮在工作时是以内孔轴线 O-O 为基准回转的，因此就产生了齿向误差。

（3）滚齿机差动传动链的调整误差 加工斜齿轮时，为了获得所需要的螺旋角，要调整差动传动链使工作台附加一个转角，若差动传动链有调整误差，将直接影响被加工齿轮的螺旋角的大小，从而引起齿向误差。

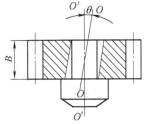

图4-4 齿坯轴线安装倾斜

以上三个因素都影响齿向误差，为保证齿轮的载荷分布均匀性精度，应对齿向误差加以限定。

4. 齿厚误差

齿厚误差指加工所得的轮齿齿厚在整个齿圈范围内的不一致程度，主要是由于刀具铲形面对齿坯中心的位置误差、切齿时刀具径向进刀的调整偏差及几何偏心，以及齿轮加工刀具本身的齿廓分布不均引起。

齿厚偏差影响齿侧间隙的大小和均匀程度。

安装好的齿轮副在工作状态下，非工作齿面间要有一定的齿侧间隙，简称侧隙。主要是由于润滑及补偿齿轮加工和安装偏差的需要。另外，齿轮工作一段时间后，由于温度升高也会引起轮齿的变形，也需要留有一定的侧隙。否则，会出现烧伤和卡死等现象。这个安装后应有的最小侧隙，称为最小极限侧隙。显然，最小极限侧隙决定于齿轮副的工作条件，而与齿轮副的精度等级无直接关系。

当然，侧隙也不能太大，特别是正反向传动的精密读数机构和伺服机构中的齿轮副及其他有回程差要求的齿轮副，还应严格规定其最大极限侧隙。

齿轮副的侧隙通常是利用减薄轮齿齿厚的方法来获得，即控制单个轮齿齿厚的减薄量来控制齿轮副的侧隙。当然，调整两齿轮的中心距，也会影响侧隙大小。

为了获得齿轮传动时的最小极限侧隙，齿厚应有最小的减薄量。因此，必须规定齿厚的最小减薄量，即齿厚上偏差；为了限制侧隙过大，必须控制齿厚的最大减薄量，即要规定齿厚下偏差。

4.2 圆柱齿轮精度的评定指标及检测

根据 GB/T 10095.1—2022 和 GB/T 10095.2（征求意见稿）规定，圆柱齿轮精度制由两部分进行规定：①齿面公差分级制：齿面偏差的定义和允许值；②双侧齿面径向综合偏差及允许值。

同时，GB/Z 18620.2—2008、GB/Z 18620.3—2008 和 GB/Z 18620.4—2008 中，对齿轮副有关的评定指标也做了指导性规定。

GB/T 10095.1—2008 和 GB/T 10095.2—2008 齿轮标准中，齿轮误差、偏差统称为偏差，将偏差与公差（标准中允许值）共用一个符号。与上述标准不同，GB/T 10095.1—2022 和 GB/T 10095.2（征求意见稿）参照国际标准 ISO 1328—1：2013 和 ISO 1328—2：2020，确定了圆柱齿轮公差分级制的概念，规定齿轮的各项参数的公差值是允许的最大偏差，且与偏差用不同的符号表示。

4.2.1 轮齿同侧齿面偏差

1. 齿距偏差

（1）任一单个齿距偏差（f_{pi}）　在齿轮的端平面内、测量圆 d_M 上，实际齿距与理论齿距的代数差。该偏差是任一齿面相对于相邻同侧齿面偏离其理论位置的位移量。左侧齿面及右侧齿面的 f_{pi} 值的个数均等于齿数。

对于外齿轮：

$$d_M = d_a - 2\,m_n$$

对于内齿轮：

$$d_M = d_a + 2\,m_n$$

式中，d_a 为齿顶圆直径，m_n 为法向模数。

（2）单个齿距偏差（f_p）　所有任一单个齿距偏差的最大绝对值，即 $f_p = \max |f_{pi}|$。

（3）任一齿距累积偏差（也称为任一分度偏差）（F_{pi}）　n 个相邻齿距的实际弧长与理论弧长的代数差。理论上任一齿距累积偏差 F_{pi} 等于这 n 个齿距的任一单个齿距偏差 f_{pi} 的代数和，即

$$F_{pi} = \sum_{i=1}^{n} f_{pi} \tag{4-1}$$

（4）齿距累积偏差（F_{pk}）　齿轮所有齿的指定齿侧面在所有跨 k 个齿距的扇形区域内，任一齿距累积偏差值（分度偏差）F_{pi} 的最大代数差。

（5）齿距累积总偏差（F_p）　齿轮所有齿的指定齿面的任一齿距累积偏差的最大代数差，即 $F_p = \max F_{pi} - \min F_{pi}$，是指齿轮同侧齿面任意弧段（$k=1$ 至 $k=z$）内的最大齿距累积偏差。表现为齿距累积偏差曲线的总幅值，如图 4-5 所示。

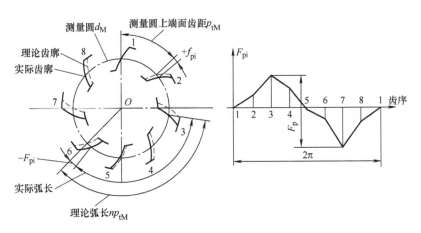

图 4-5　齿距累积偏差曲线的总幅值

齿距累积总偏差 F_p 是通过测量齿轮整个圆周上齿距分布的不均匀程度来反映几何偏心和运动偏心综合形成的误差。由于齿距累积的最大误差必然会引起齿轮一转中的最大转角误差，故可以用 F_p 这个指标评定齿轮传递运动的准确性。为了避免在局部圆周上的齿轮累积误差过于集中，以致在一定的传动比中产生过大的转角误差，还可对 k 个齿轮累积偏差 F_{pk} 进行控制，如旋转精度有特殊要求的分度齿轮和高速齿轮、大传动比齿轮副中的大齿轮、多齿数齿轮等。

（6）齿距偏差的检测　齿距偏差常用齿距仪、万能测齿仪、光学分度头等仪器，采用相对法或绝对法测量。

图 4-6 所示为万能测齿仪的外形结构。在底座的前部装有工作台支架，它分上下两层，可分别在互相垂直的导槽内移动。工作台支架支承工作台，用旋转螺母可调节工作台的高低位置。工作台上装有能沿径向移动的十字滑板和用于安装不同形状测头的测量滑座。十字滑

板上还有测量齿圈径向跳动时的专用附件。

在底座的后部装有弓形支架，旋转手轮可使弓形支架绕水平轴旋转±90°，弓形支架可在底座的环形导槽内向左、右各旋转90°。弓形支架上装有上、下顶尖，用以装夹被测齿轮。

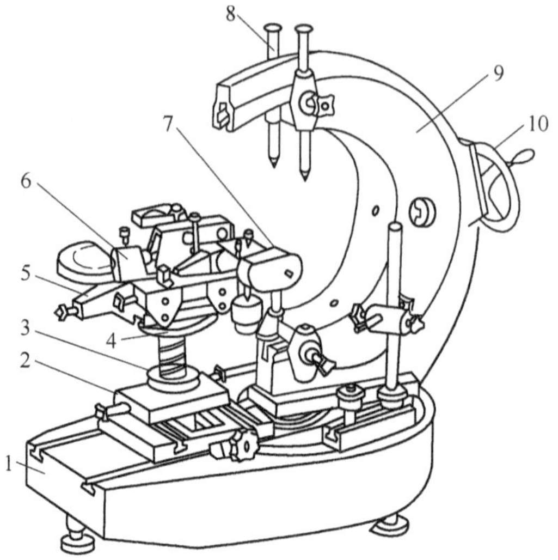

齿距偏差测量如图4-7所示。图中，可动测头2与指示表相连，被测齿轮在重锤3作用下靠在固定测头1上。测量时，首先按任一齿距调整测头1、2间的距离，使测头1、2在分度圆附近与相邻同侧齿面接触，将指示表调整到零，然后逐齿量出各齿的齿距相对调"零"齿距的偏差，经数据处理求得齿距偏差值。

万能测齿仪除了能测量齿距外，还能测量齿轮的齿圈径向跳动和齿厚等。

由于齿距偏差只是在有限点上测量，不是齿轮转角的连续函数（图形上为断续的折线），故齿轮连续回转时，齿廓上其他形式的偏差（如齿廓偏差等）对齿轮转角的影响，并未得到充分的反映。另外，齿距偏差的测量效率较低，对于大批量生产的齿轮不便于采用，也不便于用来分析切齿时加工误差的来源。但由于测量齿距偏差的仪器简便，故应用仍较广泛。

图 4-6　万能测齿仪的外形结构
1—底座　2—工作台支架　3—螺母　4—工作台
5—滑板　6—专用附件　7—测量滑座
8—顶尖　9—弓形支架　10—旋转手轮

2. 齿廓偏差（齿形偏差）

齿廓偏差指被测齿廓偏离设计齿廓的量。该量在端平面内且垂直于渐开线齿廓的方向计值，且在齿宽中部测量，如图4-8所示。齿廓偏差主要有以下三种形式(图4-9)：

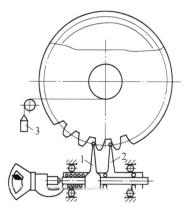

图 4-7　齿距偏差测量
1—固定测头　2—可动测头　3—重锤

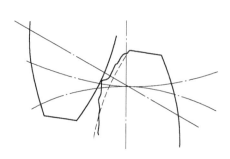

图 4-8　轮齿啮合的实际轮廓

（1）齿廓总偏差 F_α　在齿廓计值范围 L_α 内，包容被测齿廓迹线且与设计齿廓迹线平行的两条迹线之间的距离。

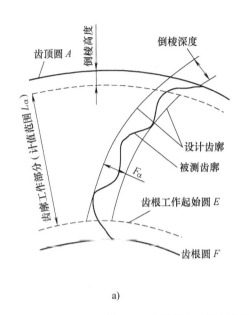
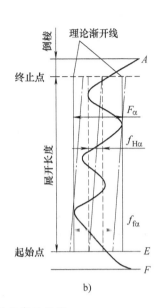

a)　　　　　　　　　　b)

图4-9　齿廓偏差及被测齿廓与设计齿廓的关系

a) 齿廓偏差　b) 被测齿廓与设计齿廓的关系

除另有规定外，计值范围 L_α 的长度等于从 E 点开始的有效长度 L_{AE} 的92%；设计齿廓指符合设计规定的齿廓，无其他规定时，指端面齿廓。

齿廓总偏差是影响齿轮传递平稳性的主要因素。有时为了进一步分析齿廓总偏差对齿轮传动质量的影响，或为了分析齿轮加工中的工艺误差，把齿廓总偏差分成以下两种偏差，即齿廓形状偏差和齿廓倾斜偏差。

（2）齿廓形状偏差 $f_{f\alpha}$　在齿廓计值范围 L_α 内，包容被测齿廓迹线且与平均齿廓迹线平行的两条迹线之间的距离。

平均齿廓是指设计齿廓迹线的纵坐标减去一条斜直线的相应纵坐标后得到的一条迹线，使得被测齿廓迹线与平均齿廓迹线偏差的二次方和最小。

（3）齿廓倾斜偏差 $f_{H\alpha}$　在计值范围 L_α 内，两端与平均齿廓迹线相交的两条设计齿廓迹线间的距离。

齿廓偏差的检测：齿廓总偏差 F_α 可在渐开线检查仪上测量。渐开线检查仪可分为单圆盘式及万能式两类，其原理都是利用精密机构产生正确的渐开线轨迹与实际齿形进行比较，以确定齿形误差。

图4-10所示是单圆盘式渐开线检查仪的工作原理。被测齿轮1与一个直径等于该齿轮基圆直径的标准基圆盘2同轴安装在仪器的心轴上，当转动手轮6通过丝杆移动拖板4时，直尺3将带动基圆盘2（借弹簧力紧压在直尺上）做纯滚动。此时，位于直尺边缘上方的测头与被测齿轮齿廓接触点的运动轨迹为理论渐开线的法线（基圆切线）。若被测齿廓存在齿形误差，由于测头7与杠杆固联，测头将绕其回转

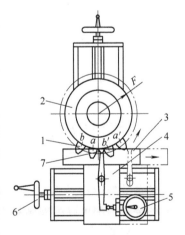

图4-10　单圆盘式渐开线检查仪
的工作原理

1—被测齿轮　2—基圆盘　3—直尺
4—拖板　5—指示表　6—手轮
7—测头

中心摆动并压缩指示表5读得 F_α 值。单圆盘式渐开线检查仪的基圆盘直径不能调整，因此对每一种规格的齿轮均需配有一专用的精确基圆盘，故只适用于大批量生产。

齿廓总偏差 F_α 是齿轮重要的公差项目，是影响齿轮传动平稳性的主要因素，而 $f_{f\alpha}$ 和 $f_{H\alpha}$ 都不是必检项目。

3. 螺旋线偏差（齿向偏差）

螺旋线偏差是指在端面基圆切线方向上测得的实际螺旋线偏离设计螺旋线的量，且应在沿齿轮圆周均布的至少三个齿的齿高中部测量，如图4-11所示。

（1）螺旋线总偏差 F_β 在螺旋线计值范围 L_β 内，包容被测螺旋线迹线且与设计螺旋线迹线平行的两条迹线之间的距离。当 $\beta = 0$ 时，即齿轮为直齿轮时，螺旋线总偏差即为齿向偏差。

计值范围 L_β 是在轮齿两端处各减去下面两个数值中较小的一个后的"迹线长度"，即5%的齿宽或等于一个模数的长度。设计螺旋线指符合设计规定的螺旋线。

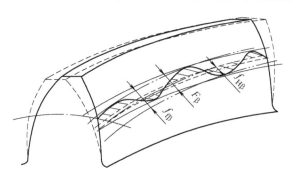

（2）螺旋线形状偏差 $f_{f\beta}$ 在螺旋线计值范围 L_β 内，包容被测螺旋线迹线且与平均螺旋线迹线平行的两条迹线之间的距离。

图4-11 螺旋线偏差

平均螺旋线是指设计螺旋线迹线的纵坐标减去一条斜直线的相应纵坐标后得到的一条迹线，使得被测螺旋线迹线与平均螺旋线迹线偏差的二次方和最小。

（3）螺旋线倾斜偏差 $f_{H\beta}$ 在计值范围 L_β 内，两端与平均螺旋线迹线相交的两条设计螺旋线迹线间的距离。

螺旋线偏差的检测：为了改善齿面接触质量，提高齿轮承载能力，可以采用设计螺旋线。同设计齿形一样，设计螺旋线也包括理论螺旋线（直齿轮齿向线为直线，斜齿轮齿向线为螺旋线）和修正螺旋线。修正螺旋线有鼓形齿向线或轮齿两端修薄及其他修正螺旋线。对高速重载齿轮，为了削弱齿向偏差的影响，提高承载能力，可以采用修正螺旋线。

根据 GB/T 10095.1—2008 规定，螺旋线形状偏差 $f_{f\beta}$ 和螺旋线倾斜偏差 $f_{H\beta}$ 不是必检项目。

螺旋线总偏差 F_β 允许在齿高中部测量，常用齿向检查仪或导程仪测量。

测量直齿轮的 F_β 较为简单，凡是具有体现基准轴线的顶针架及指示表相对基准轴线可做精确轴向移动的装置，都可以用来测量 F_β。如图4-12所示，测量时，将被测齿轮装入心轴并支持在顶针架上，然后将标准圆棒放入齿槽内，为了保证在分度圆附近接触，取圆棒直径 $d = 1.68m$（m 为齿轮模数）。在水平位置 A 的方位上，用指示表在圆棒两端的 a、b 两测点处测量读数，两测点读数的差值乘以 B/L

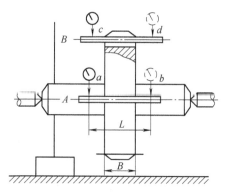

图4-12 螺旋线总偏差的检测

（B 为齿宽，L 为 a、b 两测点间的距离）即为 F_β。在位置 B 的方位上（c、d 点）还可测出齿向的锥形角偏差。

斜齿轮的螺旋线可用导程仪测量，也可用坐标法在三坐标测量机等仪器上测量。

4. 切向综合偏差

（1）**切向综合总偏差 F_{is}'** 是被测齿轮与测量齿轮单面啮合检验时，被测齿轮一转内，齿轮分度圆上实际圆周位移与理论圆周位移的最大差值。

（2）**一齿切向综合偏差 f_{is}'** 是在一个齿距内的切向综合偏差值。

切向综合总偏差 F_{is}' 是用单面啮合综合测量仪（简称单啮仪）进行测量的。被测齿轮与误差可忽略不计的测量齿轮（一般比被测齿轮精度高 $2\sim3$ 级），在公称的中心距下有侧隙的单面啮合，并通过测量系统连续地反映出被测齿轮回转一周中，相对于测量齿轮的转角误差。这一转角误差可通过仪器的记录装置显示出误差曲线及大小，如图 4-13 所示。曲线上最大幅度值即为 F_{is}' 值，曲线上一齿距角内的最大误差值即为 f_{is}' 值。

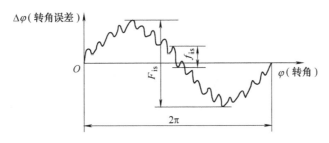

图 4-13 切向综合总偏差

图 4-14 所示为一种光栅式单啮仪的工作原理。电动机通过传动系统带动测量蜗杆（和测量齿轮作用相同）和同轴的光栅盘 Ⅰ 转动，测量蜗杆再带动被测齿轮及其同轴的光栅盘 Ⅱ 转动。高频光栅盘 Ⅰ 和低频光栅盘 Ⅱ 分别通过信号发生器 Ⅰ 和 Ⅱ 将测量蜗杆和被测齿轮的角位移转变成电信号，并根据测量蜗杆的头数 K 和被测齿轮的齿数 z，通过分频器将高频信号 f_1 作 z 分频，低频信号 f_2 作 K 分频，于是光栅盘 Ⅰ 和 Ⅱ 发出的信号变为同频信号。当被测齿轮有误差时会引起它的转角误差，此转角的微小角位移误差将变

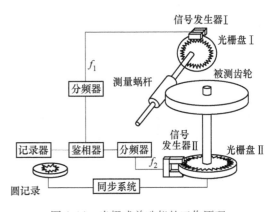

图 4-14 光栅式单啮仪的工作原理

为两电信号的相位差，输入鉴相器进行比相后输出，再输入记录器记录，便可得被测齿轮的误差曲线及转角误差值。

因为切向综合总偏差 F_{is}' 接近于齿轮传动的工作状态（单面啮合的连续回转，但无载荷），并综合反映了齿轮加工中各方面的误差（几何偏心和运动偏心，即 2π 为周期的长周期误差，以及各种短周期误差）对齿轮转角误差的影响，所以是评定齿轮传递运动准确性的较好参数，适用于大批量生产的中小齿轮的检测。由于单啮仪价格比较昂贵，故多用于评

定精度较高的齿轮。对于小批量生产或尺寸规格较大的齿轮，常受到单啮仪测量范围和使用条件（要用高精度测量齿轮）的限制，故不宜采用 F_{is} 这个评定参数。

切向综合偏差的检测不是强制性的，经供需双方同意时，这种方法最好和轮齿接触的检测同时进行，有时可以用来替代其他检测方法。

4.2.2　径向综合偏差与径向跳动

1. 径向综合偏差

径向综合偏差的测量值受到测量齿轮的精度和产品齿轮与测量齿轮的总重合度的影响，由下面指标构成：

（1）径向综合总偏差 F_{id}　是在径向（双面）综合检验时，产品齿轮的左右齿面同时与测量的齿轮接触，并转过一周时出现的中心距最大值和最小值之差。

（2）一齿径向综合偏差 f_{id}　是当产品齿轮啮合一周时，对应一个齿距（$360°/z$）的径向综合偏差值。产品齿轮所有轮齿的 f_{id} 的最大值不应超过规定的允许值。

径向综合偏差的检测：F_{id} 和 f_{id} 的测量是将被测齿轮与误差可忽略不计的测量齿轮（一般比被测齿轮精度高 $2\sim3$ 级），分别安放在双面啮合综合检查仪的心轴上（图4-15），并借助弹簧力的作用，使两个齿轮形成无缝隙的紧密啮合，此状态下的中心距称为双啮中心距 a。在被测齿轮一转内，双啮中心距的变化使可移动的浮动工作台产生位移，通过指示表即可读出其测量结果，或由仪器的自动记录装置画出 f_{id} 误差曲线（图4-16）。误差曲线上的最大幅度值即为 F_{id}。

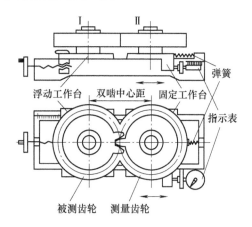

图4-15　双面啮合综合检查仪检测的原理

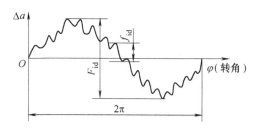

图4-16　径向综合偏差

径向综合总偏差 F_{id} 的性质与齿圈径向跳动 F_r 基本相同，测量时相当于以精确的测量齿轮的轮齿代替测量 F_r 时的测头，且两者均为双面接触，均可反映由几何偏心所产生的长周期误差。不同的是，双面啮合测量是连续测量，误差曲线是连续的，因而能较好地反映啮合点上的误差。

由于 F_{id} 的测量操作简便，效率高，仪器结构也比较简单，因此在齿轮大批量生产的条件下，适宜采用这一项目。它在机床、汽车、拖拉机等行业中应用十分普遍。

2. 径向跳动

径向跳动 F_r 是将测头（球形、V形、锥形）相继置于每个齿槽内时，测头到齿轮轴线的最大和最小径向距离之差，其测量如图 4-17 所示。

具有几何偏心的齿轮，当检验齿圈径向跳动 F_r 时，测头的径向位移 ΔH 如图 4-18 所示。图中，齿条的一个齿可看作是测量齿圈径向跳动的一个测头。齿条的径向位移 ΔH（即齿轮的径向误差）和左、右啮合线增量的关系为

$$\Delta H = \frac{\Delta H_左 + \Delta H_右}{2} = \frac{\Delta F_左 + \Delta F_右}{2\sin\alpha} \tag{4-2}$$

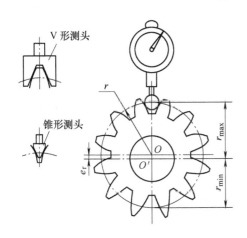

图 4-17　齿圈径向跳动测量

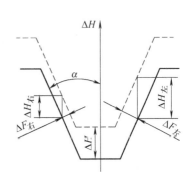

图 4-18　测头的径向位移

若忽略齿廓其他误差的次要影响，则有

$$F_r = \Delta H_{max} - \Delta H_{min} = 2e_{max} \tag{4-3}$$

即 F_r 等于 2 倍几何偏心，故可用 F_r 这个参数评定齿轮传递运动的准确性。由于 F_r 的测量十分简便，因此多用于车间各种批量生产的检验。齿圈径向跳动基本不反映运动偏心，这是因为滚切齿轮具有运动偏心时，只影响工作台的匀速回转，而刀具与齿轮轴线间的径向距离并没有变化。因此，用与刀具齿廓相近的测头，置于加工时刀具所在的位置上，来测量齿圈径向跳动，反映的是几何偏心。评定齿轮运动的准确性，既要评定反映几何偏心的检测参数 F_r，也要评定反映运动偏心的检测参数。

另外，公法线长度变动 F_w（指在齿轮一周内，跨 k 个齿的公法线长度的最大值与最小值之差）反映齿轮的切向偏差，可作为齿轮运动准确性的评定指标。从生产实际上看，经常用 F_r 和 F_w 组合来作为检测组合指标，是成本不高，非常行之有效的检测方法，故在此提出。

4.3　与齿轮副精度有关的评价指标及检测

4.3.1　齿厚偏差和侧隙

1. 齿厚偏差

对于直齿轮，齿厚偏差 E_s 是在分度圆柱面上，齿厚的实际值与公称齿厚之差。齿厚及偏差如图 4-19 所示。对于斜齿轮，齿厚偏差则是指法向实际齿厚与公称齿厚之差。

法向齿厚 S_n 是指分度圆柱上法向平面的齿厚理论值（公称齿厚）。该齿厚与具有理论齿厚的相配齿轮，在理论中心距下的啮合是无侧隙的。齿厚以分度圆弧长计值（弧齿厚）。

外齿轮的公称齿厚为

$$S_n = m_n\left(\frac{\pi}{2} + 2x\tan\alpha_n\right) \qquad (4\text{-}4)$$

内齿轮的公称齿厚为

$$S_n = m_n\left(\frac{\pi}{2} - 2x\tan\alpha_n\right) \qquad (4\text{-}5)$$

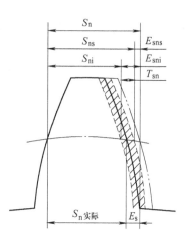

图 4-19 齿厚及偏差

式中，m_n、α_n、x 分别为被测齿轮的模数、压力角、变位系数。

对于斜齿轮，S_n 值应在法向平面内测量。齿厚上极限偏差 $E_{sns} = S_n - S_{ns}$；齿厚下极限偏差 $E_{sni} = S_n - S_{ni}$；齿厚公差 $T_{sn} = E_{sni} - E_{sns}$。

在分度圆柱面上的弧齿厚不便于测量，因此，在测量齿厚时，通常用齿厚游标卡尺等量具以齿顶圆作为测量基准，测量分度圆弦齿厚，如图 4-20 所示。测量时，将齿厚游标卡尺中的垂直游标尺通过定位板定位在分度圆弦齿高 h_{ync} 上，然后用水平游标尺量出实际的分度圆弦齿厚 S_{ync} 的值。

分度圆弦齿厚 S_{ync} 和法向齿厚 S_n 的关系为

$$S_{ync} = mz\sin\left(\frac{\pi}{2z} + \frac{2x}{z}\tan\alpha\right) \qquad (4\text{-}6)$$

式中，z 为齿数。

分度圆弦齿高 h_{ync} 和弧齿高（齿顶高）h_a 的关系为

$$h_{ync} = h_a - \frac{mz}{2}\cos\left(\frac{\pi}{2z} + \frac{2x}{z}\tan\alpha\right)$$

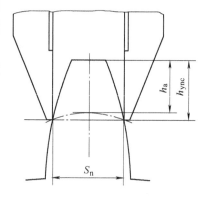

图 4-20 齿厚及偏差的测量

设计时，确定齿厚公差的方法详见本章 4.4.5 小节的例 4-1。

2. 齿轮副的侧隙

（1）**圆周侧隙** j_{wt} 是当两啮合齿轮中的一个齿轮固定时，另一个齿轮所能转过的节圆弧长的最大值。即装配好的齿轮副中，当一个齿轮固定时，另一个齿轮的圆周晃动量。它以分度圆上的弧长计值，如图 4-21 所示。

（2）**法向侧隙** j_{bn} 指两个齿轮的工作齿面相互接触时，其非工作齿面之间的最短距离。

法向侧隙和圆周侧隙的关系为

$$j_{bn} = j_{wt}\cos\alpha_{wt}\cos\beta_b \qquad (4\text{-}7)$$

式中，β_b 为基圆螺旋角；α_{wt} 为压力角。

如图 4-22 所示，设 $j_{tn} = j_{wt}\cos\alpha_{wt}$，则 $j_{bn} = j_{tn}\cos\beta_b$。

（3）**径向侧隙** j_r 将两个相啮合齿轮的中心距缩小，直到左侧和右侧齿面都接触时，这个缩小的量即为径向侧隙。它与圆周侧隙的关系为

$$j_r = \frac{j_{wt}}{2\tan\alpha_{wt}} \qquad (4-8)$$

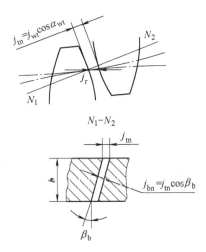

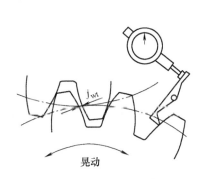

图 4-21　圆周侧隙的检测

图 4-22　齿轮副侧隙

（4）侧隙的检测　法向侧隙的大小可用厚薄规（也称塞尺），或塞入软铅再取出量其厚度的方法来检验。

在生产中常检验法向侧隙，但由于有时圆周侧隙比法向侧隙更便于检验，因此法向侧隙除直接测量得到外，也可由测得的圆周侧隙计算得到，即测量法向侧隙和测量圆周侧隙是等效的，它们的关系如式（4-8）所示。由于各种齿轮传动的工作条件不同，标准中未规定标准侧隙的数值和系列，而需要根据具体的工作条件（如工作温度、圆周速度、润滑方式）由设计计算确定法向侧隙 j_{bn} 的极限值，即最小法向侧隙 j_{bnmin} 和最大法向侧隙 j_{bnmax}。

4.3.2　轮齿接触斑点

产品齿轮和测量齿轮副轻载下的接触斑点，可以从安装在机架上的齿轮相啮合得到。检测产品齿轮副在其箱体内产生的接触斑点，可对轮齿间载荷分布进行评估。产品齿轮与测量齿轮的接触斑点，可以对装配后的齿轮的螺旋线进行评估。用于获得轻载接触斑点的载荷，应能恰好保证被测齿轮齿面保持良好的接触。

有关轮齿接触斑点的检测条件，可参见 GB/Z 18620.4—2008 的规定。

齿轮装配后（空载）检测时，产品齿轮和测量齿轮对滚产生的典型的接触斑点，如图4-23 所示。需要说明的是，图 4-23 所示接触斑点与生产中实际接触斑点不一定完全一致，而在啮合机架上所获得的检查结果应当是相似的。齿轮精度等级和接触斑点分布之间的关系见表 4-1 和表 4-2，有关代号如图 4-23 所示（h_c 为有效齿面高度）。注意，表 4-1、表 4-2 所列数值不适用于齿廓和螺旋线修形的齿轮齿面。还要特别注意，表中描述的是某些精度等级齿轮副直接测量可获

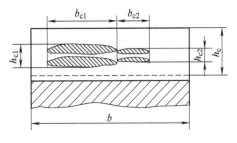

图 4-23　接触斑点

得的最好接触斑点的数值，不要把它理解为证明齿轮副精度等级的检测替代方法。

表 4-1　直齿轮装配后的接触斑点 （摘自 GB/Z 18620.4—2008）

精度等级	$b_{c1}(\%)$齿长方向	$h_{c1}(\%)$齿高方向	$b_{c2}(\%)$齿长方向	$h_{c2}(\%)$齿高方向
4 级及更高	50	70	40	50
5 和 6	45	50	35	30
7 和 8	35	50	35	30
9 ~ 12	25	50	25	30

表 4-2　斜齿轮装配后的接触斑点 （摘自 GB/Z 18620.4—2008）

精度等级	$b_{c1}(\%)$齿长方向	$h_{c1}(\%)$齿高方向	$b_{c2}(\%)$齿长方向	$h_{c2}(\%)$齿高方向
4 级及更高	50	50	40	30
5 和 6	45	40	35	20
7 和 8	35	40	35	20
9 ~ 12	25	40	25	20

　　对装配好的齿轮副，用检验接触斑点的方法可以综合反映齿轮制造偏差和齿轮副安装偏差等对齿面接触的综合影响。一般情况下，接触斑点的位置应趋于齿面中部。上述两个百分数比值越大，齿轮副工作齿面的接触精度越高，载荷分布的均匀性越好。所以实测的擦亮痕迹的百分数应不小于规定的百分数。接触斑点是齿轮副承载均匀性较理想的评定指标。

4.3.3　齿轮副轴线的偏差

1. 齿轮副轴线的平行度偏差

　　由于轴线平行度偏差的影响与其矢量的方向有关，因此 GB/Z 18620.3—2008 对轴线水平面内的平行度偏差 $f_{\Sigma\delta}$ 和垂直平面内的平行度偏差 $f_{\Sigma\beta}$ 分别做了不同的规定，如图 4-24 所示。

　　$f_{\Sigma\delta}$ 是在两轴线的公共平面上测量的，该公共平面是用两轴跨距较长的一个 L 和另一根轴的轴线来确定的，如果两个轴的跨距相同，则用小齿轮轴或大齿轮轴上的一个轴线。$f_{\Sigma\beta}$ 是在与轴线公共平面相垂直的"交错轴平面"上测量的。

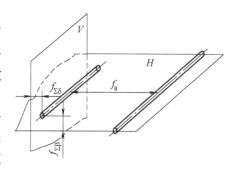

图 4-24　齿轮副轴线的平行度偏差

　　$f_{\Sigma\delta}$ 影响螺旋线啮合偏差，它的影响是工作压力角的正弦函数，而 $f_{\Sigma\beta}$ 是工作压力角的余弦函数。$f_{\Sigma\beta}$ 导致的啮合偏差比 $f_{\Sigma\delta}$ 大 2 ~ 3 倍。因此，应对 $f_{\Sigma\delta}$ 和 $f_{\Sigma\beta}$ 分别进行规定。

2. 齿轮副中心距偏差

　　齿轮副中心距偏差 f_a 是指在齿轮副的齿宽中间平面内，实际中心距与公称中心距之差。f_a 直接影响装配后齿侧间隙的大小，故对轴线不可调节的齿轮传动必须予以控制。

4.4　圆柱齿轮精度的国家标准及应用

GB/T 10095.1—2008 和 GB/T 10095.2—2008 中，只规定了各项偏差的允许值，并给出了数据表，但并未确定齿轮精度的公差值的概念。与上述标准不同，GB/T 10095.1—2022 和 GB/T 10095.2（征求意见稿）给出了齿轮公差的定义，以计算公式的形式给定不同公差等级的公差值，并替代 2008 版标准的极限偏差数据表。齿轮的偏差和公差的定义与符号的对应关系见表4-3。

GB/T 10095.1—2022 规定适用于齿数 $5 \leqslant z \leqslant 1000$，分度圆直径 $5\text{mm} \leqslant d \leqslant 15000\text{mm}$，法向模数 $0.5\text{mm} \leqslant m_n \leqslant 70\text{mm}$，齿宽 $4\text{mm} \leqslant b \leqslant 120\text{mm}$，螺旋角 $\beta \leqslant 45°$，可按标准中所规定的公差计算式或关系式计算确定其公差值。

表 4-3　齿轮偏差与公差描述对照表

类型	测量描述	公差描述	公差计算公式
齿距	单个齿距偏差 f_p	单个齿距公差 f_{pT}	$f_{pT} = (0.001d + 0.4m_n + 5)\sqrt{2}^{\,A-5}$
	齿距累积总偏差 F_p	齿距累积总公差 F_{pT}	$F_{pT} = (0.002d + 0.55\sqrt{d} + 0.7m_n + 12)\sqrt{2}^{\,A-5}$
齿廓	齿廓倾斜偏差 $f_{H\alpha}$	齿廓倾斜公差 $f_{H\alpha T}$	$f_{H\alpha T} = (0.4m_n + 0.001d + 4)\sqrt{2}^{\,A-5}$
	齿廓形状偏差 $f_{f\alpha}$	齿廓形状公差 $f_{f\alpha T}$	$f_{f\alpha T} = (0.55m_n + 5)\sqrt{2}^{\,A-5}$
	齿廓总偏差 F_α	齿廓总公差 $F_{\alpha T}$	$F_{\alpha T} = \sqrt{f_{H\alpha T}^2 + f_{f\alpha T}^2}$
螺旋线	螺旋线倾斜偏差 $f_{H\beta}$	螺旋线倾斜公差 $f_{H\beta T}$	$f_{H\beta T} = (0.002d + 0.55\sqrt{d} + 0.7m_n + 12)\sqrt{2}^{\,A-5}$
	螺旋线形状偏差 $f_{f\beta}$	螺旋线形状公差 $f_{f\beta T}$	$f_{f\beta T} = (0.07\sqrt{d} + 0.45\sqrt{b} + 4)\sqrt{2}^{\,A-5}$
	螺旋线总偏差 F_β	螺旋线总公差 $F_{\beta T}$	$F_{\beta T} = \sqrt{f_{H\beta T}^2 + f_{f\beta T}^2}$
综合	一齿切向综合偏差 f_{is}	一齿切向综合公差 f_{isT}	切向综合偏差的短周期成分（高通滤波）的峰-峰值振幅用来确定一齿切向综合偏差。最大峰-峰值振幅应不大于 $f_{isT,max}$，且最小峰-峰值振幅应不小于 $f_{isT,min}$，峰-峰值振幅是齿轮副测量的运动曲线中一个齿距内的最高点和最低点的差 $$f_{isT,max} = f_{is(design)} + (0.375m_n + 5.0)\sqrt{2}^{\,A-5}$$ $f_{isT,max}$ 是公式（1）和（2）计算值的较大值 $$f_{isT,min} = f_{is(design)} - (0.375m_n + 5.0)\sqrt{2}^{\,A-5} \qquad (1)$$ 或 $$f_{isT,min} = 0 \qquad (2)$$

（续）

类型	测量描述	公差描述	公差计算公式
综合	切向综合总偏差 F_{is}	切向综合总公差 F_{isT}	$F_{isT} = F_{pT} + f_{isT,max}$
	一齿径向综合偏差 f_{id}	一齿径向综合公差 f_{idT}	$f_{idT} = \left(0.08\dfrac{z_C m_n}{\cos\beta}+64\right)2^{\left[\frac{(R-R_X-44)}{4}\right]}=\dfrac{F_{idT}}{2^{R_X/4}}$ $z_C = \min(\lvert z\rvert,\ 200)$ $R_X = 5\left\{1-1.12^{\left[\frac{1-z_C}{1.12}\right]}\right\}$
	径向综合总偏差 F_{id}	径向综合总公差 F_{idT}	$F_{idT} = \left(0.08\dfrac{z_C m_n}{\cos\beta}+64\right)2^{\left(\frac{R-44}{4}\right)}$
	接触斑点 C_p	—	—
尺寸	齿厚 s	（见 ISO21771）	

4.4.1　齿轮的精度等级及其选用

以上两个版本对齿轮的公差等级有不同的规定，GB/T 10095.1—2008 规定了齿轮的精度等级为 13 级，即 0 ~ 12 级，其中 0 级最高，12 级最低；GB/T 10095.2—2008 对径向综合公差规定了 9 个精度等级，其中 4 级最高，12 级最低；对径向跳动公差规定了 13 个精度等级，其中 0 级最高，12 级最低。

GB/T 10095.1—2022 规定齿面精度等级为 11 级，即 1 ~ 11 级，其中 1 级最高，11 级最低，并以字母 A 表示。GB/T 10095.2（征求意见稿）采用独立的精度等级规定，即 R30 ~ R50 共 21 个精度等级，其中 R30 级最高，R50 级最低。各种常用机械采用的齿轮精度等级可参照表 4-4 所列进行选择。

表 4-4　各种常用机械采用的齿轮精度等级

应用范围	精度等级	应用范围	精度等级	应用范围	精度等级	应用范围	精度等级
测量齿轮	2 ~ 5	汽车底盘	5 ~ 8	拖拉机	6 ~ 9	矿用绞车	8 ~ 10
蜗轮减速器	3 ~ 6	轻型汽车	5 ~ 8	通用减速器	6 ~ 9	起重机械	7 ~ 10
金属切削机床	3 ~ 8	重型汽车	6 ~ 9	轧钢机	6 ~ 10	农用机械	8 ~ 11
内燃机车	6 ~ 7	航空发动机	4 ~ 7				

表 4-5 列出了部分圆柱齿轮传动各级精度的适用范围。

表 4-5　圆柱齿轮传动各级精度的适用范围

要素	精度等级					
	4	5	6	7	8	9
切齿方法	在周期误差很小的精密机床上用展成法加工	在周期误差小的精密机床上用展成法加工	在精密机床上用展成法加工	在较精密机床上用展成法加工	在展成法机床上加工	在展成法机床上用分度法精细加工

（续）

要素		精度等级										
		4		5		6		7		8		9
齿面最后加工		精密磨齿；对软或中硬齿面的大齿轮，精密滚齿后研齿或剃齿			磨齿；精密滚齿或剃齿		高精度滚齿和剃齿，对渗碳淬火齿轮必须做最后加工（磨齿、精刮齿、有修正能力的珩齿等）		滚齿、插齿，必要时或剃齿或刮齿或珩齿		一般滚齿、插齿工艺	
齿面粗糙度	齿面	硬化	调质	硬化	调质	硬化	调质	硬化	调质	硬化	调质	硬化	调质
	Ra /μm	≤0.4	≤0.8		≤0.8	≤1.6		≤1.6		≤3.2	≤6.3	≤3.2	≤6.3
工作条件及应用范围	动力传动	用于很高速度的汽轮机传动齿轮 圆周速度 $v>$ 70m/s		用于高速的汽轮机传动齿轮，重型机械进给机构和高速重载凸轮 圆周速度 $v>$ 30m/s 的斜齿轮		用于高速传动的齿轮，工业机器有高可靠性要求的齿轮，重型机械的大功率传动齿轮，作业率很高的运输机械齿轮 圆周速度 $v<$ 30m/s 的斜齿轮		用于高速或适度功率和适度速度的齿轮，以及冶金、矿山、石油、林业、轻工、工程机械和小型工业齿轮箱（普通减速器）有可靠要求的齿轮 圆周速度 $v<$ 25m/s 的斜齿轮和圆周速度 $v<$ 15m/s 的直齿轮		用于中等速度、较平稳传动齿轮，或冶金、矿山、石油、林业、轻工、工程机械起重运输机械和小型工业齿轮箱（普通减速器）的齿轮 圆周速度 $v<$ 15m/s 的斜齿轮和圆周速度 $v<$ 10m/s 的直齿轮		用于一般性工作和噪声要求不高的齿轮，载荷低于计算载荷的传动齿轮，速度大于1m/s的开式齿轮传动和转盘的齿轮 圆周速度 $v≤$ 6m/s 的斜齿轮和圆周速度 $v<$ 4m/s 的直齿轮	
	航空、船舶和车辆	用于需要很高平稳性、低噪声的船用和航空齿轮 圆周速度 $v>$ 35m/s 的直齿轮和圆周速度 $v>$ 70m/s 的斜齿轮		用于需要高平稳性、低噪声的船用和航空齿轮 圆周速度 $v>$ 20m/s 的直齿轮和圆周速度 $v>$ 35m/s 的斜齿轮		用于高速传动及有平稳性、低噪声要求的机车、航空、船舶和汽车的齿轮 圆周速度 $v≤$ 20m/s 的直齿轮和圆周速度 $v≤$ 35m/s 的斜齿轮		用于有平稳性、低噪声要求的航空、船舶和汽车的齿轮 圆周速度 $v≤$ 15m/s 的直齿轮和圆周速度 $v≤$ 25m/s 的斜齿轮		用于中等速度较平稳传动的载货汽车和拖拉机的齿轮 圆周速度 $v≤$ 10m/s 的直齿轮和圆周速度 $v≤$ 15m/s 的斜齿轮		用于较低速和噪声要求不高的载货汽车，第一档与倒档，拖拉机和联合收割机的齿轮 圆周速度 $v≤$ 4m/s 的直齿轮和圆周速度 $v≤$ 6m/s 的斜齿轮	
	机床	高精度和精密的分度链末端齿轮 圆周速度 $v>$ 30m/s 的直齿轮和圆周速度 $v>$ 50m/s 的斜齿轮		一般精度的分度链末端齿轮 高精度和精密的分度链的中间齿轮 圆周速度 $v>$ 15~30m/s 的直齿轮和圆周速度 $v>30~50$m/s 的斜齿轮		V级机床主传动的重要齿轮。一般精度的分度链的中间齿轮 Ⅲ级和Ⅲ级以上精度等级机床的进给齿轮、油泵齿轮 圆周速度 $v>$ 10~15m/s 的直齿轮和圆周速度 $v>15~30$m/s 的斜齿轮		Ⅵ级和Ⅵ级以上精度等级机床的进给齿轮 圆周速度 $v>6$ ~10m/s 的直齿轮和圆周速度 $v>8~15$m/s 的斜齿轮		一般精度等级机床齿轮 圆周速度 $v<$ 6m/s 的直齿轮和圆周速度 $v<8$m/s 的斜齿轮		没有传动精度要求的手动齿轮	
	其他	检验7级精度齿轮的测量齿轮		检验8~9级精度齿轮的测量齿轮、印刷机印刷辊子用的齿轮		读数装置中特别精密传动的齿轮		读数装置的传动具有非直齿的速度传动齿轮、印刷机传动齿轮		普通印刷机传动齿轮			
单级传动效率		不低于 0.99（包括轴承不低于 0.985）						不低于 0.98（包括轴承不低于 0.975）		不低于 0.97（包括轴承不低于 0.965）		不低于 0.96（包括轴承不低于 0.95）	

4.4.2 圆柱齿轮测量项目

圆柱齿轮的检验项目见表4-6，表中列出了符合国标要求应进行测量的最少参数。作为评价齿轮质量的客观标准，齿轮的检验项目主要是单项指标，包括齿距偏差 F_p、f_p，齿廓总偏差 F_α，螺旋线总偏差 F_β，齿厚 s。

综合测量又分为单面啮合综合测量和双面啮合综合测量，两种测量形式不同时使用。综合测量指标和标准中给出的其他参数一般作为备选参数。当供需双方同意时，可用备选参数表替代默认参数表。选择默认参数表还是备选参数表取决于可用的测量设备。评价齿轮时可使用更高精度的齿面公差等级的参数列表。

表4-6 被测量参数表

直径/mm	齿面公差等级	最少可接受参数	
		默认参数表	备选参数表
$d \leqslant 4000$	$10 \sim 11$	F_p, f_p, s, F_α, F_β	s, c_p, F_{id}[①], f_{id}[①]
	$7 \sim 9$	F_p, f_p, s, F_α, F_β	s, c_p[②], F_{is}, f_{is}
	$1 \sim 6$	F_p, f_p, s, F_α, $f_{f\alpha}$, $f_{H\alpha}$, F_β, $f_{f\beta}$, $f_{H\beta}$	s, c_p[②], F_{is}, f_{is}
$d > 4000$	$7 \sim 11$	F_p, f_p, s, F_α, F_β	F_p, f_p, s, ($f_{f\beta}$ 或 c_p[②])

① 根据 ISO 1328-2，仅限于齿轮尺寸不受限制时。

② 接触斑点的验收标准和测量方法未包含在文件中，如需采用，应经供需双方同意。

4.4.3 齿轮的偏差和表面粗糙度

（1）**齿轮副传动侧隙及齿厚偏差的确定** 齿轮副的侧隙要求是根据工作条件用最小法向侧隙 j_{bnmin} 与最大法向侧隙 j_{bnmax} 来规定的。为了得到齿轮副所要求的侧隙，需要确定齿轮副的中心距偏差和组成齿轮副的两个齿轮的齿厚偏差。

GB/Z 18620.2—2008 只给出了大、中模数齿轮最小侧隙 j_{bnmin} 的推荐值，见表4-7。

表4-7 大、中模数齿轮最小侧隙 j_{bnmin} 的推荐值（摘自 GB/Z 18620.2—2008）

（单位：mm）

m_n	最小中心距 a_i					
	50	100	200	400	800	1600
1.5	0.09	0.11				
2	0.10	0.12	0.15			
3	0.12	0.14	0.17	0.24		
5		0.18	0.21	0.28		
8		0.24	0.27	0.34	0.47	
12			0.35	0.42	0.55	
18				0.54	0.67	0.94

（2）**齿轮毛坯偏差** 齿轮毛坯的内孔（或轴颈）、顶圆和端面通常作为加工、测量和装

配的基准，它们的几何精度直接影响齿轮的加工、测量和装配精度，故应加以控制。GB/Z 18620.3—2008 对齿轮毛坯的精度做了规定，齿轮限于钢制或铁制。此规定不属于严格的质量准则，只是一种推荐性的，供需双方协议认可后，作为技术指导。

（3）齿轮表面粗糙度 GB/T 10095.1—2022 没有给出齿轮精度等级和表面结构之间的关系。可参照表 4-8 所列确定齿轮各部分的表面粗糙度 Ra 值。

表 4-8 Ra 的推荐极限值（摘自 GB/Z 18620.4—2008） （单位：μm）

等级	模数 m/mm		
	$m < 6$	$6 \leqslant m \leqslant 25$	$m > 25$
5	0.50	0.63	0.80
6	0.8	1.00	1.25
7	1.25	1.6	2.0
8	2.0	2.5	3.2
9	3.2	4.0	5.0
10	5.0	6.3	8.0

4.4.4 图样上的标注

齿轮图样标注请参照 GB/T 6443—1986 及 GB/T 4459.2—2003。

GB/T 10095—2022 和 GB/Z 1862—2008 均未对齿轮的精度等级标注做明确规定。对于齿轮精度等级的标注建议如下：

如果齿轮测量项目的精度等级相同（如都为 6 级），则标注为

$$6GB/T\ 10095.1—2022$$

如果齿轮测量项目的精度等级不同，例如 F_p、F_β 为 7 级，F_α 为 6 级，则标注为

$$6(F_\alpha)、7(F_p、F_\beta)GB/T\ 10095.1—2022$$

4.4.5 应用举例

例 4-1 已知一级斜齿圆柱齿轮减速器，其齿轮的模数 $m_n = 2.5$mm，小齿轮齿数 $z_1 = 27$，大齿轮齿数 $z_2 = 130$，齿宽 $b = 30$mm，法向压力角 $\alpha_n = 20°$，螺旋角 $\beta = 11°06'46''$，轴向重合度 $\varepsilon_\beta = 1.86$，传递最大功率为 10kW，小齿轮转数 $n = 970$r/min，载荷有中等冲击。齿轮材料为钢，线膨胀系数 $\alpha_1 = 11.5 \times 10^{-6} K^{-1}$，箱体材料为铸铁，线膨胀系数 $\alpha_2 = 10.5 \times 10^{-6} K^{-1}$，喷油润滑。在传动工作时，齿轮温升至 $t_1 = 60℃$，箱体温升至 $t_2 = 40℃$，该减速器为小批生产。试确定小齿轮的精度等级、检验项目、齿厚上下偏差及齿坯公差，并画出小齿轮零件图。

解：1）确定精度等级。

由 $m_n = 2.5$mm，则 $m_t = m_n/\cos\beta = 2.5478$mm

小齿轮分度圆直径 $d_1 = m_t z_1 = 2.5478 \times 27$mm $= 68.791$mm

大齿轮分度圆直径 $d_2 = m_t z_2 = 2.5478 \times 130$mm $= 331.214$mm

中心距 $a = \dfrac{68.791 + 331.214}{2}$mm $= 200.0025$mm ≈ 200mm

对于中等转数、中等载荷的一般齿轮，通常先按工作的圆周速度确定精度等级。已知斜齿轮的圆周速度为

$$v = \frac{\pi d n}{1000 \times 60} = \frac{\pi \times 68.791 \times 970}{1000 \times 60} \text{m/s} = 3.49 \text{m/s}$$

参照表4-4和表4-5，小齿轮转速不是太高，且受中等冲击，要求平稳性要好，故确定齿轮传动平稳性精度等级为8级，由于该齿轮传动运动准确性要求不是太高，传递动力不大，故准确性和载荷分布均匀性也都可以取为8级，则齿轮精度在图样上的标注为8GB/T 10095.1—2022。

2）选择测量参数并查出其公差值。根据表4-6，对于8级精度的齿轮（$A = 8$），应选择测量参数为 F_{pT}、f_{pT}、s、$F_{\alpha T}$、$F_{\beta T}$。现将小齿轮的齿面公差加下标1表示，因此根据表4-3，小齿轮参数计算结果如下：

① $F_{pT1} = (0.002 d_1 + 0.55 \sqrt{d_1} + 0.7 m_n + 12) \times \sqrt{2}^{A-5}$
$\qquad = (0.002 \times 68.791 + 0.55 \times \sqrt{68.791} + 0.7 \times 2.5 + 12) \times \sqrt{2}^{(8-5)} \mu\text{m}$
$\qquad = 52 \mu\text{m}$

② $f_{pT1} = (0.001 d_1 + 0.4 m_n + 5) \times \sqrt{2}^{A-5}$
$\qquad = (0.001 \times 68.791 + 0.4 \times 2.5 + 5) \times \sqrt{2}^{(8-5)} \mu\text{m}$
$\qquad = 17 \mu\text{m}$

③ $f_{H\alpha T1} = (0.4 m_n + 0.001 d_1 + 4) \times \sqrt{2}^{A-5}$
$\qquad = (0.4 \times 2.5 + 0.001 \times 68.791 + 4) \times \sqrt{2}^{(8-5)} \mu\text{m}$
$\qquad = 14 \mu\text{m}$

$\quad f_{f\alpha T1} = (0.55 m_n + 5) \times \sqrt{2}^{A-5}$
$\qquad = (0.55 \times 2.5 + 5) \times \sqrt{2}^{(8-5)} \mu\text{m}$
$\qquad = 18 \mu\text{m}$

$\quad F_{\alpha T1} = \sqrt{f_{H\alpha T1}^2 + f_{f\alpha T1}^2}$
$\qquad = \sqrt{(14.337)^2 + (18.031)^2} \mu\text{m}$
$\qquad = 23 \mu\text{m}$

④ $f_{H\beta T1} = (0.002 d_1 + 0.55 \sqrt{d_1} + 0.7 m_n + 12) \times \sqrt{2}^{A-5}$
$\qquad = (0.002 \times 68.791 + 0.55 \times \sqrt{68.791} + 0.7 \times 2.5 + 12) \times \sqrt{2}^{(8-5)} \mu\text{m}$
$\qquad = 52 \mu\text{m}$

$\quad f_{f\beta T1} = (0.07 \sqrt{d_1} + 0.45 \sqrt{b_1} + 4) \times \sqrt{2}^{A-5}$
$\qquad = (0.07 \times \sqrt{68.791} + 0.45 \times \sqrt{30} + 4) \times \sqrt{2}^{(8-5)} \mu\text{m}$
$\qquad = 20 \mu\text{m}$

$\quad F_{\beta T1} = \sqrt{f_{H\beta T}^2 + f_{f\beta T}^2}$
$\qquad = \sqrt{(52)^2 + (20)^2} \mu\text{m}$
$\qquad = 56 \mu\text{m}$

⑤ $s_1 = 2.5 \times \dfrac{\pi}{2}$mm $= 3.925$mm

3）确定最小极限侧隙。保证正常润滑条件所需的最小法向侧隙 j_{bnmin} 取决于润滑的方式及传动的圆周速度，参照表4-9，对于喷油润滑的低速传动（$v < 10$m/s），有

表4-9 传递速度与 j_{bnmin1} 值的关系（m_n 为法向模数）

润滑方式	传动速度 v/(m/s)	j_{bnmin1}/μm
油池润滑	低速传动（$v < 10$）	$(5 \sim 10)m_n$
喷油润滑	低速传动（$v < 10$）	$10m_n$
	中速传动（$v = 10 \sim 25$）	$20m_n$
	高速传动（$v = 25 \sim 60$）	$30m_n$
	超高速传动（$v > 60$）	$(30 \sim 50)m_n$

$$j_{bnmin1} = 10m_n = 10 \times 2.5 \text{μm} = 25 \text{μm}$$

补偿由温升引起的热变形所需的最小侧隙为

$$j_{bnmin2} = a[\alpha_1(t_1 - 20°) - \alpha_2(t_2 - 20°)] \times 2\sin\alpha_n \tag{4-9}$$

式中，a 为齿轮副中心距；α_1、α_2 分别为齿轮、箱体的线膨胀系数；t_1、t_2 分别为齿轮、箱体的工作温度；α_n 为齿轮的法向压力角。

对式（4-9）代入已知值，得

$$j_{bnmin2} = 200 \times [11.5 \times 10^{-6} \times (60° - 20°) - 10.5 \times 10^{-6} \times (40° - 20°)] \times 2 \times \sin20° \text{μm}$$
$$= 34.2 \text{μm}$$

故最小极限侧隙为

$$j_{bnmin} = j_{bnmin1} + j_{bnmin2} = (25 + 34.2)\text{μm} = 59.2\text{μm}$$

4）确定齿厚及齿厚上极限偏差（E_{sns}）、下极限偏差（E_{sni}）的数值。

由于齿轮副的传动侧隙决定于两齿轮的齿厚极限偏差（E_{sns}，E_{sni}）和中心距极限偏差（$\pm f_a$），两齿厚上极限偏差 E_{sns1} 和 E_{sns2} 的计算式为

$$E_{sns1} + E_{sns2} = -2f_a\tan\alpha_n - \frac{j_{bnmin} + J_n}{\cos\alpha_n} \tag{4-10}$$

为计算方便，常取 $E_{sns1} = E_{sns2} = E_{sns}$（也可让小齿轮的 E_{sns} 小一些，大齿轮的 E_{sns} 大一些），有

$$E_{sns} = -\left(f_a\tan\alpha_n + \frac{j_{bnmin} + J_n}{2\cos\alpha_n}\right) \tag{4-11}$$

式中，α_n 为法向压力角；f_a 为中心距偏差；J_n 为补偿齿轮加工和安装偏差所引起的侧隙减小量。

$$J_n = \frac{\sqrt{(f_{pT1}\cos\alpha_t)^2 + (f_{pT2}\cos\alpha_t)^2 + (F_{\beta T1}^2 + F_{\beta T2}^2)}}{\cos^2\alpha_n + (f_{\Sigma\delta1}\sin\alpha_n)^2 + (f_{\Sigma\beta1}\sin\alpha_n)^2} \tag{4-12}$$

① 侧隙 J_n 的计算过程如下：

当 $\alpha_n = 20°$ 时，$F_{\beta T1} = f_{\Sigma\delta1} = 2f_{\Sigma\beta1}$，得：$f_{\Sigma\delta1} = 56$μm，$f_{\Sigma\beta1} = 28$μm

由 $\tan\alpha_t = \dfrac{\tan\alpha_n}{\cos\beta}$ 得：端面压力角 $\alpha_t = 20.351°$

现将大齿轮的齿面公差加下标2表示，因此根据表4-3，大齿轮参数计算结果如下：

$$f_{pT2} = (0.001\, d_2 + 0.4\, m_n + 5) \times \sqrt{2}^{A-5}$$
$$= (0.001 \times 331.214 + 0.4 \times 2.5 + 5) \times \sqrt{2}^{(8-5)}\ \mu m$$
$$= 18\mu m$$

$$f_{H\beta T2} = (0.002\, d_2 + 0.55\, \sqrt{d_2} + 0.7\, m_n + 12) \times \sqrt{2}^{A-5}$$
$$= (0.002 \times 331.214 + 0.55 \times \sqrt{331.214} + 0.7 \times 2.5 + 12) \times \sqrt{2}^{(8-5)}\ \mu m$$
$$= 69\mu m$$

$$f_{f\beta T2} = (0.07\, \sqrt{d_2} + 0.45\, \sqrt{b_2} + 4) \times \sqrt{2}^{A-5}$$
$$= (0.07 \times \sqrt{331.214} + 0.45 \times \sqrt{56} + 4) \times \sqrt{2}^{(8-5)}\ \mu m$$
$$= 22\mu m$$

$$F_{\beta T2} = \sqrt{f_{H\beta T1}^2 + f_{f\beta T1}^2}$$
$$= \sqrt{69^2 + 24^2}\ \mu m$$
$$= 72\mu m$$

将上述参数计算结果代入式(4-12) 得

$$J_n = \dfrac{\sqrt{(17 \times \cos 20.351°)^2 + (18 \times \cos 20.351°)^2 + (56^2 + 72^2)}}{\cos^2 20° + (56 \times \sin 20°)^2 + (28 \times \sin 20°)^2}\ \mu m$$
$$= 0.42\mu m$$

② 齿厚上偏差（E_{sns}）的计算过程如下：

中心距极限偏差 $\pm f_a$ 值见表4-10所示。

表4-10　中心距极限偏差 $\pm f_a$ 值（摘自 GB/Z18620.3—2008）

精度等级	1 ~ 2	3 ~ 4	5 ~ 6	7 ~ 8	9 ~ 10	11 ~ 12
f_a	$\dfrac{1}{2}$IT4	$\dfrac{1}{2}$IT6	$\dfrac{1}{2}$IT7	$\dfrac{1}{2}$IT8	$\dfrac{1}{2}$IT9	$\dfrac{1}{2}$IT11

注：IT值为国家标准"极限与配合"中的标准公差值，以中心距 a 为公称尺寸查表。

查表4-10得：$f_a = 1/2$IT8，$a = 200$mm，查标准公差值表2-13，可知：IT8 $= 72\mu m$，$f_a = 36\mu m$。

若按等值分配，假设 $E_{sns1} = E_{sns2} = E_{sns}$，故代入式(4-10) 得

$$E_{sns} = -\left(36\tan 20° + \dfrac{59.20 + 0.2}{2 \times \cos 20°}\right)\mu m = -45\mu m$$

③ 齿厚公差及齿厚下偏差（E_{sni}）计算过程如下：

齿厚公差 T_{sn} 为

$$T_{sn} = 2\tan\alpha_n \sqrt{F_{rT1}^2 + b_r^2} \tag{4-13}$$

式中，F_{rT1} 为齿圈径向跳动公差，根据 GB 10059.1—2022，$F_{rT1} = 0.9$，$F_{pT1} = 0.9 \times 52\mu m = 47\mu m$；$b_r$ 为切齿径向进给刀偏差，其值精度等级按切齿径向刀具进给公差表 4-11 确定。

表 4-11 切齿径向刀具进给公差

齿轮精度等级	3	4	5	6	7	8	9	10
b_r	IT7	1.26IT7	IT8	1.26IT8	IT9	1.26IT9	IT10	1.26IT10

注：IT 为标准公差值，按齿轮分度圆直径查取数值。

本例中，齿轮精度等级为 8 级，查表 2-13，IT9 $= 74\mu m$，则 $b_r = 1.26$IT9 $= 1.26 \times 74\mu m = 93\mu m$。齿厚公差为

$$T_{sn} = 2\tan20° \sqrt{47^2 + 93^2}\ \mu m = 75.85\mu m$$

由于 $E_{sni} = E_{sns} - T_s$，故 $E_{sni} = (-45 - 75.85)\mu m \approx -121\mu m$。

分度圆齿厚（弧齿厚）$S_n{}_{E_{sni}}^{E_{sns}} = 3.925_{-0.121}^{-0.045}$mm，也可以根据使用情况改为弦齿厚标注。

④ 跨齿数计算过程如下：

对斜齿轮，当 $\beta < 45°$ 时，理想跨齿数可按下述近似公式计算。

$$n = z_v \frac{\alpha_n}{180°} + 0.5$$

式中，z_v 为当量齿数。

按 $z_v = z/\cos^3\beta$ 计算，则 $z_v = 27/\cos^3 11°06'46'' = 29$。$n = 29/9 + 0.5 = 3.72$，取整数 $n = 4$。

5）确定齿坯偏差。查表得基准孔的直径偏差为 IT7；顶圆不作测量基准，故顶圆偏差选为 IT11；轴向跳动为 $18\mu m$；单键槽宽取 8js9（正常联接），对称度取 0.02mm（见第 5 章）；齿轮各表面的表面粗糙度 Ra 值参考表 4-8 选取。

完成齿轮零件工作图，标注全部技术要求，如图 4-25 所示。

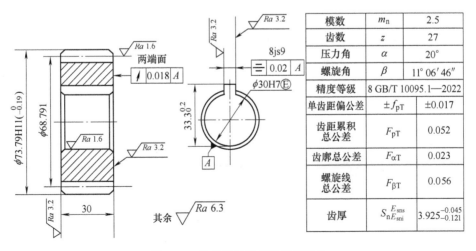

图 4-25 齿轮设计结果及图样标注

习题与思考题

4-1 各种不同用途的齿轮转动，对四方面使用要求有何侧重和不同？

4-2 影响渐开线圆柱齿轮传动精度的主要误差有哪些？

4-3 齿轮副传动有侧隙要求，与三项主要精度要求有什么本质区别？

4-4 影响齿轮传递运动准确性的指标要求有哪些？

4-5 齿面精度的几个参数有何异同？

4-6 F_p、f_p、f_{pi} 与 F_{pT}、f_{pT} 有何异同？

4-7 F_{is} 和 F_{id}、f_{is} 和 f_{id} 有何异同？

4-8 影响齿轮副侧隙大小的因素有哪些？

4-9 怎样选取齿轮的测量参数？

4-10 规定齿坯公差的目的是什么？主要有哪些项目？

4-11 某普通车床传动系统中的一直齿圆柱齿轮，传递功率 $N = 3\mathrm{kW}$，最高转速 $n = 700\mathrm{r/min}$，模数 $m = 2\mathrm{mm}$，齿数 $z = 40$，基准齿形角 $\alpha = 20°$，齿宽 $b = 15\mathrm{mm}$，齿轮内孔直径 $d = 32\mathrm{mm}$。齿轮副中心距 $\alpha = 120\mathrm{mm}$。齿轮材料为钢，线膨胀系数 $\alpha_1 = 11.5 \times 10^{-6}\mathrm{K}^{-1}$；箱体材料为铸铁，线膨胀系数 $\alpha_2 = 10.5 \times 10^{-6}\mathrm{K}^{-1}$。齿轮和箱体的工作温度分别为 60℃ 和 40℃。齿轮箱用喷油润滑，生产类型为小批生产。试确定：

1）齿轮精度等级和齿厚极限偏差的字母代号。

2）齿轮精度评定指标和侧隙评定指标的公差或极限偏差的数值。

3）齿坯各部分的尺寸公差和几何公差。

4）齿轮齿面及其表面粗糙度参数值。

将上述要求标注在齿轮图样上。

第5章

螺纹、单键、花键结合的公差与配合

5.1 螺纹结合的公差与配合

5.1.1 螺纹的主要分类

螺纹在机电设备和仪器仪表中应用广泛，种类繁多，互换性程度很好。

1. 根据螺纹结合性质和使用要求分类

1）联接螺纹：又称紧固螺纹，用于联接和紧固零件，使用最为广泛，普通螺纹即为最常用的一种联接螺纹。其主要要求是可旋合性和联接强度。

2）传动螺纹：用于传递运动、位移或动力。其主要要求是传动平稳，传递位移精确（如机床中的丝杠螺母副，量仪中的测微螺旋副）；传递载荷可靠（如起重机械中的传动螺杆）。传动螺纹应具有一定的间隙，以保证有很小的传动空程和能储存润滑油。

3）紧密螺纹：用于要求具有气密性或水密性的螺纹结合，如管螺纹联接，在管道中不得漏气、漏水或漏油。其主要要求是配合紧密，密封性好。

2. 根据螺纹牙型角不同分类

1）普通螺纹：也称一般用途的螺纹，是螺纹件数量最多的一种。主要用于紧固联接，是牙型角60°，牙型对称的圆柱螺纹，其螺纹分为粗牙和细牙。粗牙螺纹的直径和螺距的比例适中、强度好；细牙螺纹用于薄壁零件和轴向尺寸受限制的场合或用于轴向微调机构。

2）矩形螺纹：最初的传动螺纹，牙型为90°正方形，传动效率高，牙根强度差，对中性不好，磨损后间隙也无法补偿，仅用于对传动效率有较高要求的机件。

3）梯形螺纹：一般用途的传动螺纹，牙型角为30°，与矩形螺纹相比，强度好，对中性也好，间隙可调，工艺性能好，被广泛应用于各种传动和大尺寸机件的紧固。

4）锯齿形螺纹：用于单向受力的传动和定位。

5）55°管螺纹：分为非密封管螺纹和密封管螺纹两种。其中非密封管螺纹为圆柱形螺纹，在管路系统中仅起机械联接作用，也可用于电线保护等场合，多用于静载下的低压管路系统。密封管螺纹以两种方式相配合：①圆柱内螺纹/圆锥外螺纹，密封概率高，用于低压静载，水、煤气管多为此种配合；②圆锥内螺纹/圆锥外螺纹，密封概率低，但不易被破坏，可用于高压，承受冲击载荷的场合。

6）60°管螺纹：密封管螺纹，与55°密封管螺纹的配合方式及性能相同，在汽车、飞机和机床等行业中使用较多。

以下两种管螺纹为寸制螺纹。

7）米制锥螺纹：符合我国国家标准的锥螺纹，也称为米制管螺纹，基本牙型及尺寸系列均符合普通螺纹规定，性能与其他密封管螺纹相类似。

8）MJ螺纹：也称加强螺纹，主要用于航空和航天器，牙型角为60°，与普通螺纹相比，加大了外螺纹的牙底圆弧半径，加大了小径的削平量，从而提高了螺纹强度。

　　我国的螺纹标准大多数与 ISO 国际标准相统一，但在某些领域仍采用英制标准，如管螺纹、电子行业和光学领域等。

5.1.2　普通螺纹的基本牙型和主要几何参数

　　根据 GB 192—2003 规定，普通螺纹的基本牙型如图 5-1 中粗实线所示。

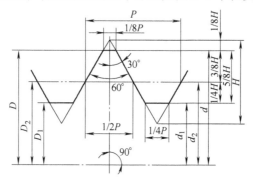

图 5-1　普通螺纹的基本牙型

5.1.3　普通螺纹直径和螺距系列

　　我国国家标准 GB/T 193—2003 中，尺寸直径系列为 1～300mm，标准螺距系列为 0.2～8mm。常用普通螺纹的直径与螺距系列见表 5-1。

表 5-1　常用普通螺纹的直径与螺距系列（摘自 GB/T 193—2003）　（单位：mm）

公称直径 D,d			螺距 P								
第1系列	第2系列	第3系列	粗牙	细牙							
				1.5	1.25	1	0.75	0.5	0.35	0.25	0.2
1			0.25								0.2
	1.1		0.25								0.2
1.2			0.25								0.2
	1.4		0.3								0.2
1.6			0.35								0.2
	1.8		0.35								0.2
2			0.4							0.25	
	2.2		0.45							0.25	
2.5			0.45						0.35		
3			0.5						0.35		
	3.5		0.6						0.35		
4			0.7					0.5			
	4.5		0.75					0.5			
5			0.8					0.5			
		5.5						0.5			
6			1				0.75				
	7		1				0.75				
8			1.25			1	0.75				
		9	1.25			1	0.75				
10			1.5		1.25	1	0.75				
		11	1.5	1.5		1	0.75				
12			1.75		1.25	1					

有时需要使用比表 5-1 规定还要小的特殊螺距,则应从下列螺距中选择:3mm、2mm、1.5mm、1mm、0.75mm、0.5mm、0.35mm、0.25mm 和 0.2mm。

为了满足螺钉、螺栓和螺母及一般工程所选用的普通螺纹的使用,我国国家标准从普通螺纹直径和螺距系列第 1、2 系列中选取了优先系列,优先系列直径为 1~64mm,其中直径 7mm 以下不选用细牙螺纹。具体规定见 GB/T 9144—2003。

同时,为了满足管路联接需要,GB/T 1414—2013 规定了普通螺纹管路系列的直径为 8~170mm 的螺距系列仍分多种。

5.1.4　螺纹几何参数误差对互换性的影响

1. 普通螺纹互换性的要求

1) 可旋合性:不经任何选择和修配,无须特别施加外力,内外螺纹件在装配时就能在给定的轴向长度内全部自由地旋合。

2) 联接可靠性:内外螺纹旋合后,接触均匀,且在长期使用中有足够可靠的联接力。

螺纹与其他零件一样,要保证其几何参数达到一定的精度,才能满足互换性要求。影响螺纹互换性的主要因素包括螺纹直径(大径、中径、小径)、螺距和牙型角。

2. 螺纹直径对互换性的影响

从加工工艺的角度考虑,实际加工出的内螺纹大径和外螺纹小径的牙底一般呈圆弧状。为防止旋合时的干涉,规定内螺纹的大、小径的实际尺寸分别大于外螺纹的大、小径的实际尺寸。而内螺纹的小径过大或外螺纹的大径过小,会影响螺纹的联接可靠性。因此,对螺纹的顶径,即内螺纹的小径和外螺纹的大径有公差要求。

从互换性的角度考虑,对内螺纹大径只要求与外螺纹大径之间不发生干涉,因此内螺纹只需限制其最小的大径;而外螺纹小径不仅要与内螺纹小径保持间隙,还要考虑牙底对外螺纹强度的影响,所以外螺纹除需限制其最大的小径外,还要考虑牙底的形状,限制其最小的圆弧半径。

对于中径,当外螺纹的中径大于内螺纹的中径时,会影响可旋合性;外螺纹中径比内螺纹中径过小时,则配合太松,牙侧接触不好,影响联接可靠性。因此,要给中径规定合适的公差:为了保证可旋合性,应限制外螺纹的最大中径和内螺纹的最小中径;为了保证联接可靠性,应限制外螺纹的最小中径和内螺纹的最大中径。

当螺纹结合在大径和小径处不接触时,螺纹大、小径误差是不影响螺纹配合性质的,中径误差是影响螺纹结合互换性的主要参数。

3. 螺距误差对互换性的影响

螺距的精度主要由加工设备的精度来保证。

对于紧固螺纹,螺距误差使螺纹结合发生干涉,影响可旋合性,在螺纹旋合长度内使实际接触的牙数减少,影响螺纹联接的可靠性。对于传动螺纹,螺距误差影响传动精度。

螺距误差由局部误差和累积误差组成。从互换性角度看,与旋合长度有关的螺距累积误差是主要的。

假设内外螺纹结合中只有外螺纹存在螺距误差,且外螺纹螺距比内螺纹大,则螺纹发生干涉而无法旋合,如图 5-2 所示。同样,若外螺纹螺距比内螺纹小,同样也不能旋合。

4. 牙型半角误差对互换性的影响

外螺纹牙形半角小于内螺纹牙形半角时,两螺纹将发生干涉,外螺纹无法旋入内螺纹,如图 5-3a 所示；同样，外螺纹牙形半角大于内螺纹牙形半角时，两螺纹也无法实现配合，如图 5-3b 所示。

影响螺纹互换性的主要因素是中径偏差、螺距误差和牙型半角误差，而螺距误差和牙型半角误差实质上是螺纹牙型之间的几何误差。其与中径偏差（尺寸误差）之间的关系，可用公差原则来分别处理。

对精密螺纹，如丝杠、螺纹量规、测微螺纹等，为满足功能要求，对螺距、牙型半角和中径分别规定较严的公差，即按独立原则对待。其中螺距误差常体现为多个螺距的螺距累积误差。

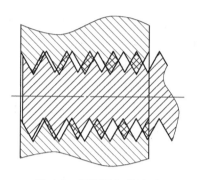

图 5-2 螺距累积误差对可旋合性的影响

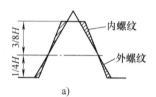 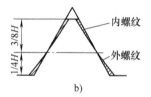

图 5-3 牙型半角误差对互换性的影响

对紧固联接用的普通螺纹，主要要求保证可旋合性（配合性能）和一定的联接强度，故应采用包容要求，即对这种产量极大的螺纹，只规定中径公差，而螺距及牙型半角误差都由中径公差来综合控制。

5.1.5 普通螺纹的公差

螺纹公差带也是由其相对于基本牙型的位置（基本偏差）和大小（公差等级）所决定。普通螺纹国家标准（GB/T 197—2018）规定了螺纹公差。

1. 公差带位置

普通内螺纹的公差带位置为 G、H 两种，外螺纹公差带位置为 e、f、g、h 四种，如图 5-4 和图 5-5 所示。选择基本偏差主要依据螺纹表面涂镀层的厚度及螺纹件的装配间隙。

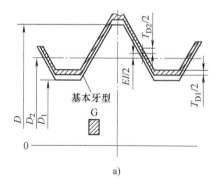 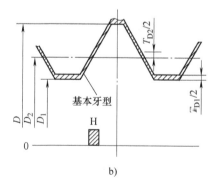

图 5-4 内螺纹的公差带
a）公差带位置为 G b）公差带位置为 H

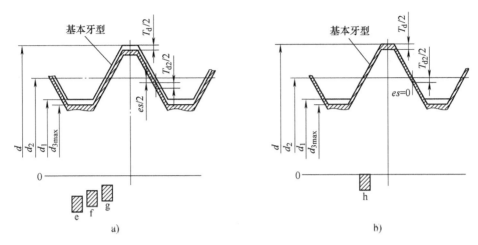

图 5-5　外螺纹的公差带

a) 公差带位置为 e、f、g　b) 公差带位置为 h

表 5-2 是基本偏差数据。其中内螺纹的基本偏差为 0 和正值，外螺纹的基本偏差为 0 和负值。

表 5-2　内、外螺纹的基本偏差（摘自 GB/T 197—2018）　　　　（单位：μm）

螺距 P/mm	基本偏差					
	内螺纹		外螺纹			
	G	H	e	f	g	h
	EI	EI	es	es	es	es
0.5	+20	0	−50	−36	−20	0
0.6	+21	0	−53	−36	−21	0
0.7	+22	0	−56	−38	−22	0
0.75	+22	0	−56	−38	−22	0
0.8	+24	0	−60	−38	−24	0
1	+26	0	−60	−40	−26	0
1.25	+28	0	−63	−42	−28	0
1.5	+32	0	−67	−45	−32	0
1.75	+34	0	−71	−48	−34	0
2	+38	0	−71	−52	−38	0
2.5	+42	0	−80	−58	−42	0
3	+48	0	−85	−63	−48	0

2. 公差等级

根据工艺性及互换性，对螺纹的中径及内螺纹小径、外螺纹大径规定了公差等级，见表 5-3。其中 3 级公差最小，精度最高，9 级精度最低。在同一公差等级中，内螺纹中径公差比外螺纹中径公差大 32% 左右，这是因为内螺纹加工比较困难而从工艺等价性考虑的。

表 5-3　螺纹的公差等级（摘自 GB/T 197—2018）

螺纹直径	公差等级	螺纹直径	公差等级
内螺纹小径 D_1	4、5、6、7、8	内螺纹中径 D_2	4、5、6、7、8
外螺纹大径 d	4、6、8	外螺纹中径 d_2	3、4、5、6、7、8、9

　　根据旋合时不发生干涉和不明显降低螺纹的接触高度，对外螺纹大径 d 和内螺纹小径 D_1 规定了较大的公差。对外螺纹小径 d_1 和内螺纹大径 D 没有规定公差值，但应保证旋合时不发生干涉。由于螺纹加工时外螺纹中径 d_2 和小径 d_1、内螺纹中径 D_2 和大径 D 是由刀具同时切出的，其尺寸由刀具保证，故在正常情况下，外螺纹小径 d_1 不会过小，内螺纹大径 D 不会过大。螺纹的中径公差见表5-4。

表5-4　螺纹的中径公差（摘自 GB/T 197—2018）　　　　　（单位：μm）

基本大径/mm		螺距 P/mm	公差等级										
			内螺纹（T_{D2}）					外螺纹（T_{d2}）					
>	≤		4	5	6	7	8	3	4	5	6	7	8	9
1.4	2.8	0.35	53	67	85	—	—	32	40	50	63	80	—	—
		0.4	56	71	90	—	—	34	42	53	67	85	—	—
		0.45	60	75	95	—	—	36	45	56	71	90	—	—
2.8	5.6	0.35	56	71	90	—	—	34	42	53	67	85	—	—
		0.5	63	80	100	125	—	38	48	60	75	95	—	—
		0.6	71	90	112	140	—	42	53	67	85	106	—	—
		0.7	75	95	118	150	—	45	56	71	90	112	—	—
		0.75	75	95	118	150	—	45	56	71	90	112	—	—
		0.8	80	100	125	160	200	48	60	75	95	118	150	190
5.6	11.2	0.75	85	106	132	170	—	50	63	80	100	125	—	—
		1	95	118	150	190	236	56	71	90	112	140	180	224
		1.25	100	125	160	200	250	60	75	95	118	150	190	236
		1.5	112	140	180	224	280	67	85	106	132	170	212	265
11.2	22.4	1	100	125	160	200	250	60	75	95	118	150	190	236
		1.25	112	140	180	224	280	67	85	106	132	170	212	265
		1.5	118	150	190	236	300	71	90	112	140	180	224	280
		1.75	125	160	200	250	315	75	95	118	150	190	236	300
		2	132	170	212	265	335	80	100	125	160	200	250	315
		2.5	140	180	224	280	355	85	106	132	170	212	265	335

3. 旋合长度及其与螺纹公差的关系

　　旋合长度分为三组，分别为短旋合长度组（S）、中等旋合长度组（N）和长旋合长度组（L）。各组的旋合长度见表5-5。

表5-5　螺纹的旋合长度（摘自 GB/T 197—2018）　　　　　（单位：mm）

基本大径 D, d		螺距 P	旋合长度			
			S	N		L
>	≤		≤	>	≤	>
2.8	5.6	0.35	1	1	3	3
		0.5	1.5	1.5	4.5	4.5
		0.6	1.7	1.7	5	5
		0.7	2	2	6	6
		0.75	2.2	2.2	6.7	6.7
		0.8	2.5	2.5	7.5	7.5
5.6	11.2	0.75	2.4	2.4	7.1	7.1
		1	3	3	9	9
		1.25	4	4	12	12
		1.5	5	5	15	15

(续)

基本大径 D,d		螺距 P	旋合长度			
>	≤		S	N		L
			≤	>	≤	>
11.2	22.4	1	3.8	3.8	11	11
		1.25	4.5	4.5	13	13
		1.5	5.6	5.6	16	16
		1.75	6	6	18	18
		2	8	8	24	24
		2.5	10	10	30	30

螺纹的旋合长度越长，螺距的累积误差越大，对螺纹旋合的妨碍作用也越大。故在同一精度中，对不同的旋合长度，其中径和顶径所采用的公差等级也不同，见表5-6、表5-7。

5.1.6 普通螺纹公差的选用

为了有利于生产，尽量减少刀具、量具的规格种类，国家标准中规定了既能满足当前需要，数量又有限的公差带，见表5-6、表5-7。

表5-6 内螺纹的推荐公差带

公差精度	公差带位置 G			公差带位置 H		
	S	N	L	S	N	L
精密	—	—	—	4H	5H	6H
中等	(5G)	**(6G)**	(7G)	**5H**	6H	**7H**
粗糙	—	(7G)	(8G)	—	7H	8H

表5-7 外螺纹的推荐公差带

公差精度	公差带位置 e			公差带位置 f			公差带位置 g			公差带位置 h		
	S	N	L	S	N	L	S	N	L	S	N	L
精密	—	—	—	—	—	—	—	(4g)	(5g4g)	(3h4h)	**4h**	(5h4h)
中等	—	**6e**	(7e6e)	—	6f	—	(5g6g)	6g	(7g6g)	(5h6h)	6h	(7h6h)
粗糙	—	8e	(9e8e)	—	—	—	—	8g	(9g8g)	—	—	—

根据使用场合，螺纹的公差精度分为精密、中等、粗糙三个等级。精密级用于精密螺纹；中等级用于一般用途螺纹；粗糙级用于制造螺纹有困难的场合，例如在热轧棒料上和深盲孔内加工螺纹。一般以中等旋合长度的 6 级公差等级为中等精度的基准。

优先按表5-6、表5-7 的规定选取螺纹公差带。除特殊情况外，表5-6、表5-7 以外的其他公差带不宜选用。公差带优先选用顺序为：粗字体公差带、一般字体公差带、括号内公差带。带方框的粗字体公差带用于大量生产的紧固件螺纹。

为了保证内、外螺纹间有足够的螺纹接触高度，推荐完工后的螺纹零件优先组成 H/g、H/h 或 G/h 配合。对公称直径小于和等于 1.4mm 的螺纹，应选用5H/6H、4H/6h 或更精密的配合。

5.1.7 螺纹标记

完整的螺纹标记由螺纹特征代号、尺寸代号、公差带代号及其他有必要做进一步说明的个别信息组成。

1）米制螺纹特征代号用字母"M"表示。单线螺纹的尺寸代号为"公称直径×螺距"，公称直径和螺距数值的单位为"mm"。对粗牙螺纹，可以省略标注其螺距项。多线螺纹的尺寸代号为"公称直径×Ph 导程 P 螺距（线数）"，公称直径、导程和螺距数值的单位为"mm"。例如，M8，M8×1，M16×Ph3P1.5，M16×Ph3P1.5（two starts）。

2）公差带代号包含中径公差带代号和顶径公差带代号。中径公差带代号在前，顶径公差带代号在后。各直径的公差带代号由表示公差等级的数值和表示公差带位置的字母（内螺纹用大写字母；外螺纹用小写字母）组成。如果中径公差带代号与顶径公差带代号相同，则应只标注一个公差带代号。螺纹尺寸代号与公差带间用"–"号分开。例如，M10×1-5g6g，M10-6H。

3）公称直径小于或等于1.4mm的5H或大于或等于1.6mm的6H精度的内螺纹（螺距为0.2mm时公差等级为4级）、公称直径小于或等于1.4mm的6h或大于或等于1.6mm的6g精度的外螺纹，为中等公差精度螺纹。在以上情况下，不标注其公差带代号。例如，M10。

4）螺纹配合的内螺纹公差带代号在前，外螺纹公差带代号在后，中间用斜线分开。例如，M20×2-6H/5g6g，M6。

5）短旋合长度组和长旋合长度组的螺纹，在公差带代号后分别标注"S""L"。中等旋合长度组螺纹不标注"N"。例如，M20×2-5H-S，M6-7H/7g6g-L。

6）左旋螺纹在旋合长度代号之后标注"LH"，右旋螺纹不标注。例如，M8×1-LH，M6×0.75-5h6h-S-LH，M14×Ph6P2-7H-L-LH，M14×Ph6P2（three starts）-7H-L-LH。

螺纹标记方法如下：

外螺纹：

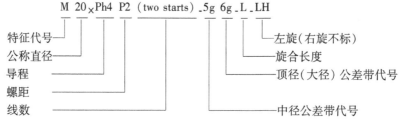

内螺纹：

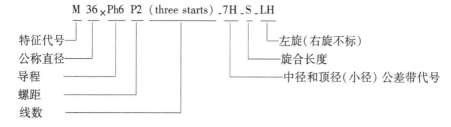

5.1.8　螺纹紧固件机械性能

我国"紧固件机械性能"国家系列标准（GB/T 3098.1—2010 ～ GB/T 3098.22—2009）中，对螺纹紧固件做了系列规定。其中，GB/T 3098.1—2010 规定了螺栓、螺钉和螺柱的机械和物理性能。

紧固件机械性能的标识方法由性能等级代号表示。螺栓、螺钉和螺柱性能等级的代号，由点隔开的两部分数字组成。点左边的一或两位数字表示公称拉伸强度（$R_{m,公称}$）的 $1/100$，以 MPa 计；点右边的数字表示公称屈服强度（$R_{eL,公称}$）或规定非比例延伸0.2%的公称应力（$R_{P0.2,公称}$）或规定非比例延伸0.0048d的公称应力（$R_{Pt,公称}$）与公称拉伸强度（$R_{m,公称}$）比值的10倍（见表5-8），此比值称之为屈强比。

表5-8　屈强比

点右边的数字	.6	.8	.9
$\dfrac{R_{eL,公称}}{R_{m,公称}}$ 或 $\dfrac{R_{P0.2,公称}}{R_{m,公称}}$ 或 $\dfrac{R_{Pt,公称}}{R_{m,公称}}$	0.6	0.8	0.9

例如，紧固件的公称拉伸强度 $R_{m,公称}=800\text{MPa}$ 和屈强比为 0.8，其性能等级标记为"8.8"。

若材料性能与8.8级相同，但其实际承载能力又低于8.8级的紧固件（降低承载能力的）产品，其性能等级应标记为"08.8"。

5.1.9　螺纹的综合测量

螺纹的综合测量实际上是用螺纹量规进行合格性判断，又称综合检验。螺纹量规有塞规（检验内螺纹）和环规（检验外螺纹）；同时也有通端和止端。

检验内螺纹，通端塞规是用一个具有基本牙型的实际外螺纹，这个外螺纹不只具有完整的牙型，同时还具有足够的扣数。检验合格的标志是能够顺利地与被检内螺纹旋合通过，这说明被检内螺纹全部牙廓上的任何一点，都没有超过外螺纹量规所模拟的基本牙型。这与前面介绍的"包容要求"的概念是一致的。

由于实际内螺纹的作用中径总是小于其单一中径，因此用通端塞规检验合格的内螺纹，说明作用中径没有过小，当然单一中径更不会过小。但单一中径也不能过大，因此要用一止端塞规来检验，合格的标志是不能完全旋合通过被测内螺纹。为了消除被检螺纹螺距误差和牙型半角误差对检验的干扰（这两项误差越大量规越不易通过，误认为合格），止端塞规采用不完整牙型，而且扣数很少，以减少检验时牙廓的接触长度（最好呈点接触，但不可能，因磨损太快）。

检验外螺纹用的螺纹环规（相当于螺母），通端环规用以控制被检外螺纹作用中径，防止其过大，而止端环规用以控制被检外螺纹单一中径，防止其过小。

螺纹量规有工作量规、验收量规和校对量规（只有校对塞规）之分，国家标准 GB/T 3934—2003 对螺纹量规的名称、代号、功能及使用规则都做了规定，具体见表5-9。

表5-9　螺纹工作量规名称、代号及使用规则

名称	代号	使用规则
通端螺纹塞规	T	应与工件内螺纹旋合通过
止端螺纹塞规	Z	允许与工件内螺纹两端的螺纹部分旋合，旋合量应不超过两个螺距（退出量规时测定）。若工件内螺纹的螺距少于或等于三个，不应完全旋合通过
通端螺纹环规	T	应与工件外螺纹旋合通过
止端螺纹环规	Z	允许与工件外螺纹两端的螺纹部分旋合，旋合量应不超过两个螺距（退出量规时测定）。若工件外螺纹的螺距少于或等于三个，不应完全旋合通过

5.2 单键结合的公差与配合

5.2.1 概述

键联结是键与轴及轮毂三个零件的结合，一般分为单键和花键两种。

单键按结构形式可分为平键、半圆键、楔键和切向键四种，其中平键和半圆键应用最广泛。下面只介绍平键。

平键的型式分为普通型平键、导向型平键和薄型平键三种。平键的对中性良好，除普通型平键外，导向型平键适用于轴上零件可沿轴向移动的场合，薄型平键适用于空心轴、薄壁结构，以及传递转矩小、主要传递运动的场合或其他特殊用途的场合。

键通过键的侧面和键槽侧面传递转矩，两侧面间的尺寸是平键联结的重要尺寸，其配合精度较高。键宽和键槽宽是决定配合性质的主要参数，即配合尺寸。配合采用基轴制，键为标准件，具体配合分为正常联结、紧密联结和松联结三类。

5.2.2 键槽尺寸与公差

普通平键的键槽尺寸剖视图如图 5-6 所示，其尺寸与公差见表 5-10。

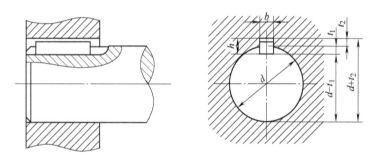

图 5-6 普通平键的键槽尺寸剖视图

表 5-10 普通平键的键槽的尺寸与公差（摘自 GB/T 1095—2003） （单位：mm）

键尺寸 $b \times h$	键槽											
		宽度 b					深度				半径 r	
	公称尺寸	极限偏差					轴 t_1		毂 t_2			
		正常联结		紧密联结	松联结		公称尺寸	极限偏差	公称尺寸	极限偏差	min	max
		轴 N9	毂 JS9	轴和毂 P9	轴 H9	毂 D10						
2×2	2	-0.04 0.029	±0.0125	-0.006 0.031	+0.025 0	+0.060 +0.020	1.2	+0.1 0	1.0	+0.1 0	0.08	0.16
3×3	3						1.8		1.4			
4×4	4	0 -0.030	±0.015	-0.012 -0.042	+0.030 0	+0.078 +0.030	2.5		1.8		0.16	0.25
5×5	5						3.0		2.3			
6×6	6						3.5		2.8			
8×7	8	0 -0.036	±0.018	-0.015 -0.051	+0.036 0	+0.098 +0.040	4.0	+0.2 0	3.3	+0.2 0	0.25	0.40
10×8	10						5.0		3.3			

5.2.3　普通平键的尺寸与公差

普通平键的结构型式有三种，如图 5-7 所示。

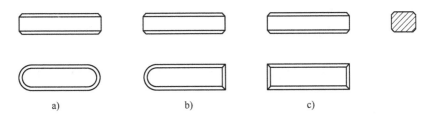

图 5-7　普通平键的结构型式
a）A 型　b）B 型　c）C 型

普通平键的尺寸与公差见表 5-11。

表 5-11　普通平键的尺寸与公差（摘自 GB/T 1096—2003）　　　　（单位：mm）

宽度 b	公称尺寸	2	3	4	5	6	8	10	12	14	16	18	20	22
	极限偏差（h8）	0 −0.014		0 −0.018			0 −0.022		0 −0.027				0 −0.033	
高度 h	公称尺寸	2	3	4	5	6	7	8	8	9	10	11	12	14
	极限偏差 矩形（h11）	—		—			0 −0.090		0 −0.110					
	极限偏差 方形（h8）	0 −0.014		0 −0.018			—		—					
倒角或倒圆 s		0.16~0.25		0.25~0.40			0.40~0.60		0.60~0.80					

长度 L 公称尺寸	极限偏差（h14）													
6	0 −0.36		—	—	—	—	—	—	—	—	—	—	—	—
8			—	—	—	—	—	—	—	—	—	—	—	—
10		标准		—	—	—	—	—	—	—	—	—	—	—
12	0 −0.43				—	—	—	—	—	—	—	—	—	—
14					—	—	—	—	—	—	—	—	—	—
16		长度			—	—	—	—	—	—	—	—	—	—
18						—	—	—	—	—	—	—	—	—
20						—	—	—	—	—	—	—	—	—
22	0 −0.52	—	范围			—	—	—	—	—	—	—	—	—
25		—				—	—	—	—	—	—	—	—	—
28		—					—	—	—	—	—	—	—	—

标记示例：

宽度 b = 16mm、高度 h = 10mm、长度 L = 100mm 普通 A 型平键的标记为

GB/T 1096　键 16×10×100

5.2.4 平键联结的几何公差、表面粗糙度及检验

键与键槽的几何误差将使装配困难，影响联结的松紧程度，使工作面负荷不均匀，对中性不好，因此需要给予限制。

（1）国家标准对键和键槽几何公差的规定

1）平键轴槽的长度公差用 H14。

2）轴槽及轮毂槽的宽度 b 对轴及轮毂轴线的对称度，一般可按 GB/T 1184—1996 表 B4 中对称度公差 7～9 级选取。

（2）键槽表面粗糙度一般规定

1）轴槽、轮毂槽的键槽宽度 b 两侧面的表面粗糙度参数 Ra 值推荐为 $1.6 \sim 3.2\mu m$。

2）轴槽底面、轮毂槽底面的表面粗糙度参数 Ra 值为 $6.3\mu m$。

单键和键槽的尺寸检测比较简单，可用各种通用计量器具，大批量生产也可用专用的极限量规来检验。

槽对其轴线的对称度很重要，图 5-8a 所示为常用的一种测量方法。将被测轴置于 V 形块上，用与键槽宽度相等的量块塞入键槽，转动轴用指示表将量块上平面校平，记下指示表读数。将轴转过 180°，再次将量块校平，如图 5-8a 中左方虚线所示，记下指示表读数，两次读数之差为 a，则按图 5-8b 所示尺寸关系计算，即可得该测量截面的对称度误差的近似值 f，即

$$f = \frac{at/2}{d/2 - t/2} = \frac{at}{d - t}$$

式中，d 为轴径；t 为轴的键槽深度。

将轴固定不动，再沿键槽长度方向测量，取长度方向上两点的最大读数差 f'，再取 f 和 f' 中的较大值为该键槽的对称度误差值。

图 5-9a、b 所示分别为检验轮毂键槽和轴键槽的对称度量规，它主要用于大批量生产，以量规能插入槽底为合格。对称度量规为位置量规，只有通规没有止规。

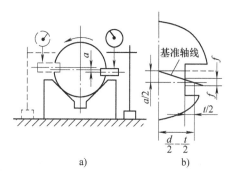

图 5-8 键槽测量示意图

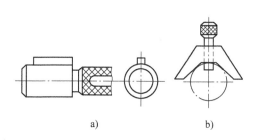

图 5-9 键槽对称度量规

5.3 花键结合的公差与配合

花键可用作固定联结，也可用作滑动联结。花键联结能传递较大的转矩，其定心精度（同轴度）和导向精度都较高，在机械结构中应用较多。

5.3.1 花键的种类及定心方式

按键槽截面形状的不同，花键主要分为矩形花键和渐开线花键两种，如图5-10所示。

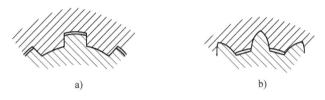

a)   b)

图5-10 花键的结构型式

a）矩形花键 b）渐开线花键

矩形花键的定心精度高，定心的稳定性好，承载能力高；加工性良好，采用磨削方法能获得较高的精度，应用最广泛。下面只介绍矩形花键。

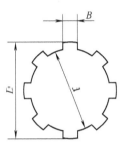

矩形花键的主要结构尺寸有小径 d、大径 D 和键宽 B，如图5-11所示。矩形花键的定心方式有三种：按大径定心、按小径定心、按键宽定心。对起定心作用的尺寸应要求较高的配合精度，非定心尺寸要求可低一些。但对键宽这一配合尺寸，无论是否起定心作用，都应要求较高的配合精度，这是因为转矩是通过键和键槽的侧面传递的。

图5-11 矩形花键的
结构尺寸

5.3.2 矩形花键的公差与配合

GB/T 1144—2001 规定了矩形花键的轻、中两个系列尺寸，轻系列用于小负荷的静联结，中系列用于中等负荷。

矩形花键的内花键和外花键轻系列及中系列的公称尺寸见表5-12。

表5-12 内、外花键轻系列及中系列的公称尺寸（摘自 GB/T 1144—2001） （单位：mm）

小径 d	轻系列				中系列			
	规格 $N \times d \times D \times B$	键数 N	大径 D	键宽 B	规格 $N \times d \times D \times B$	键数 N	大径 D	键宽 B
11	—	—	—	—	$6 \times 11 \times 14 \times 3$	6	14	3
13					$6 \times 13 \times 16 \times 3.5$		16	3.5
16					$6 \times 16 \times 20 \times 4$		20	4
18					$6 \times 18 \times 22 \times 5$		22	5
21					$6 \times 21 \times 25 \times 5$		25	
23	$6 \times 23 \times 26 \times 6$	6	26	6	$6 \times 23 \times 28 \times 6$		28	6
26	$6 \times 26 \times 30 \times 6$		30		$6 \times 26 \times 32 \times 6$		32	
28	$6 \times 28 \times 32 \times 7$		32	7	$6 \times 28 \times 34 \times 7$		34	7
32	$6 \times 32 \times 36 \times 6$		36	6	$8 \times 32 \times 38 \times 6$	8	38	6

国家标准规定了内、外花键的尺寸公差带，规定的小径 d、大径 D 和键宽 B 的尺寸公差带见表5-13。

表 5-13　内、外花键的尺寸公差带（摘自 GB/T 1144—2001）

内花键				外花键			装配型式
d	*D*	*B*		*d*	*D*	*B*	
		拉削后不热处理	拉削后热处理				
一般用							
H7	H10	H9	H11	f7	a11	d10	滑动
				g7		f9	紧滑动
				h7		h10	固定
精密传动用							
H5	H10	H7、H9		f5	a11	d8	滑动
				g5		f7	紧滑动
				h5		h8	固定
H6				f6		d8	滑动
				g6		f7	紧滑动
				h6		h8	固定

注：1. 精密传动用的内花键，当需要控制键侧配合间隙时，槽宽可选 H7，一般情况下可选 H9。

2. *d* 为 H6 和 H7 的内花键，允许与提高一级的外花键配合。

表 5-13 中，将矩形花键结合分为一般用和精密传动用两种。精密级多用于机床变速箱中，在定心精度要求高或传递较大转矩时，小径应选较高等级的公差带。一般级适用于定心精度要求不高而传递较大转矩的地方，如用在汽车、拖拉机的变速箱中。

矩形花键结合采用基孔制，规定了滑动配合、紧滑动配合和固定配合（这里的固定配合仍属光滑圆柱结合的间隙配合，但因几何误差的影响使配合变紧成为固定配合）。当要求定心精度高或传递转矩较大或传动中经常有正、反转变动时，应选紧一些的配合；当内、外花键需相对滑动或配合长度较大时，应选松一些的配合。

花键的形状和位置公差对花键结合的装配性能和传力性能影响很大，必须加以控制。主要是控制键槽宽度相对于轴心的位置度 t_1，如图 5-12 所示。

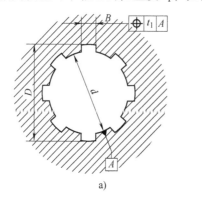
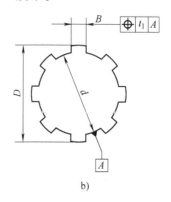

a)　　　　　　　　　　　　b)

图 5-12　花键的位置度标注

a）内花键　b）外花键

标准中所规定的内、外花键的位置度公差见表5-14，该规定适用于采用综合通规进行检验时的情况。

表5-14　内、外花键的位置度公差（摘自 GB/T 1144—2001）　　（单位：mm）

键槽宽或键槽 B			3	3.5~6	7~10	12~18
t_1		键槽宽	0.010	0.015	0.020	0.025
	键宽	滑动、固定	0.010	0.015	0.020	0.025
		紧滑动	0.006	0.010	0.013	0.016

此外，对于较长的花键，可以根据要求自行规定键侧对轴线的平行度公差（标准中未规定）。对单件或小批量生产，不用花键量规检验时，可将位置度公差改注键宽的对称度公差和键齿（槽）的等分度公差，并只能按独立公差原则加以要求。对称度公差和等分度公差应按表5-15选用，其中键槽宽或键宽的等分度公差值应等于其对称度公差值。图5-13所示是花键的对称度标注。

表5-15　内、外花键的对称度公差和等分度公差（摘自 GB/T 1144—2001）

（单位：mm）

键槽宽或键槽 B		3	3.5~6	7~10	12~18
t_2	一般用	0.010	0.012	0.015	0.018
	精密传动用	0.006	0.008	0.009	0.011

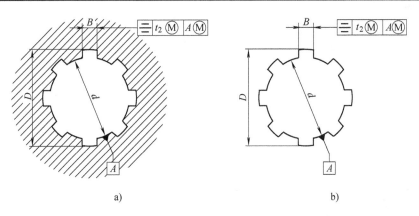

图5-13　花键的对称度标注
a）内花键　b）外花键

5.3.3　花键的检验

可用通用量具或极限量规分别检测花键的大径 D、小径 d 和键（键槽）宽 B。大批量生产宜用花键综合量规检验。花键综合量规只有通规，只控制内花键（综合量规为外花键）和外花键（综合量规为内花键）的最大实体综合边界，各尺寸（D、d、B）的最小实体尺寸还要用单项止规来检验。

采用花键综合量规检验时，还要检验大径对小径的同轴度和键槽对轴心的位置度；用单项检验法检验等分度、对称度公差以代替位置度公差。

检验时，综合通规通过，单项止规不通过，则花键合格。当综合通规不通过时，花键不合格，当无综合通规时，可采用单项检验法检验花键的尺寸偏差和位置度误差。

图 5-14 所示为花键量规的外观。

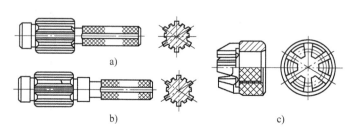

图 5-14 花键量规的外观

a）止规 b）通规 c）量规径向视图

5.3.4 花键的标注

矩形花键的标记代号应按次序包括下列内容：键数 N，小径 d，大径 D，键宽 B，公称尺寸及配合公差带代号和标准号。

花键 $N=6$、$d=23\dfrac{H7}{f7}$、$D=26\dfrac{H10}{a11}$、$B=6\dfrac{H11}{d10}$ 的标记如下：

花键规格 $N \times d \times D \times B$

                               $6 \times 23 \times 26 \times 6$

花键副 $6 \times 23\dfrac{H7}{f7} \times 26\dfrac{H10}{a11} \times 6\dfrac{H11}{d10}$ GB/T 1144—2001

内花键 $6 \times 23H7 \times 26H10 \times 6H11$ GB/T 1144—2001

外花键 $6 \times 23f7 \times 26a11 \times 6d10$ GB/T 1144—2001

习 题 与 思 考 题

5-1 普通螺纹的公差与配合如何选用？

5-2 丝杠的螺距公差是如何规定的？

5-3 单键的配合有什么特点？如何选择？

5-4 矩形花键联结可有哪几种定心方式？小径定心有什么优点？

5-5 查表确定螺母 M24×2-6H、螺栓 M24×2-6H 的小径和中径、大径和中径的极限尺寸，并画出公差带图。

第6章

尺 寸 链

在机械设计、加工和装配过程中，除了必要的强度、刚度设计计算和进行运动、结构的分析外，还需要进行几何量精度的分析与计算。虽然前面有关章节已经对某些典型零件的几何量精度设计做了介绍和讨论，但由于具有不同几何量精度要求的零件和部件装配后对整机精度和功能要求有较大影响，并受其制约，因此，还应从整机装配精度考虑，合理地确定构成整机的有关零部件的几何量精度（尺寸公差、几何公差等）。这些问题可以通过尺寸链的分析与计算来解决。我国已发布了这方面的国家标准 GB/T 5847—2004，设计时可参考。

6.1 尺寸链的基本概念

6.1.1 尺寸链的定义和特征

1. 尺寸链的定义

在机器装配或零件加工过程中，由有关尺寸首尾相接而形成封闭的尺寸组合，即称为尺寸链。如图 6-1 所示，在机器装配过程中，主轴箱尺寸 L_1、尾座垫片尺寸 L_2、尾座尺寸 L_3 和两顶尖之间的同轴度要求 L_0，形成一外形封闭的尺寸链（装配尺寸链）。其中，L_0 的大小，取决于尺寸 L_1、L_2 和 L_3。又如图 6-2a 所示零件，在零件加工过程中形成的有关尺寸彼此相互连接，先加工 A_1 和 A_2，A_0 则随之而定，这三个尺寸即构成一个尺寸链（工艺尺寸链），$A_0 = A_1 - A_2$。

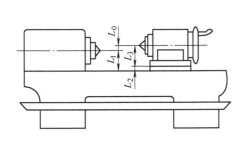

图 6-1 车床装配尺寸链

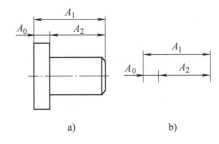

a)　　　　　　　b)

图 6-2 零件（工艺）尺寸链

2. 尺寸链的特征

尺寸链有以下两个基本特点：

（1）封闭性 尺寸链必须是由有关尺寸相互连接而形成的封闭的尺寸组合。

（2）关联性 尺寸链中某一尺寸变化，必将影响其他尺寸的变化。

6.1.2 尺寸链的组成

（1）环 组成尺寸链的每一个尺寸均称之为环。可分为封闭环和组成环。每一尺寸中有且仅有一个封闭环，其余为组成环。

（2）**封闭环**　零件、部件在装配过程中或在加工过程中被间接保证精度最后得到的尺寸，称为封闭环，例如图6-1及图6-2中的L_0和A_0。封闭环是尺寸链中其他尺寸互相结合后获得的尺寸，所以封闭环的实际尺寸受到尺寸链中其他尺寸的影响。

正确地确定封闭环是尺寸链分析计算中的一个重要问题。装配尺寸链中的封闭环比较容易确定，通常封闭环就是决定装配精度的参数，如装配间隙、过盈及位置精度等。零件工艺尺寸链中的封闭环，必须在加工顺序确定后才能判断。例如图6-2中，尺寸A_0仅在按先加工A_1和A_2的顺序条件下才为封闭环，若加工顺序改变，封闭环则随之改变。

（3）**组成环**　尺寸链中除封闭环以外所有直接保证精度的其他环都是组成环。按某组成环的变化对封闭环影响的不同，组成环又分为增环和减环两类。

1）增环：若在其他组成环不变的条件下，某一组成环的尺寸增大使封闭环的尺寸也随之增大，则该组成环为增环，例如图6-1尾座顶尖轴线下方的尺寸L_2、L_3为增环，图6-2中的A_1也为增环。

2）减环：若在其他组成环不变的条件下，某一组成环的尺寸增大使封闭环的尺寸随之减小，则该组成环为减环，例如图6-1中的L_1为减环，图6-2中的A_2也为减环。

图6-3所示尺寸链中，若A_0为封闭环，则A_3、A_5、A_6为增环，A_1、A_2、A_4为减环。图6-2b及图6-3均为尺寸链图。尺寸链图不必严格按尺寸比例绘制，但各环之间的相互连接关系一定要正确无误，以便分析计算。要着重指出，在零件的加工图样上，由于封闭环的极限尺寸已由各组成环确定，故不要标出这一尺寸，标出封闭环尺寸反而是错误的。

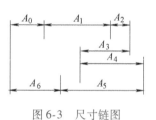

图6-3　尺寸链图

6.1.3　尺寸链的分类

尺寸链可按下述特征分类：

（1）**按应用场合分**

1）装配尺寸链：全部组成环为不同零件设计尺寸所形成的尺寸链，这种尺寸链用以确定与组成机器的零、部件有关尺寸的精度关系，如图6-1所示。

2）零件尺寸链：全部组成环为同一零件设计尺寸所形成的尺寸链，如图6-2所示。

3）工艺尺寸链：全部组成环为零件加工时该零件的工艺尺寸所形成的尺寸链。

（2）**按各环所在空间位置分**

1）线性尺寸链：全部组成环都平行于封闭环的尺寸链，如图6-1和图6-2所示。

2）平面尺寸链：全部组成环位于一个平面或几个平行平面内，但某些组成环不平行于封闭环的尺寸链，如图6-4所示。

3）空间尺寸链：组成环位于几个不平行平面内的尺寸链。

空间尺寸链和平面尺寸链可用投影法分解为线性尺寸链，然后按线性尺寸链分析计算。例如，对于图6-4所示平面尺寸链，分析计算时，用投影法分解为线性尺寸链得$L_0 = L_1\cos\alpha + L_2\sin\alpha$，其中，$\cos\alpha$和$\sin\alpha$表示组成环$L_1$和$L_2$对封闭环$L_0$影响大小的系数，称为传递系数，用$\varepsilon_i$表示（$L_0 = \sum L_i\varepsilon_i$）。在线性尺寸链中，组成环平行于封闭环，其增环的传递系数为$+1$，减环为-1。

（3）按几何特征分

1）长度尺寸链：全部环为长度尺寸的尺寸链。图 6-1～图 6-4 所示均为长度尺寸链。

2）角度尺寸链：全部环为角度尺寸的尺寸链。角度尺寸链常用于分析或计算机械结构中有关零件要素的方向公差和位置公差，如平行度、垂直度、同轴度等。如图 6-5a 所示，要保证滑动轴承座孔端面与支承底面 B 垂直，而公差标注要求孔端面与孔轴线垂直、孔轴线与孔支承底面 B 平行，则构成角度尺寸链，如图 6-5b 所示。

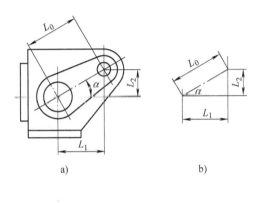

图 6-4 平面尺寸链 　　　　图 6-5 滑动轴承座位置公差及尺寸链

（4）按组成环性质分

1）标量尺寸链：全部组成环为标量尺寸所形成的尺寸链，如图 6-1～图 6-5 所示。

2）矢量尺寸链：全部组成环为矢量尺寸所形成的尺寸链，如图 6-6 所示。

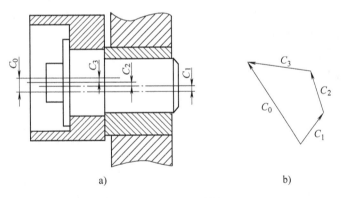

图 6-6 矢量尺寸链

（5）按尺寸链组合形式分

1）并联尺寸链：两个尺寸链具有一个或几个公共环，即为并联尺寸链。例如图 6-7a 所示的组合机床，$A_1 = B_7$，$A_2 = B_6$ 为公共环。

2）串联尺寸链：两个尺寸链之间有一共同基面，即为串联尺寸链。例如图 6-7b 中，尺寸链 A 与尺寸链 B 之间，B 与 C 之间，都有一共同基面。

3）混联尺寸链：由并联尺寸链和串联尺寸链混合组成的尺寸链，如图 6-8 所示。其中，B_2 和 C_1 环为尺寸链 A 和 C 的公共环，故尺寸链 B 和 C 为并联尺寸链；O-O 为尺寸链 A 和 B 的公共基准面，故尺寸链 A 和 B 为串联尺寸链。

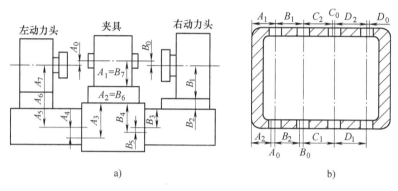

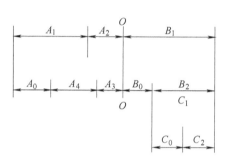

图6-7　组合机床构成的尺寸链

6.1.4　尺寸链的建立和计算类型

1. 尺寸链建立的步骤

（1）首先确定封闭环　这是分析和计算尺寸链的关键，必须按照封闭环的定义来确定。

（2）查明组成环　组成环是影响封闭环的一些尺寸，一般是以封闭环尺寸线的任一端为起点，依次找出各相互连接并形成封闭回路的组成环。然后画出尺寸链图。

图6-8　混联尺寸链

（3）明确增环和减环　可在尺寸链图中任选一尺寸，用单个箭头的尺寸线按顺时针或逆时针方向依次标出各环的尺寸线方向，则与封闭环异向的为增环，与封闭环同向的为减环。

2. 计算尺寸链的类型

尺寸链的计算是为了正确合理地确定尺寸链中各环的公差和极限偏差。根据不同要求，尺寸链计算有三种类型。

（1）正计算　已知图样上标注的各组成环的公称尺寸和极限偏差，求封闭环的公称尺寸和极限偏差。正计算常用于验证设计和审核图样尺寸标注的正确性。

（2）反计算　已知封闭环的公称尺寸和极限偏差（装配精度要求），及各组成环的公称尺寸，求各组成环的极限偏差。反计算常用于设计机器或零件时，以合理地确定各部件或零件上各有关尺寸的极限偏差。即根据设计的精度要求，进行公差分配。

（3）中间计算　已知封闭环和部分组成环的公称尺寸和极限偏差，求某一组成环的公称尺寸和极限偏差。中间计算常用于零件尺寸链的工艺设计，如基准面的换算和工序尺寸的确定等。

尺寸链计算方法分为极值法和概率法（统计法）两种。具体应用时还常采取一些工艺措施，如分组装配、修配或调整补偿环等。

6.2　极值法解尺寸链

极值法也称极大极小法，这种方法是按各环的极限尺寸来计算尺寸链。

6.2.1 基本公式

1. 对线性尺寸链

（1）公称尺寸的计算　封闭环公称尺寸 L_0 等于所有增环公称尺寸 L_z 之和减去所有减环公称尺寸 L_j 之和，即

$$L_0 = \sum_{i=1}^{n} L_{zi} - \sum_{k=n+1}^{m} L_{jk} \tag{6-1}$$

式中，m 为组成环数；n 为增环数；L_0 为封闭环的公称尺寸，可为零值。

（2）极限尺寸的计算　封闭环的上极限尺寸 L_{0max} 等于所有增环上极限尺寸 L_{zmax} 之和减去所有减环下极限尺寸 L_{jmin} 之和；封闭环的下极限尺寸 L_{0min} 等于所有增环下极限尺寸 L_{zmin} 之和减去所有减环上极限尺寸 L_{jmax} 之和，即

$$L_{0max} = \sum_{i=1}^{n} L_{zimax} - \sum_{k=n+1}^{m} L_{jkmin} \tag{6-2}$$

$$L_{0min} = \sum_{i=1}^{n} L_{zimin} - \sum_{k=n+1}^{m} L_{jkmax} \tag{6-3}$$

（3）极限偏差的计算　封闭环的上极限偏差 ES_0 等于所有增环的上极限偏差 ES_z 之和减去所有减环的下极限偏差 EI_j 之和；封闭环的下极限偏差 EI_0 等于所有增环的下极限偏差 EI_z 之和减去所有减环的上极限偏差 ES_j 之和。即由式（6-2）、式（6-3）分别减去式（6-1）可得以下两式。

$$ES_0 = \sum_{i=1}^{n} ES_{zi} - \sum_{k=n+1}^{m} EI_{jk} \tag{6-4}$$

$$EI_0 = \sum_{i=1}^{n} EI_{zi} - \sum_{k=n+1}^{m} ES_{jk} \tag{6-5}$$

（4）公差的计算　由式（6-2）减去式（6-3）或由式（6-4）减去式（6-5），可得封闭环公差计算式：封闭环公差 T_0 等于各组成环公差 T_i 之和。即

$$T_0 = \sum_{i=1}^{m} T_i \tag{6-6}$$

由式（6-6）可知，要提高尺寸链封闭环的精度，即缩小封闭环公差，可通过两个途径：一是缩小组成环公差 T_i；二是减少尺寸链环数 m。前者将使制造成本提高，因此，设计中主要从后者采取措施，这就是结构设计中应遵循的"最短尺寸链"原则。另外，对零件尺寸链应尽量选精度最低的环作封闭环，以利于组成环的公差分配。

2. 对平面尺寸链

平面尺寸链与线性尺寸链不同，它要考虑不同于"+1"和"-1"的传递系数 ε_i。

封闭环的公称尺寸 L_0 与各组成环的公称尺寸 L_i 的关系为

$$L_0 = \sum_{i=1}^{m} \varepsilon_i L_i \tag{6-7}$$

封闭环公差为

$$T_0 = \sum_{i=1}^{m} |\varepsilon_i| T_i \qquad\qquad (6\text{-}8)$$

封闭环极限尺寸和极限偏差的计算仍用式(6-2)～式(6-5)，但 L_i 要用 $\varepsilon_i L_i$ 替代。

6.2.2　解尺寸链

1. 正计算

正计算多用于装配尺寸链中验证设计的正确性。

例6-1　如图6-9所示曲轴轴向装配尺寸链中，已知各组成环公称尺寸及极限偏差（单位为 mm）为 $L_1 = 43^{+0.10}_{+0.05}$，$L_2 = 2.5^{\ 0}_{-0.04}$，$L_3 = 38^{\ 0}_{-0.07}$，$L_4 = 2.5^{\ 0}_{-0.04}$，试验算轴向间隙 L_0 是否在要求的 0.05～0.25mm 范围内。

解：

1）画尺寸链图，确定增环、减环。尺寸链图如图6-9b 所示。其中，L_1 为增环；L_2、L_3、L_4 为减环，属线性尺寸链。

2）求封闭环公称尺寸。按式(6-1) 得

$$\begin{aligned} L_0 &= L_1 - (L_2 + L_3 + L_4) \\ &= 43\text{mm} - (2.5 + 38 + 2.5)\text{mm} \\ &= 0\text{mm} \end{aligned}$$

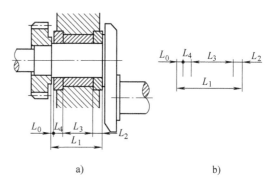

图6-9　曲轴轴向间隙装配图及尺寸链

3）求封闭环极限偏差。按式(6-4) 和式(6-5) 得

$$\begin{aligned} ES_0 &= ES_1 - (EI_2 + EI_3 + EI_4) \\ &= [\ +0.1 - (\ -0.04 - 0.07 - 0.04)\ ]\text{mm} \\ &= +0.25\text{mm} \end{aligned}$$

$$\begin{aligned} EI_0 &= EI_1 - (ES_2 + ES_3 + ES_4) \\ &= [\ +0.05 - (0 + 0 + 0)\ ]\text{mm} \\ &= +0.05\text{mm} \end{aligned}$$

于是得 $L_0 = 0^{+0.25}_{+0.05}\text{mm}$。

根据计算，轴向间隙恰为 0.05～0.25mm，此间隙满足要求范围。

4）验算。由式(6-6) 得

$$\begin{aligned} T_0 &= \sum_{i=1}^{4} T_i = T_1 + T_2 + T_3 + T_4 \\ &= (0.05 + 0.04 + 0.07 + 0.04)\text{mm} \\ &= 0.2\text{mm} \end{aligned}$$

另一方面，由封闭环上、下极限偏差求得

$$T_0 = |ES_0 - EI_0| = |0.25 - 0.05|\text{mm} = 0.2\text{mm}$$

两种方法计算结果一致，表明无误。

2. 反计算

反计算多用于装配尺寸链中，根据给出的封闭环公差和极限偏差，通过设计计算，确定各组成环的公差和极限偏差，即进行公差分配。反计算有两种解法：等公差法和等精度法。

（1）等公差法　假定各组成环公差相等，则可按下式计算。

$$T_i = T_0/m \qquad (6-9)$$

组成环公差按式(6-9)算出后，再根据各环的尺寸大小、加工难易和功能要求等因素适当调整，但应满足下式。

$$\sum_{i=1}^{m} T_i \leqslant T_0 \qquad (6-10)$$

（2）等精度法（或称等公差等级法）　假定各组成环的公差等级系数相等（即公差等级相同），由式(6-6)得

$$T_0 = ai_1 + ai_2 + ai_3 + \cdots + ai_m$$

则

$$a = \frac{T_0}{\sum_{i=1}^{m} i_i} \qquad (6-11)$$

式中，i 为公差单位，由第 2 章可知，当公称尺寸小于或等于 500mm 时，$i = 0.45 \sqrt[3]{D} + 0.001D$，$D$ 为组成环公称尺寸所在尺寸段的几何平均值。

这样的计算，要比等公差法烦琐得多，而且公差分配后还要再根据各环尺寸大小及加工难易等因素进行调整。

上述两种方法，在确定各组成环公差值以后，还需确定各组成环的极限偏差。对内、外尺寸，一般是按"单向体内"原则，即内尺寸（加工过程中尺寸越来越大，如孔径）按基准孔的公差带形式，即 L_{0}^{+T}；对外尺寸（加工过程中尺寸越来越小，如轴径）按基准轴的公差带形式，取 L_{-T}^{0}。对长度尺寸可取对称布置，即 $L \pm T/2$，也可视情况取 L_{0}^{+T} 或 L_{-T}^{0}。这样标注极限偏差，对加工和计算都较方便。

为了使各组成环的极限偏差互相协调，即最后一定要符合式(6-4)及式(6-5)的要求，计算时应留一个组成环为协调环，其上、下极限偏差是在其他组成环的上、下极限偏差确定之后，再按式(6-4)和式(6-5)计算得出。

例 6-2　图 6-10 所示为对开式齿轮箱的一部分。根据使用要求，间隙 L_0 应在 1 ~ 1.75mm 的范围内。已知各零件的公称尺寸为 $L_1 = 101$mm，$L_2 = 50$mm，$L_3 = L_5 = 5$mm，$L_4 = 140$mm。试用等公差法设计各组成环的公差和极限偏差。

解：

1）画尺寸链图。确定增环、减环和封闭环。本例也是线性尺寸链。

尺寸链图如图 6-10 所示，其中，间隙 L_0 为封闭环；L_1、L_2 为增环；L_3、L_4、L_5 为减环。已知 $L_{0max} = 1.75$mm，$L_{0min} = 1$mm。封闭环的公称尺寸按式(6-1)计算，有

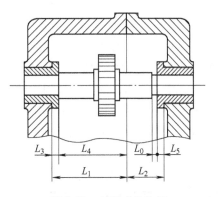

图 6-10　对开式齿轮箱

$$L_0 = (L_1 + L_2) - (L_3 + L_4 + L_5) = [(101 + 50) - (5 + 140 + 5)]\text{mm} = 1\text{mm}$$

于是有 $ES_0 = +1.75$mm；$EI_0 = 0$；$T_0 = 0.75$mm。

2）计算各组成环的公差。为了分配公差方便，先求出平均公差值 T_i 作为参考值，即

$$T_i = \frac{T_0}{m} = \frac{0.75}{5}\,\text{mm} = 0.15\,\text{mm}$$

然后，根据各组成环的公称尺寸大小、加工难易和功能要求，以平均公差值为基础，调整各组成环公差。L_1、L_2 尺寸大（$L_1 > L_2$），因为箱体件难加工，公差宜放大；L_3、L_5 尺寸小，且为铜料，加工和测量都比较容易，公差可减小。最后各组成环公差调整为

$$T_1 = 0.3\,\text{mm}, \quad T_2 = 0.25\,\text{mm}, \quad T_3 = T_5 = 0.05\,\text{mm}, \quad T_4 = 0.1\,\text{mm}$$

3）确定各组成环极限偏差。根据"单向体内"原则，各组成环极限偏差可定为

$$L_1 = 101\,^{+0.3}_{\ 0}\,\text{mm}, \quad L_2 = 50\,^{+0.25}_{\ 0}\,\text{mm}, \quad L_3 = L_5 = 5\,^{\ 0}_{-0.05}\,\text{mm}$$

T_4 作为协调环。

由式(6-4) 和式(6-5) 得

$$ES_4 = EI_1 + EI_2 - ES_3 - ES_5 - EI_0 = 0\,\text{mm}$$

$$\begin{aligned} EI_4 &= ES_1 + ES_2 - EI_3 - EI_5 - ES_0 = [\,0.3 + 0.25 - (-0.05) - (-0.05) - 0.75\,]\,\text{mm}\\ &= -0.10\,\text{mm} \end{aligned}$$

于是得 $L_4 = 140\,^{\ 0}_{-0.10}\,\text{mm}$。

4）验算。由式(6-6) 得

$$T_0 = T_1 + T_2 + T_3 + T_4 + T_5 = (0.3 + 0.25 + 0.05 + 0.10 + 0.05)\,\text{mm} = 0.75\,\text{mm}$$

验算结果符合要求。若要求按标准公差取值，则应再做适当调整。

3. 中间计算

中间计算是反计算的一种特例。这类问题在工艺设计上应用较多，如基准换算和工序尺寸的计算等。

零件加工过程中，所选定位基准或测量基准与设计基准不重合时（因按零件图上标注的尺寸和公差不便加工和测量），则应根据工艺要求改变零件图的尺寸注法，此时需进行基准换算，求出加工时所需的工序尺寸。

例6-3 图6-11a 所示零件，表面1、3 已加工完毕。在加工表面2 时，设计尺寸 $35\,^{+0.25}_{\ 0}\,\text{mm}$ 的设计基准是表面3，但此表面不宜作为定位基准，故选表面1 作为定位基准。这时，为便于调整刀具位置，需将加工表面2 的工序尺寸从定位基准1 注出，即 L_2，加工时直接控制工序尺寸 L_2，设计尺寸 $35\,^{+0.25}_{\ 0}\,\text{mm}$ 最后得出，故为封闭环。试求 L_2 的公称尺寸及极限偏差。

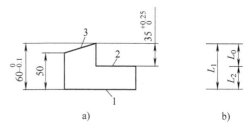

图6-11 零件图及尺寸链

解：

1）画尺寸链图，确定增环、减环。尺寸链图如图6-11b 所示。其中，L_1 为增环，L_2 为减环，$L_0 = 35\,^{+0.25}_{\ 0}\,\text{mm}$ 为封闭环。

2）确定 L_2 的公称尺寸。由式(6-1) 得

$$L_2 = L_1 - L_0 = (60 - 35)\,\text{mm} = 25\,\text{mm}$$

3）确定 L_2 的极限偏差。由式(6-4)和式(6-5)得

$$ES_2 = EI_1 - EI_0 = (-0.1 - 0)\,\text{mm} = -0.1\,\text{mm}$$

$$EI_2 = ES_1 - ES_0 = (0 - 0.25)\,\text{mm} = -0.25\,\text{mm}$$

于是得 $L_2 = 25{_{-0.25}^{-0.1}}$ mm。

4）验算。由式（6-6）得

$$T_0 = T_1 + T_2 = (0.1 + 0.15)\text{mm} = 0.25\text{mm}$$

计算结果准确。

由本例可见，为保证封闭环设计尺寸 $L_0 = 35{_0^{+0.25}}$ mm，对零件的工艺尺寸 L_2 规定了一个小于 0.25mm 的公差，这将增加制造成本。所以设计时应考虑工艺条件，尽可能使设计基准与工艺基准一致，加工时也应尽量使工艺基准与设计基准重合，这样可以避免基准不重合误差的影响。

零件的设计尺寸的精度要求较高时，往往需经几道工序才能达到，只有最后一道工序的尺寸等于设计尺寸，其余都为工序尺寸。当需要求解某一工序尺寸时，也属于中间计算问题。

例 6-4 图 6-12a 所示为带键槽的孔剖视图。其加工顺序如下：①粗镗和精镗孔至 $L_1 = \phi 84.6{_0^{+0.087}}$ mm；②插键槽得尺寸 L_2；③热处理；④磨孔至 $L_3 = \phi 85{_0^{+0.035}}$ mm。要求磨削后保证尺寸 $L_0 = 90.4{_0^{+0.22}}$ mm。试计算工序尺寸 L_2 的公称尺寸及极限偏差。

解：

1）画尺寸链图，确定增环、减环和封闭环。尺寸链图如图 6-12b 所示。为便于计算，直径尺寸 L_1 和 L_3 按半径从孔中心画起。封闭

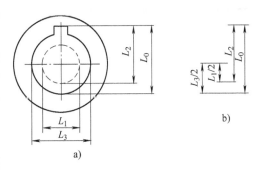

图 6-12 孔及其键槽加工的工艺尺寸及尺寸链

环 $L_0 = 90.4{_0^{+0.22}}$ mm，$L_3/2$（$42.5{_0^{+0.0175}}$ mm）、L_2 为增环，$L_1/2$（$42.3{_0^{+0.0435}}$ mm）为减环。

2）确定 L_2 的公称尺寸。由式（6-1）得

$$L_2 = L_0 - L_3/2 + L_1/2 = (90.4 - 42.5 + 42.3)\text{mm} = 90.2\text{mm}$$

3）确定 L_2 的极限偏差。由式（6-4）和式（6-5）得

$$ES_2 = ES_0 - ES_{L_3/2} + EI_{L_1/2} = (0.22 - 0.0175 + 0)\text{mm} = +0.2025\text{mm}$$

$$EI_2 = EI_0 - EI_{L_3/2} + ES_{L_1/2} = (0 - 0 + 0.0435)\text{mm} = +0.0435\text{mm}$$

于是得 $L_2 = 90.2{_{+0.044}^{+0.203}}$ mm。

4）验算。由式（6-6）得

$$T_0 = T_2 + T_{L_3/2} + T_{L_1/2} = (0.159 + 0.0175 + 0.0435)\text{mm} = 0.22\text{mm}$$

计算结果正确。由于 L_2 公差较大，故可近似写为 $L_2 = 90.2{_{+0.05}^{+0.20}}$ mm。

通过上述各例可以看出，用极值法计算尺寸链简便、可靠，可保证完全互换。但在封闭环公差较小而组成环数又较多时，根据 $T_0 = \sum\limits_{i=1}^{m} T_i$ 的关系式分配给各组成环的公差很小，将使加工困难，增加制造成本，故极值法通常用于组成环数少、封闭环公差较小的尺寸链计算中。

6.3 概率法（统计法）解尺寸链

极值法是按尺寸链中各环的极限尺寸来计算公差和极限偏差值的。但由概率论原理和生

产实践可知，在大批量生产中，零件的实际尺寸大多数分布于公差带中间区域，靠近极限值的只是少数。在成批产品装配中，尺寸链各组成环恰为两极限尺寸相结合的情况更少出现。因此，利用这一规律按概率法解尺寸链，在相同的封闭环公差条件下，可使各组成环公差放大，从而获得良好的技术经济效果。

概率法解尺寸链，公称尺寸的计算与极值法相同，不同的是公差和极限偏差的计算。

6.3.1　解线性尺寸链

1. 公差的计算

根据概率论原理，将尺寸链各组成环看成独立的随机变量。若各组成环实际尺寸均按正态分布，则封闭环尺寸也按正态分布。各环取相同的置信概率 $p_c = 99.73\%$，则封闭环和各组成环的公差分别为

$$T_0 = 6\sigma_0 , \quad T_i = 6\sigma_i$$

式中，σ_0、σ_i 分别为封闭环和组成环的标准偏差。

根据正态分布规律，有 $\sigma_0 = \sqrt{\sum_{i=1}^{m} \sigma_i^2}$，于是封闭环公差等于各组成环公差二次方和的平方根，即

$$T_0 = \sqrt{\sum_{i=1}^{m} T_i^2} \tag{6-12}$$

当各组成环尺寸为非正态分布（如三角分布、均匀分布、瑞利分布和偏态分布等），且随着组成环数的增加（如环数大于或等于 5），而 T_i 又相差不大时，封闭环仍趋向正态分布。

2. 中间偏差的计算

上极限偏差与下极限偏差的平均值称为中间偏差，用符号 Δ 表示，即 $\Delta = (ES + EI)/2$，如图 6-13 所示。

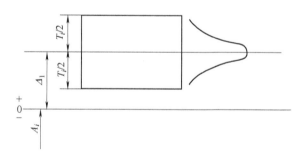

图 6-13　中间偏差的计算

当各组成环为对称分布（如正态分布）时，封闭环中间偏差等于增环中间偏差之和减去减环中间偏差之和，即

$$\Delta_0 = \sum_{i=1}^{n} \Delta_{zi} - \sum_{k=n+1}^{m} \Delta_{jk} \tag{6-13}$$

3. 极限偏差的计算

封闭环上极限偏差等于其中间偏差加 1/2 封闭环公差；封闭环下极限偏差等于其中间偏差减 1/2 封闭环公差，即

$$ES_0 = \Delta_0 + T_0/2, \quad EI_0 = \Delta_0 - T_0/2 \tag{6-14}$$

6.3.2　解平面尺寸链

考虑到传递系数 ε_i，按正态分布，封闭环的公差为

$$T_0 = \sqrt{\sum_{i=1}^{m} \varepsilon_i^2 T_i^2} \tag{6-15}$$

封闭环的中间偏差为

$$\Delta_0 = \sum_{i=1}^{m} \varepsilon_i \Delta_i \tag{6-16}$$

若各组成环的概率分布为非正态分布（这种情况较少），则计算可参阅国家标准 GB/T 5847—2004。

概率法解尺寸链，根据不同要求，也有正计算、反计算和中间计算三种类型，现举例说明用概率法计算的求解方法。

例 6-5　对例 6-2 的尺寸链改用概率法计算。

解：

1）画尺寸链图，确定封闭环、增环和减环。步骤同例 6-2。

2）计算各组成环公差。为了分配公差方便，先由式（6-12）求出各组成环的平均公差值 T_i 作为参考值，即

$$T_i = \frac{T_0}{\sqrt{m}} = \frac{0.75}{\sqrt{5}}\text{mm} \approx 0.34\text{mm}$$

然后，以平均公差值 $T_i = 0.34\text{mm}$ 为基础，根据各组成环尺寸大小、加工难易和功能要求，适当调整为 $T_1 = 0.6\text{mm}$（例 6-2 为 0.3mm），$T_2 = 0.4\text{mm}$（例 6-2 为 0.25mm），$T_3 = T_5 = 0.05\text{mm}$（同例 6-2）。

为满足式（6-12），T_4 应进行计算，即

$$\begin{aligned}
T_4 &= \sqrt{T_0^2 - T_1^2 - T_2^2 - T_3^2 - T_5^2} \\
&= \sqrt{0.75^2 - 0.6^2 - 0.4^2 - 0.05^2 - 0.05^2}\ \text{mm} \approx 0.19\text{mm}
\end{aligned}$$

3）确定各组成环极限偏差。根据"单向体内"原则，各组成环极限偏差为

$$L_1 = 101^{+0.6}_{0}\text{mm}, \quad L_2 = 50^{+0.4}_{0}\text{mm}, \quad L_3 = L_5 = 5^{\ 0}_{-0.05}\text{mm}$$

则 $\Delta_1 = +0.3\text{mm}$，$\Delta_2 = +0.2\text{mm}$，$\Delta_3 = \Delta_5 = -0.025\text{mm}$。$L_4$ 待定，为协调环（已知 $L_0 = 1^{+0.75}_{0}\text{mm}$，$\Delta_0 = +0.375\text{mm}$）。

由式（6-13）得

$$\begin{aligned}
\Delta_0 &= (\Delta_1 + \Delta_2) - (\Delta_3 + \Delta_4 + \Delta_5) \\
\Delta_4 &= \Delta_1 + \Delta_2 - \Delta_3 - \Delta_5 - \Delta_0 \\
&= [\ +0.3 + 0.2 - (-0.025) - (-0.025) - 0.375\ ]\text{mm} \\
&= +0.175\text{mm}
\end{aligned}$$

由式（6-14）得

$$ES_4 = \Delta_4 + \frac{T_4}{2} = \left(+0.175 + \frac{0.19}{2} \right) \text{mm} = +0.27 \text{mm}$$

$$EI_4 = \Delta_4 - \frac{T_4}{2} = \left(+0.175 - \frac{0.19}{2} \right) \text{mm} = +0.08 \text{mm}$$

于是得 $L_4 = 140^{+0.27}_{+0.08}$ mm。

4）验算。由式（6-12）得

$$T_0 = \sqrt{0.6^2 + 0.4^2 + 0.05^2 + 0.19^2 + 0.05^2} \text{mm} \approx 0.75 \text{mm}$$

验算结果表明，设计计算无误。

通过本例两种解尺寸链的方法可看出，用概率法解尺寸链比极值法求解，其组成环公差可明显放大，而实际上出现的不合格件的可能性很小（概率只有0.27%），因此可得到明显的经济效果。

例6-6 图6-14所示为车床床鞍走刀装置中齿轮（装在走刀箱3上）与齿条啮合简图。床鞍1与床身2的导轨之间有塑料导轨板。现已知各有关零件的尺寸、公差与偏差（均列于表6-1），试用概率法验算齿轮与齿条之间的啮合间隙（过小将使床鞍移动困难，过大则齿轮空程大）。

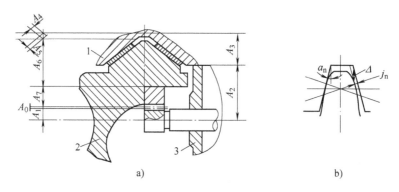

图6-14 车床床鞍走刀装置中齿轮与齿条啮合简图
1—床鞍 2—床身 3—走刀箱

解： 此为正计算问题。封闭环 A_0 为齿轮的径向侧隙 Δ，组成环 A_4、A_5（导轨板厚度）不平行于 A_0，其传递系数为（导轨角度为90°）

$$\varepsilon_4 = \varepsilon_5 = -\cos45° = -0.707 \quad （均为减环）$$

封闭环公称尺寸由式（6-7）得

$$A_0 = [86 + 40.07 - (21 + 0.707 \times 5 \times 2 + 68 + 30)] \text{mm} = 0$$

封闭环公差由式（6-15）得

$$T_0 = \sqrt{0.10^2 \times 4 + 0.707^2 \times 0.05^2 \times 2 + 0.3^2} \text{mm} \approx 0.365 \text{mm}$$

封闭环中间偏差由式（6-16）得

$$\Delta = [(-1) \times (-0.15) \times 3 + (-0.707) \times (-0.025) \times 2] \text{mm} = 0.485 \text{mm}$$

封闭环极限偏差由式（6-14）得

$$ES_0 = (0.485 + 0.183) \text{mm} = 0.668 \text{mm}$$

$$EI_0 = (0.485 - 0.183)\text{mm} = 0.302\text{mm}$$

径向侧隙与法向侧隙之间的关系式为 $j_n = A_0 \sin a$，$a = 20°$，则 $j_n = 0.342A_0$，于是：

最大间隙 $\quad\quad\quad\quad j_{n\max} = 0.342 \times 0.668\text{mm} = 0.228\text{mm}$

最小间隙 $\quad\quad\quad\quad j_{n\min} = 0.342 \times 0.302\text{mm} = 0.103\text{mm}$

表 6-1 各组成环数据

环	传递系数	公称尺寸	公差	偏差	中间偏差
A_1	-1	21	0.10	-0.10 ~ -0.20	-0.15
A_2	1	86	0.10	±0.05	0
A_3	1	40.07	0.10	±0.05	0
A_4	-0.707	5	0.05	0 ~ -0.05	-0.025
A_5	-0.707	5	0.05	0 ~ -0.05	-0.025
A_6	-1	68	0.30	0 ~ -0.30	-0.15
A_7	-1	30	0.10	-0.10 ~ -0.20	-0.15

注：各环尺寸按正态分布。

6.4 解尺寸链常采用的工艺措施

当闭环公差要求很小时，虽然可以用概率法解尺寸链（适用于大批量生产），但组成环公差仍然较小，造成加工困难和成本提高。因此可视具体情况，采用下列工艺措施。

6.4.1 分组装配法

分组装配法是先将各组成环按极值法求出公差值和极限偏差值，并将其公差扩大若干倍，即按经济可行的公差制造零件，然后将扩大后的公差等分为若干组（分组数与公差扩大倍数相等），最后按对应组别进行装配，同组零件可以互换。采取这样的措施后，仍可保证封闭环原精度要求。这种只限于同组内的互换性，称为部分互换或不完全互换。

图 6-15a 所示为发动机活塞销与活塞销孔的装配图，要求在常温下装配时，应有 0.0025 ~ 0.0075mm 的过盈。若用极值法，活塞销的尺寸应为 $d = 28_{-0.0025}^{0}$mm，活塞销孔应为 $D = 28_{-0.0075}^{-0.0050}$mm，即孔轴公差都为 IT2，加工相当困难。若采用分组装配（分为四组），活塞销的尺寸扩大为 $D = 28_{-0.01}^{0}$mm，活塞销孔的尺寸则相应为 $d = 28_{-0.015}^{-0.005}$mm（孔、轴公差与 IT5

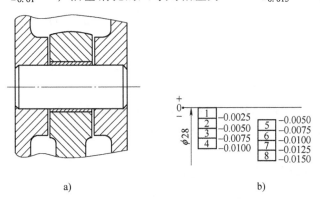

a)   b)

图 6-15 发动机活塞销与活塞销孔的装配图及分组装配法

大体相当）。如图 6-15b 所示，将各组成环公差带分为公差相等的四组，按对应组别进行装配，即能保证最小过盈为 0.0025mm 及最大过盈为 0.0075mm 的技术要求。各组相配尺寸见表 6-2。

表 6-2 活塞销和活塞销孔分组相配尺寸 （单位：mm）

组别	活塞直径	活塞销直径	配合情况	
			最小过盈	最大过盈
1	$\phi 28 \, {}^{0}_{-0.0025}$	$\phi 28 \, {}^{-0.0050}_{-0.0075}$	0.0025	0.0075
2	$\phi 28 \, {}^{-0.0025}_{-0.0050}$	$\phi 28 \, {}^{-0.0075}_{-0.0100}$	0.0025	0.0075
3	$\phi 28 \, {}^{-0.0050}_{-0.0075}$	$\phi 28 \, {}^{-0.0100}_{-0.0125}$	0.0025	0.0075
4	$\phi 28 \, {}^{-0.0075}_{-0.0100}$	$\phi 28 \, {}^{-0.0125}_{-0.0150}$	0.0025	0.0075

分组装配法既可扩大零件的制造公差，又可保持原有的高装配精度。其主要缺点是：检验费用增加；仅仅小组内零件可以互换，一般称为部分互换；在一些组内可能有多余零件。由于分组装配法存在上述缺点，故一般只宜用于大批量生产的高精度、零件形状简单易测、环数少的尺寸链。另外，由于分组后零件的形状误差不能减少，这就限制了分组数，一般为 2 ~ 4 组。

6.4.2 修配法

当尺寸链环数较多而封闭环精度要求很高时，可采用修配法。

采用修配法时，考虑零件加工工艺的可能性，对组成环规定经济合理的公差，使之便于制造，而装配时在事先选定的某一组成环零件上，切除少量的一层金属（修配），来抵消封闭环上产生的累积误差，以达到规定的技术要求。这个被事先选定的要修配的组成环，称为修配环。修配环应选择易于拆装修配，且对其他尺寸链没有影响的尺寸。公共环不能选作修配环。

设按经济精度（正常的生产条件下能达到的精度等级）要求规定各组成环公差 T_i'，此时，封闭环公差值变为 T_0'，与技术要求给定值 T_0 相比，其增量 T_k 为

$$T_k = T_0' - T_0 = \sum_{i=1}^{m} T_i' - T_0 \tag{6-17}$$

T_k 即为预留的修配裕量，称为修配量。修配量放在选定的修配环上，以便装配时通过切除修配环上一层少量金属，满足对封闭环的要求。

例 6-7 如图 6-1 所示，已知 $L_{0max} = 0.02mm$，$L_1 = 200mm$，$L_2 = 50mm$，$L_3 = 150mm$。试用修配法解尺寸链。

解：

1）画尺寸链图，确定封闭环、增环和减环。尺寸链图从图 6-1 中可直接看出，封闭环 $L_0 = 0 \, {}^{+0.02}_{0} mm$，$T_0 = 0.02mm$；$L_2$、$L_3$ 为增环，L_1 为减环。

2）规定各组成换环的经济公差（按 IT10），有

$$T_1' = 0.185mm, T_2' = 0.1mm, T_3' = 0.16mm$$
$$T_0' = T_1' + T_2' + T_3' = (0.185 + 0.1 + 0.16)mm = 0.445mm$$

$$T_k = T_0' - T_0 = (0.445 - 0.02)\,\mathrm{mm} = 0.425\,\mathrm{mm}$$

3）确定底板尺寸 L_2 为修配环，其修配量为 T_k。

4）确定各组成环极限偏差。为避免出现不可修配的零件，应使修配前封闭环的下极限尺寸 $L_{0\min}' = 0\,\mathrm{mm}$（或稍大于零），故取

$$L_1 = 200_{-0.185}^{0}\,\mathrm{mm},\quad L_2 = 50_{0}^{+0.1}\,\mathrm{mm},\quad L_3 = 150_{0}^{+0.16}\,\mathrm{mm}$$

5）确定封闭环极限尺寸

$$
\begin{aligned}
L_{0\max}' &= L_{2\max} + L_{3\max} - L_{1\min}\\
&= (50.1 + 150.16 - 199.815)\,\mathrm{mm} = 0.445\,\mathrm{mm}\\
L_{0\min}' &= L_{2\min} + L_{3\min} - L_{1\max}\\
&= (0 + 0 - 0)\,\mathrm{mm} = 0\,\mathrm{mm}
\end{aligned}
$$

由此可知，$L_{0\max}' > L_{0\max}$，$L_{0\min}' = L_{0\min}$。

当遇到 $L_{0\max}'$ 时，可修复 L_2，其最大修配量为 $0.425\,\mathrm{mm}$。当装配后 $L_0 = 0 \sim 0.02\,\mathrm{mm}$ 时，可不必修配，即尺寸 L_2 可不改变。

修配法的优点是：扩大了组成环的制造公差，能够得到较高的装配精度。缺点是：修配环是封闭环达到要求后，各组成环即失去互换性；装配时增加了修配工作量和费用；不易组织流水生产。由此可见，修配法只适用于单件、小批量生产中的多环高精度尺寸链。

6.4.3　调整法

调整法与修配法基本类似，也是将尺寸链各组成环按经济公差制造。此时，由于组成环尺寸公差放大而使封闭环产生累积误差，因此不是采取切除修配环少量金属来抵消，而是采取调整补偿环的尺寸或位置来补偿。

常用的补偿环可分为以下两种：

（1）固定补偿环　在尺寸链中选择一个合适的组成环作为补偿环（如垫片、垫圈或轴套）。补偿环可根据需要按尺寸大小分为若干组，装配时从合适的尺寸组中取一补偿件，装入尺寸链中的预定位置，即可保证装配精度，使封闭环达到规定的技术要求。

例如，图 6-16 所示部件，两固定补偿环用于使锥齿轮处于正确的啮合位置。装配时根据所测得的实际间隙选择合适的调整垫片作为补偿环，使间隙达到装配要求。

（2）可动补偿环　这是一种位置可调整的补偿环。装配时，调整其位置即可达到封闭环的精度要求。这种补偿环在机构设计中应用很广，而且有各种各样的结构形式，如机床中常用的镶条、锥套、调节螺旋副等。图 6-17 所示为用螺钉调整镶条位置以达到装配精度（间隙 L_0）的例子。

调整法的优点是：扩大了组成环的制造公差，使制造容易；改变补偿环可使封闭环达到很高的精度；装配时不需修配，易组织流水生产；使用过程中可调整补偿环或更换补偿环，以恢复机器原有精度。缺点是：有时需要增加尺寸链中的零件数（补偿环）；不具备完全互换性。故调整法只宜用于封闭环要求精度很高的尺寸链，以及使用过程中某些零件尺寸（环）会发生变化（如磨损）的尺寸链。

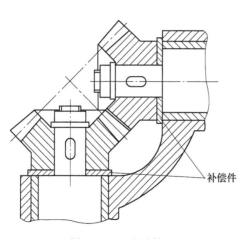

图 6-16 固定补偿环

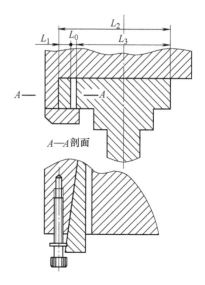

A—A剖面

图 6-17 可动补偿环

习 题 与 思 考 题

6-1 图 6-18a 所示零件各尺寸为 $A_1 = 30h9$，$A_2 = 16h9$，$A_3 = 14 \pm IT9/2$，$A_4 = 6H10$，$A_5 = 24h10$，试分析图 6-18b～e 所示四种尺寸标注中，哪种尺寸注法可使封闭环 A_6 的变动范围最小？

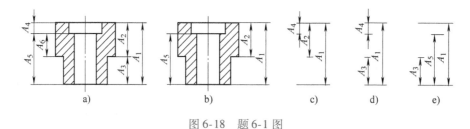

a)   b)   c)   d)   e)

图 6-18 题 6-1 图

6-2 加工如图 6-19 所示的钻套，先按尺寸 $\phi30F7$ 磨内孔，再按 $\phi42n6$ 磨外圆，外圆对内孔的同轴度公差为 $\phi0.012mm$，试计算钻套壁厚尺寸的变动范围。

6-3 有一孔和轴，要求镀铬后保证 $\phi50H8/f7$ 的配合，镀层厚度为 $(10 \pm 2)\mu m$，试问孔、轴在镀前应各按什么标准公差带来加工？

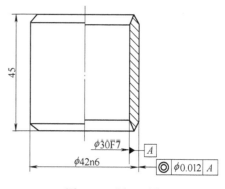

图 6-19 题 6-2 图

第7章

检测技术基础

7.1 测量与量值传递

7.1.1 测量的概念

测量技术属于计量学范畴。在机械行业中，测量技术作为一种手段，主要解决几何量的测量（计量）与检验问题，其基本任务是拟定合理的测量方法，使测量目的得以实现，并对测量方法的精度进行分析和估计，正确处理测量所得数据。

零部件互换性的实现，除了设计时要合理规定公差，在加工和装配时还需要通过技术测量或检验来判断零件是否合格。只有合格的零件，才具有互换性。

测量是为确定被测对象的量值而进行的试验过程，实质上就是将一个被测量 L 与体现测量单位的标准量 E 进行比较，求得其比值 q 的过程。用公式表示为

$$q = \frac{L}{E} \tag{7-1}$$

测量过程除被测对象和测量单位外，尚需采用一定的测量方法（包括测量器具），而且还要对测量结果给出精确程度的判断，因为不知道测量结果可靠程度的测量值是没有意义的。所以任何一个测量过程都包含四个基本要素：测量对象、测量单位、测量方法和测量精确度。

（1）测量对象 机械制造行业的技术测量中，测量对象指几何量，包括尺寸、角度、表面粗糙度等。

（2）测量单位 测量单位指测量时所用的标准量。机械制造（或修理）中，长度单位用毫米（$1\text{mm} = 10^{-3}\text{m}$），精密测量中用微米（$1\mu\text{m} = 10^{-3}\text{mm}$），超精密测量中用纳米（$1\text{nm} = 10^{-3}\mu\text{m}$）。机械制造（或修理）中，角度计量单位用弧度（rad）、微弧度（μrad）和度（°）、分（′）、秒（″）。$1\mu\text{rad} = 10^{-6}\text{rad}$，$1° = 60′$，$1′ = 60″$，$1° = 0.0174533\text{rad}$。

（3）测量方法 测量方法指测量时所采用的测量原理、测量器具和测量条件的总和。为保证测量精确度，应根据测量对象的要求，采用相应的标准量，遵循一定的测量原则，选择恰当的测量原理和合适的测量器具，并在测量器具规定的测量条件（环境条件）下完成测量。

（4）测量精确度 测量精确度指测量值与真值的一致程度。由于测量误差的存在，测量值并非被测量的真值，而是一个近似值，测量误差越大，测量精度越低，反之精度越高。

7.1.2 计量基准与量值传递

计量基准是指经国家市场监督管理总局批准，在中华人民共和国境内为了定义、实现、保存、复现量的单位或者一个或多个量值，用作有关量的测量标准定值依据的实物量具、测量仪器、标准物质或测量系统。全国的各级计量标准和工作计量器具的量值，都应直接或者

间接地溯源到计量基准。从测量技术的角度来看，它是实现测量单位统一、准确的可靠保证。从更为广泛的意义来看，统一量值，建立统一的计量基准，对于实现互换性生产，促进科学技术发展，繁荣经贸交流乃至现代社会生活的许多方面，都是至关重要的。

量值传递是指通过对测量仪器的校准或检定，将国家测量标准所实现的单位量值通过各等级的测量标准传递到工作测量仪器的活动，以保证测量所得的量值准确一致。

在实际应用中，长度基准有线纹尺和量块两种实体基准，由 $0.633\mu m$ 光波基准传递到线纹尺和量块，然后再由它们逐次传递到工件，尺寸量值传递体系如图 7-1 所示。

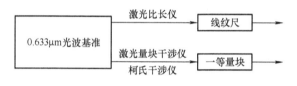

图 7-1　尺寸量值传递体系

7.1.3　量块

量块是长度尺寸传递的实物标准之一，广泛用于量具、量仪的校准与检定，以及精密机床及设备的调整和精密工件的测量。

1. 量块的形状与尺寸

量块的形状为正六面体。公称尺寸小于 10mm 的量块，其截面尺寸为 30mm×9mm；大于 10~1000mm 的量块，截面尺寸为 35mm×9mm。

当量块的标称长度（工作尺寸）$L<6mm$ 时，代表其标称长度的数字刻在上测量面上，与其相背的为下测量面；当 $L\geqslant6mm$ 时，代表其标称长度的数字刻在面积较大的一个侧面上，当此侧面面向观察者放置时，其右边的一面为上测量面，左边的一面为下测量面。量块示意图如图 7-2 所示。量块的测量面可以和另一量块的测量面相研合而组合使用，通常是以尺寸较小的量块的下测量面与尺寸较大的量块的上测量面相研合。

量块长度是指量块一个测量面上的任意点（不包括距测量面边缘为 0.8mm 的区域内的点）到与其相对的另一测量面相研合的辅助体表面之间的垂直距离，如图 7-3 所示的 L_1。辅助体的材料和表面质量应与量块相同。量块的中心长度是指对应于量块未研合测量面中心点的量块长度，如图 7-3 所示的 L。根据《几何量技术规范（GPS）长度标准　量块》（GB/T 6093—2001）规定，我国成套量块的组合尺寸见表 7-1。

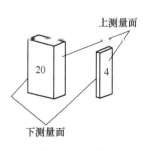

图 7-2　量块

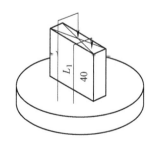

图 7-3　量块的中心长度

表7-1 成套量块的组合尺寸（摘录）

套数	总块数	级别	尺寸系列/mm	间隔/mm	块数
1	91	0, 1	0.5	—	1
			1	—	1
			1.001, 1.002, …, 1.009	0.001	9
			1.01, 1.02, …, 1.49	0.01	49
			1.5, 1.6, …, 1.9	0.1	5
			2.0, 2.5, …, 9.5	0.5	16
			10, 20, …, 100	10	10
2	83	0, 1, 2	0.5	—	1
			1	—	1
			1.005	—	1
			1.01, 1.02, …, 1.49	0.01	49
			1.5, 1.6, …, 1.9	0.1	5
			2.0, 2.5, …, 9.5	0.5	16
			10, 20, …, 100	10	10
3	46	0, 1, 2	1	—	1
			1.001, 1.002, …, 1.009	0.001	9
			1.01, 1.02, …, 1.09	0.01	9
			1.1, 1.2, …, 1.9	0.1	9
			2, 3, …, 9	1	8
			10, 20, …, 100	10	10
4	38	0, 1, 2	1	—	1
			1.005	—	1
			1.01, 1.02, …, 1.09	0.01	9
			1.1, 1.2, …, 1.9	0.1	9
			2, 3, …, 9	1	8
			10, 20, …, 100	10	10
5	10	0, 1	0.991, 0.992, …, 1	0.001	10

　　根据需要可用多块量块组成所需尺寸。组合量块尺寸时，应按所需尺寸的尾数选取具有尾数尺寸的第一块量块，依此类推逐块选取。所选量块的块数越少越好，现以83块成套量块的选用为例说明如下。

　　例 7-1　试确定组合尺寸为30.155mm所需的量块。

　　解：

　　　30.155
　　　−1.005　（第一块量块）
　　　────────
　　　29.15
　　　−1.15　（第二块量块）
　　　────────
　　　28.00
　　　−8　（第三块量块）
　　　────────
　　　20　（第四块量块）

2. 量块精度的"等"和"级"的概念

量块主要以其长度的测量不确定度划分等别,以量块长度的偏差划分级别,同时量块各等、级对量块的长度变动量和其他性能也有相应要求。

根据国家标准 GB/T 6093 — 2001,量块共有五个"级",即 K 级、0 级、1 级、2 级和 3 级。量块的"级"主要是根据量块长度极限偏差、量块长度变动允许值、测量平面的平面度、量块的研合性等划分的。量块长度变动量是指量块测量面上最大长度与最小长度之差。各级量块测量面上任意点的长度相对于标称长度的极限偏差和长度变动量允许值,见表 7-2。K 级量块标称长度的极限偏差与 1 级相同。一般测量应用时,如果测量精度要求不高,其制造误差可以忽略不计,可按"级"使用,即按标称长度使用。

表 7-2   各级量块的长度极限偏差和长度变动量允许值

标称长度 /mm		K 级		0 级		1 级		2 级		3 级	
		长度									
		极限偏差 (±)	长度变动量允许值	极限偏差 (±)	长度变动量允许值	极限偏差 (±)	长度变动量允许值	极限偏差 (±)	长度变动量允许值	极限偏差 (±)	长度变动量允许值
>	至				允许值 /μm						
—	10	0.20	0.05	0.12	0.10	0.20	0.16	0.45	0.30	1.00	0.50
10	25	0.30	0.05	0.14	0.10	0.30	0.16	0.60	0.30	1.20	0.50
25	50	0.40	0.06	0.20	0.10	0.40	0.18	0.80	0.30	1.60	0.55
50	75	0.50	0.06	0.25	0.12	0.50	0.18	1.00	0.35	2.00	0.55
75	100	0.60	0.07	0.30	0.12	0.60	0.20	1.20	0.35	2.50	0.60
100	150	0.80	0.08	0.40	0.14	0.80	0.20	1.60	0.40	3.00	0.65
150	200	1.00	0.09	0.50	0.16	1.00	0.25	2.00	0.40	4.00	0.70
200	250	1.20	0.10	0.60	0.16	1.20	0.25	2.40	0.45	5.00	0.75
250	300	1.40	0.10	0.70	0.18	1.40	0.25	2.80	0.50	6.00	0.80
300	400	1.80	0.12	0.90	0.20	1.80	0.30	3.60	0.50	7.00	0.90
400	500	2.20	0.14	1.10	0.25	2.20	0.35	4.40	0.60	9.00	1.00
500	600	2.60	0.16	1.30	0.25	2.60	0.40	5.00	0.70	11.00	1.10
600	700	3.00	0.18	1.50	0.30	3.00	0.45	6.00	0.70	12.00	1.20
700	800	3.40	0.20	1.70	0.30	3.40	0.50	6.50	0.80	14.00	1.30
800	900	3.80	0.20	1.90	0.35	3.80	0.50	7.50	0.90	15.00	1.40
900	1000	4.20	0.25	2.00	0.40	4.20	0.60	8.00	1.00	17.00	1.50

注:距离测量面边缘 0.8mm 范围内不计。

按图 7-1 所示的量值传递体系对量块进行检定,可确定量块的实际尺寸与标称尺寸之差,即修正值。量块按检定精度分为 5 等,各等量块的长度测量不确定度和长度变动量最大允许值见表 7-3。进行量值传递或高精度测量时，对量块应按"等"使用，即按量块标称长度加修正值使用，这时量块的尺寸误差主要是检定方法的误差，即量块中心长度测量的不确定度，它包含检定所用仪器的极限测量误差和更高等量块的中心长度测量的极限偏差，因而它远低于该量块的制造误差。新量块一般是按"级"供应，也可根据用户需要检定成"等"后供应。

表 7-3　各等量块的长度测量不确定度和长度变动量最大允许值　　（单位：μm）

标称长度 /mm		1 等		2 等		3 等		4 等		5 等	
		长度									
		测量不确定度	变动量	测量不确定度	变动量	测量不确定度	变动量	测量不确定度	变动量	测量不确定度	变动量
>	至	允许值									
—	10	0.022	0.05	0.06	0.10	0.11	0.16	0.22	0.30	0.60	0.50
10	25	0.025	0.05	0.07	0.10	0.12	0.16	0.25	0.30	0.60	0.50
25	50	0.030	0.06	0.08	0.10	0.15	0.18	0.30	0.30	0.80	0.55
50	75	0.035	0.06	0.09	0.12	0.18	0.18	0.35	0.35	0.90	0.55
75	100	0.040	0.07	0.10	0.12	0.20	0.20	0.40	0.35	1.00	0.60
100	150	0.05	0.08	0.12	0.14	0.25	0.20	0.50	0.40	1.20	0.65
150	200	0.06	0.09	0.15	0.16	0.30	0.25	0.60	0.40	1.50	0.70
200	250	0.07	0.10	0.18	0.16	0.35	0.25	0.70	0.45	1.80	0.75
250	300	0.08	0.10	0.20	0.18	0.40	0.25	0.80	0.45	2.00	0.80
300	400	0.10	0.12	0.25	0.20	0.50	0.30	1.00	0.50	2.50	0.90
400	500	0.12	0.14	0.30	0.25	0.60	0.35	1.20	0.70	3.00	1.00
500	600	0.14	0.16	0.35	0.25	0.70	0.40	1.40	0.70	3.50	1.10
600	700	0.16	0.18	0.40	0.30	0.80	0.45	1.60	0.70	4.00	1.20
700	800	0.18	0.20	0.45	0.30	0.90	0.50	1.80	0.80	4.50	1.30
800	900	0.20	0.22	0.50	0.35	1.00	0.50	2.00	0.90	5.00	1.40
900	1000	0.22	0.25	0.55	0.40	1.10	0.60	2.20	1.00	5.50	1.50

注：1. 距离测量面边缘 0.8mm 范围内不计。

　　2. 表面测量不确定度置信概率为 0.99。

量块检定后按"等"使用，部分制造误差可以得到修正，测量精度得到提高，但长度变动量，即平面平行性的误差并不会减小，所以低"级"量块不能检定成过高的"等"，而是有一定的范围限制。例如，对 500mm 的量块，只有 K 级可检定成 1 等。

7.1.4　多面棱体与角度传递系统

角度也是重要的几何量之一，由于圆周角定义为 360°，因此角度不需要和长度那样建立自然基准。但为了工作方便，仍以分度盘或多面棱体作为角度基准，建立相应的实物基准和角度量值传递系统，如图 7-4 所示。目前我国作为角度量的最高基准是分度值为 0.1 的精密测角仪。在机械制造业中，角度标准一般是角度量块、测角仪或分度头。

图 7-4   角度量值传递系统

以多面棱体作角度基准的量值传递系统,如图 7-5 所示。在过去相当长的时间里,常用角度量块作为基准,并以它进行角度量值传递。随着对角度测量准确度的不断提高,这种单值的角度量块难以满足要求,因此出现了多面棱体。目前,多面棱体有 4、6、8、12、24、36、72 面等。图 7-5 所示为 8 面棱体,在任意横截面上其相邻两面法线间夹角为 45°,用它作基准可以测 $n \times 45°$ 的角度 ($n = 1,2,3\cdots$)。

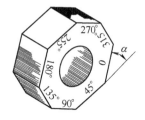

图 7-5   8 面棱体

7.2   计量器具与测量方法

7.2.1   计量器具分类

计量器具(测量仪器)是指单独地或连同辅助设备一起用以进行测量的器具。在几何量测量中,按用途和特点可将它分为以下几种。

1. 实物量具

实物量具是指在使用时以固定形态复现或提供给定量的一个或多个已知值的器具,如量块、直角尺、各种曲线样板及标准量规等。

2. 极限量规

极限量规是指一种没有刻度的专用检验工具,用这种工具不能得出被检验工件的具体尺寸,但能确定被检验工件是否合格,如光滑极限量规、螺纹极限量规等。

3. 显示式测量仪器

显示式测量仪器是指显示示值的测量仪器,其显示可以是模拟的(连续或非连续)或数字的,可以是多个量值同时显示,也可提供记录,如模拟式电压表、数字频率计、千分尺等。

4. 测量系统

测量系统是指组装起来以进行特定测量的全套测量仪器和其他设备,测量系统可以包含实物量具。固定安装着的测量系统称为测量装备。

几何量测量仪器根据构造上的特点还可分为以下几种。

1. 游标式测量仪器

如游标卡尺、游标高度尺及游标量角器等。

2. 微动螺旋副式测量仪器

如外径千分尺、内径千分尺及公法线千分尺等。

3. 机械式测量仪器

如百分表、千分表、杠杆比较仪及扭簧比较仪等。

4. 光学机械式测量仪器

如光学计、测长仪、投影仪、接触干涉仪、干涉显微镜、光切显微镜、工具显微镜及测长机等。

5. 气动式测量仪器

如流量计式、气压计式等。

6. 电学式测量仪器

如电接触式、电感式、电容式、磁栅式、电涡流式及感应同步器等。

7. 光电式测量仪器

如激光干涉仪、激光准直仪、激光传杆动态测量仪及光栅式测量仪等。

以上所列仪器均为通用的几何量测量仪器，实际应用中还有许多专用仪器，如齿轮、螺纹、丝杠等的专用量仪。

在生产中，人们常把结构比较简单的测量仪器称为量具，如卡尺、千分尺等。

7.2.2 测量方法的分类

几何量测量中，测量方法可以按各种不同的形式进行分类，如直接测量与间接测量，接触测量与非接触测量，单项测量与综合测量，在线测量与离线测量，静态测量与动态测量等。

1. 直接测量与间接测量

（1）直接测量 无须将被测量值与其他实测量值进行一定函数关系的计算，而直接得到被测量值的测量称为直接测量。例如，用游标卡尺、千分尺等直接测量被测量。

（2）间接测量 通过直接测量与被测量值有一定函数关系的其他量值，然后由此函数关系求得被测量值的方法，称为间接测量。例如，测量大直径 D 时，可先测出其圆周长度 C，然后根据 $D = C/\pi$ 计算出直径值。又如，对非整圆工件直径，可采用 "弓高弦长法" 测量，如图 7-6 所示。通过测量弦长 L 和其相应的弓高 H，即可计算出直径 $D = 2R = H + L^2/4H$。

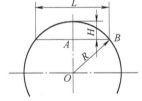

图 7-6 间接测量

2. 接触测量与非接触测量

（1）接触测量 仪器的测量头与工件被测表面直接接触，并有机械作用的测力存在，如用游标卡尺和千分尺测量工件等。接触测量对工件表面油污、切削液、灰尘等不敏感，但由于有测力存在，会引起工件表面测量头以及测量仪器传动系统的弹性变形。

（2）非接触测量 仪器的测头与被测表面不直接接触，如光学投影仪和气动量仪测量等。对于许多硬度低、尺寸薄、表面粗糙度值小、怕划伤的工件，必须采用非接触测量。

3. 单项测量与综合测量

（1）单项测量 单个地、彼此没有联系地测量工件的单项参数，如分别测出螺纹的中径、螺距和牙型半角等参数。多用于工序检查，进行工艺分析。

（2）综合测量 同时测量工件上几个有关参数的综合结果，以判断综合结果是否合格，而不要求得知有关单项值。其目的在于限制被测工件的轮廓在规定的极限内，以保证互换性的要求。例如，用螺纹极限量规的通规检验螺纹，多用于成品检验。

4. 在线测量与离线测量

（1）在线测量　零件在加工过程中进行的测量。此时测量结果直接用来控制零件的加工过程，能及时防止废品的产生。由于在线测量和加工过程紧密地结合起来，充分发挥检测的作用，从根本上改变测量技术的被动局面。

（2）离线测量　零件加工后在检验站进行的测量。此时测量结果仅限于发现并剔除废品。

5. 静态测量与动态测量

（1）静态测量　在测量时，被测零件与传感元件处于相对静止状态，被测量为定值。

（2）动态测量　在测量时，被测零件与测量头处于相对运动状态。这种测量能反映被测参数的变化过程。例如，用轮廓仪测量表面粗糙度值、用激光丝杠动态检查仪测量丝杠等。

动态测量也是测量技术的发展方向之一，它能较大地提高测量效率和保证测量准确度。

7.2.3　计量器具的基本技术参数

1. 标尺间距

沿着标尺长度的同一条线测得的两相邻标尺标记间的距离。标尺间距用长度单位表示，而与被测量的单位和标在标尺上的单位无关。

2. 标尺间隔（分度值）

对应两相邻标尺标记的两个值之差，它用标在标尺上的单位表示，而与被测量的单位无关。

3. 测量区间（工作区间）

在规定的条件下，由具有一定的仪器不确定度的测量仪器或测量系统测量出的一组同类量的量值。在某些领域也称为"测量范围或工作范围"。

4. 灵敏度

测量系统的示值变化与相应的被测量值变化的比值。对线性测量仪器来说，灵敏度是一个常数。

5. 鉴别阈

引起相应计量仪器示值不可检测（可察觉）的被测量值的最大变化值。鉴别阈也可称为灵敏阈或灵敏限。

6. 分辨力

引起计量仪器示值产生可察觉到的被测量的最小变化值。一般对用标尺读数装置的测量仪器的分辨力为标尺上任意两个相邻标记之间最小分度值的一半；对用数字显示装置的测量仪器的分辨力为最低位数字显示变化一个步进量时的示值差。

7. 测量仪器的稳定性

测量仪器保持其计量特性随时间恒定的能力。稳定性可以进行定量的表征，通常可以用以下两种方式：用计量特性的某个量发生规定的变化所经过的时间；或用计量特性经过规定的时间所发生的变化量来进行定量表示。

8. 示值误差

测量仪器示值与对应输入量的参考量值之差。确定测量仪器的示值误差的参考量值，实际上使用的是约定真值或已知的标准值。

9. 仪器的测量不确定度

由所用的测量仪器或测量系统引起的测量不确定度的分量。对仪器的测量不确定度的有关信息可以在仪器的说明书中给出。

10. 最大允许测量误差

对给定的测量、测量仪器或测量系统，由规程或规范所允许的，相对于已知参考量值的测量误差的极限值。它是表示测量或测量仪器准确程度的一个重要参数。

11. 测量结果的重复性

在相同测量条件下，对同一被测量进行连续多次测量所得结果之间的一致性。重复性可以用测量结果的分散性定量地表示。

12. 准确度等级

在规定工作条件下，符合规定的计量要求，使测量误差或仪器不确定度保持在规定极限内的测量仪器或测量系统的等别或级别。

7.3 常用长度测量仪器

7.3.1 机械式测微仪

机械式测微仪精度高、成本低、示值范围小，只能进行相对测量。其基本测量原理是将被测量微小位移转化放大并显示出来，转换方法主要有齿轮齿条啮合、杠杆、杠杆与光学反射、弹簧的弹性变形以及它们之间多种形式的组合。

图 7-7 所示为齿轮齿条转化放大的工作原理，被测对象的直线位移通过测杆 7 上的齿条

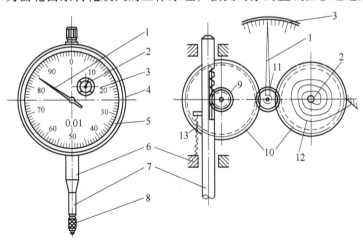

图 7-7 齿轮齿条转化放大的工作原理

1—指针 2—转数指针 3—表盘 4—表体 5—表圈 6—装夹套筒 7—测杆
8—测头 9—小齿轮 10—片齿轮 11—中心齿轮 12—游丝 13—弹簧

转换成小齿轮9的旋转运动，再通过齿轮副放大，形成指针的偏转。各种形式的百分表和千分表都采用这种测量原理。

这种测量原理没有原理误差，因此其示值范围相对较大。放大比越大，分度值就越小，示值范围也减小，反之亦然。例如，百分表分度值为0.01mm，示值范围可达10mm，而千分表分度值为0.001mm，示值范围只有1mm左右。由于受小模数齿轮齿条制造精度以及齿轮齿条和齿轮副空程限制，这类仪器精度无法进一步提高。

7.3.2 立式光学计

图7-8所示为计量室中常用的立式光学计（杠杆比较仪）的工作原理。它是一种光学测微仪，被测位移通过杠杆转换成反射镜的角位移 α。入射光线经反射镜反射，角位移被放大成 2α，反射光线经透镜放大后成像在视场分划板上。从图7-8中可以确定其放大比，即

$$S = \frac{t}{s} = \frac{f\tan 2\alpha}{b\tan\alpha} \approx \frac{2f}{b} \tag{7-2}$$

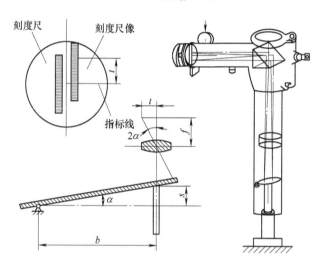

图7-8 立式光学计的工作原理

7.3.3 电动测微仪

电动测微仪是将微小的直线位移转换成电阻、电容、电感量的变化，经电路放大处理输出电压或电流，由指示表或数显装置给出读数。在各类电动测微仪中，电感测微仪，特别是差动变压器式测微仪技术最为成熟，应用也最为广泛。图7-9所示是差动变压器式电动测微仪的工作原理。在线圈架的中部绕有一次绕组1，两端绕有二次绕组2和3。一次绕组中通入一定频率的稳幅交流电 U_1，二次绕组中产生感应电

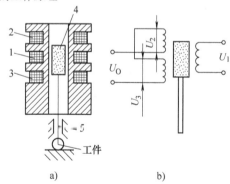

图7-9 差动变压器式电动测微仪的工作原理
a）测量原理 b）电路原理
1——次绕组 2、3—二次绕组 4—衔铁 5—测杆

动势 U_2 和 U_3。当衔铁 4 位于中间位置时（仪器零点），两个二次绕组中产生的感应电动势相等，$U_2 = U_3$，输出的差动电压 $U_0 = 0$。当测杆 5 随工件尺寸变化移动时，二次绕组中产生的感应电动势不再相等，$U_2 \neq U_3$，输出 $U_0 \neq 0$。通过适当选择线圈架形状，并采取一定的补偿措施，可使 U_0 在仪器零点附近位置与工件位移呈线性关系。目前国产差动变压器传感器，在 ±5mm 范围内线性度可达到 $0.5‰ \sim 1‰$。

7.3.4 光栅式测量装置

在老式坐标测量机中，常用检测元件为光学刻度尺。随着测量技术的发展，坐标测量机和数控机床中广泛应用光栅、磁栅、感应同步器和激光作为检测元件，其优点是能采用脉冲计数、数字显示和便于实现自动测量等。

光栅种类较多，这里主要介绍计量中应用的光栅（计量光栅）。这种光栅一般分为长光栅和圆光栅。长光栅就相当于一根刻度尺，只是线纹密度更大，常用的是 1mm 刻 25 条、50 条、100 条或者更多线纹。圆光栅就相当于一个分度盘，只是线纹密度更大。常用的圆光栅是在一个圆周上刻上 5400 条、10800 条或 21600 条线纹。如果在不同的圆周上刻上线纹密度不同的光栅，这种圆光栅称为循环码码盘。

1. 莫尔条纹

将两块栅距相同的长光栅（同样也可用两块圆光栅）叠放在一起，使两光栅线纹间保持 $0.01 \sim 0.1$mm 的间距，并使两块光栅的线纹相交一个很小的角度，即得如图 7-10 所示的莫尔条纹。从几何学的观点来看，莫尔条纹就是同类（明的或暗的）线纹交点的连线。由于光栅的衍射现象而实际得到的莫尔条纹如图 7-11 所示。

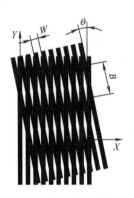

图 7-10　莫尔条纹

图 7-11　实际得到的莫尔条纹

根据图 7-10 所示的几何关系可得光栅栅距（线纹间距）W、莫尔条纹宽度 B 和两光栅线纹交角 θ 之间的关系为

$$\tan\theta = \frac{W}{B} \tag{7-3}$$

当夹角较小时，莫尔条纹宽度 B 为

$$B = \frac{W}{\theta} \tag{7-4}$$

由于 θ 是弧度值，是一个较小的小数，因而 $1/\theta$ 是一个较大的数。这样测量莫尔条纹宽度就比测量光栅线纹宽度容易得多，由此可知，莫尔条纹起着放大的作用。

图 7-10 中，当两光栅尺沿 X 方向产生相对移动时，莫尔条纹大约在与 X 相垂直的 Y 方向也产生移动。当光栅移动一个栅距时，莫尔条纹随之移动一个条纹间距。当光栅尺按相反方向移动时，莫尔条纹的移动方向也相反。莫尔条纹除有放大作用外，还有平均作用。每条莫尔条纹都是由许多光栅线纹的交点组成的，当线纹中有一条线纹有误差时（间距不等或歪斜），这条有误差的线纹和另一光栅线纹的交点位置将产生变化。但是一条线纹交点位置的变化，对一条莫尔条纹来讲影响就非常小，因而莫尔条纹具有平均效应。

2. 计数原理

光栅计数装置种类较多，读数头结构、细分方法以及倍频数等也各不相同，如图 7-12所示。图 7-12a 所示是一种简单的光栅头示意图，图 7-12b 所示是其数字显示装置。光源 1发出的光经透镜 2 成一束平行光，这束光穿过标尺光栅 4 和指示光栅 3 后形成莫尔条纹。在指示光栅后安放一个四分硅光电池 5（目前多采用相位指示光栅，即指示光栅是依次刻了四组线纹来构成，每组线纹之间在位置上错开 1/4 线纹宽度，并将硅光电池更换成光电晶体管来接收信号）。调整指示光栅相对于标尺光栅的夹角 θ，使条纹宽度 B 等于四分硅光电池的宽度。当莫尔条纹信号落到光电池上后，则由四分硅光电池引出四路光电信号，且相邻两信号的相位差为 90°。当指示光栅相对于标尺光栅移动时，可逆计数器就能进行计数，其计数电路方框图如图 7-13 所示。由硅光电池引出的四路信号分别送入两个差动放大器，然后差动放大器分别输出相位相差 90°的两路信号，再经整形、倍频和微分后，经门电路到可逆计数器，最后由数字显示器显示出两光栅尺相对移动的距离。

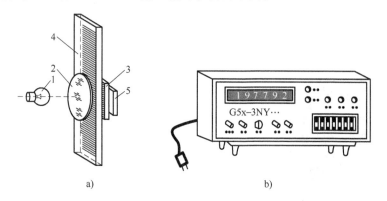

a)　　　　　　　　　　　b)

图 7-12　光栅计数装置示意图

1—光源　2—透镜　3—指示光栅　4—标尺光栅　5—四分硅光电池

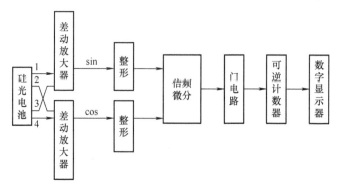

图 7-13　计数电路方框图

7.3.5 激光测量装置

激光在长度测量中的应用越来越广泛，不但可用干涉法测量线位移，还可用双频激光干涉法测量线位移和小角度，环形激光测量圆周分度，以及用激光束作基准测直线度误差等。现介绍应用较广泛的 He—Ne 激光测量线位移的基本原理。

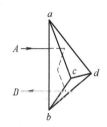

用激光测量线位移，其实质是采用迈克尔逊干涉原理，当干涉仪某一个臂的反射镜产生位移后，两光程差发生变化，出现干涉条纹移动，然后用光电元件接收干涉条纹移动信号，并经电路处理（包括有理化），最后用数字显示装置显示出位移量。它和普通干涉仪的区别在于为了减少导轨加工的难度，将平面反射镜改为立体直角棱镜，如图 7-14 所示。棱镜由四个面组成，abd、acd 和 bdc 三个反射面彼此相互垂直，d 为锥顶，abc 是入射面（也是出射面）。当光束 A 由 abc 面射入，经 acd、abd、bdc 面三次反射后经 abc 面射出。当锥体棱镜的准确度达到一定时，在棱镜有某些偏转的情况下，入射光束 A 和出射光束 B 仍将保持平行，因而可降低对导轨直线度的要求。

图 7-14 激光测量线位移原理

图 7-15 所示为 JDJ1000 型激光测长机，该测长机主要由底座 1、干涉仪 2、测座 3、工作台 4 以及尾座 5 等部分组成。测量前先将测座移至仪器左端，使测座的测杆与尾座 5 的支承杆相接触，并将仪器数字显示全部置零。移动测座向右，将被测工件放在工作台上，使之与尾座的支承杆接触。再将测座向左移动，使测杆与工件接触，此时即可从数字显示装置中读出工件尺寸。仪器测座的移动由拖动机构完成。驱动电动机带动变速箱 6 中的传动轴，并通过带传动带动钢带 7，钢带通过电磁离合器 8 带动测座。激光器 11 装在仪器右端干涉仪的后方，固定立体直角棱镜 9 装在仪器左端尾座的后方，活动立体直角棱镜 10 装在测座内。JDJ1000 型激光测长机光路如图 7-16 所示。从氦氖激光器 5 射出的光束经反射镜 6 和 7 到达准直光管 8。从准直光管射出的平行光，经移相分光镜 10 分成两路光束，一路光束由移相分光镜反射，经反射镜 3、光模 2 到固定立体直角棱镜 1，再由固定立体直角棱镜经原路返回到移相分光镜。另一路光束透过移相分光镜到活动立体直角棱镜，再由立体直角棱镜返回到移相分光镜。这两路光束分别在移相分光镜上透射和反射，从而在移相分光镜前、后形成两组干涉带。通过控制移相分光镜的镀膜层厚度，可使两组干涉条纹相位相差 90°，并分别由硅光电晶体管 9 和 11 接收，将光信号转变成电信号输入计数器电路。图中硅光电晶体管 4 是激光器 5 的稳频吸收器。当激光器频率发生变化时，输出功率也发生变化。硅光电晶体管 4 将激光器的功率变化转变成电信号，并将此信号放大后用以控制激光器腔长变化，从而稳定激光的波长。光路中光模 2 用于补偿因立体直角棱镜角度误差引起的反射光束的偏斜。

JDJ1000 型激光测长机的测量范围为 0～1000mm。目前我国已生产出双频激光测长机，其测量长度达 12m。

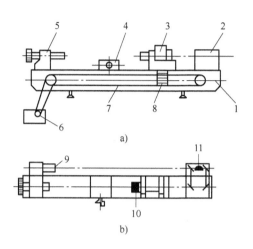

图 7-15   JDJ1000 型激光测长机

1—底座   2—干涉仪   3—测座   4—工作台   5—尾座   6—变速箱   7—钢带   8—电磁离合器
9—固定立体直角棱镜   10—活动立体直角棱镜   11—激光器

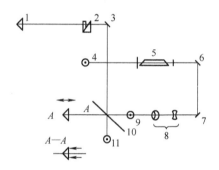

图 7-16   JDJ1000 型激光测长机光路图

1—固定立体直角棱镜   2—光模   3—反射镜   4、9、11—硅光电晶体管
5—氦氖激光器   6、7—反射镜   8—准直光管   10—移相分光镜

7.4   测量误差与数据处理

7.4.1   测量误差的基本概念

1. 测量误差的基本概念

在进行测量的过程中，由于试验与理论上存在着差异，测量方法难以完善，试验仪器灵敏度和分辨能力有局限性，周围环境不稳定等因素的影响，使得测量结果总会存在或多或少的偏差，因而存在测量误差。

测量误差是测得量值减去被测量真值，即

$$\Delta = l - L \tag{7-5}$$

式中，Δ 为测量误差；l 为测得量值；L 为被测量真值。

进行任何测量都存在测量误差，误差自始至终存在于整个测量过程中。因此，真值是一个理想概念，是永远得不到的，在实际测量中，一般用更高精度的测量结果作为约定真值或以多次重复测量所得结果的平均值代替真值。

测量误差可以由绝对误差和相对误差两种形式表示。

(1) 绝对误差 绝对误差表示一个量值，具有确定的符号，可以为正、也可以为负或零。按照式(7-5)定义的误差就是绝对误差。

(2) 相对误差 相对误差表示测量的绝对误差与被测量真值之比，即

$$\delta = \frac{\Delta}{L} \times 100\% \tag{7-6}$$

当被测量的大小相同时，可以用绝对误差的大小来比较测量精度的高低，而当被测量的大小不同时，用绝对误差则无法判断测量精度的高低，就需要用相对误差的大小来比较测量精度的高低。在长度测量中，相对误差应用较少，一般用绝对误差表示。

2. 测量的精确度

在实际测量过程中，经常用测量精度来描述测量误差的大小。测量精度和误差是两个相对应的概念，都是用来描述测量结果的。可以用误差的小大来表示精度的高低，即误差越小，精度越高。由于误差可分为系统误差与随机误差，因此笼统的精度概念已不能反映上述误差的差异，从而引出以下的概念。

(1) 准确度（正确度） 反映系统误差影响的程度。系统误差越大，准确度就越低。

(2) 精密度 反映随机误差影响的程度。随机误差越大，精密度就越低。

(3) 精确度（简称精度） 反映测量结果与真值一致的程度，它是系统误差与随机误差的综合。

以图7-17所示射击运动员击中靶的精度为例来说明。图7-17a所示的系统误差和随机误差很小，即准确度与精密度高，因而受系统误差和随机误差的综合影响，精确度高；图7-17b所示的系统误差大和随机误差小，即准确度低与精密度高，因而受系统误差的影响，精确度低；图7-17c所示的系统误差和随机误差大，即准确度与精密度低，因而受随机误差的影响，精确度也低。

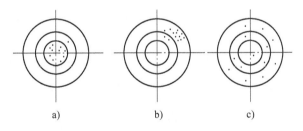

图 7-17 精度示意图

a) 准确度与精密度高 b) 准确度低、精密度高 c) 准确度与精密度低

7.4.2 测量误差来源及减小测量误差的措施

在测量过程中产生误差的原因很多，测量误差的主要来源包括以下几个方面。

1. 计量器具误差

计量器具误差是计量器具本身所具有的误差。计量器具本身在设计、制造和使用过程中产生的各项误差。例如，刻线尺的刻线误差、分度盘的分度误差、量块的极限偏差等。

在设计计量器具时，为了简化结构而采用近似机构设计，因此产生原理误差。在几何量计量中有两个重要的测量原则：长度测量中的阿贝原则和圆周分度测量中的封闭原则。不符合这些原则都会产生测量误差。

阿贝原则就是在长度测量中，被测量轴线与标准量的测量轴线重合或在其延长线上。一般符合阿贝原则的测量引入的误差很小，可以忽略不计，否则将会产生较大的测量误差。

封闭原则是对于圆周分度器件（如刻度盘、圆柱齿轮等）的测量，利用"在同一圆周上所有夹角之和等于360°，即所有夹角误差之和等于零"这一自然封闭特性。

2. 测量方法误差

测量方法误差是指采用近似测量方法或测量方法不当而引入的测量误差。同一参数有多种测量方法，采用不同的测量方法所产生的误差也不同，特别是间接测量，有时有许多测量方法，选用不完善的测量方法进行测量，就存在测量方法误差。

3. 环境条件误差

环境条件误差是指测量时环境条件不符合标准条件而引起测量误差。环境条件的温度、湿度、气压、振动和灰尘等都会引起测量误差。

在长度测量中，温度对测量结果的影响大，特别是大尺寸测量尤为明显。当测量时环境温度偏离标准温度20℃时，由于被测件、量仪和基准件的材质不同，其线胀系数也不同，测量时环境温度引起的误差 ΔL 为

$$\Delta L = L\left[\alpha_2(t_2 - 20) - \alpha_1(t_1 - 20)\right] \tag{7-7}$$

式中，L 为被测件长度（mm）；α_1、α_2 为标准件、被测件材料的线胀系数；t_1、t_2 为标准件、被测件的实际温度（℃）。

为了减小环境温度引起的测量误差，尽量使测量时的环境温度接近标准温度，或尽可能使被测件与标准件的材质相同，也可以对测量结果进行修正。

在一般生产车间，对湿度、振动、灰尘也要给予足够的重视。

4. 测量人员误差

测量人员误差是测量人员的主观因素（如技术熟练程度、分辨能力、思维情绪、不良的测量习惯等）引起的误差。

总之，引起测量误差的因素众多，有些误差是可以消除的，有些误差是不可避免的。因此，在测量时采取相应的措施，尽量减小或消除测量误差，以保证测量的准确度。

7.4.3 测量误差的种类、特性及数据处理

在测量中，为了减少测量误差，就必须了解和掌握测量误差的性质及其规律，测量误差按其性质可分为随机误差、系统误差和粗大误差。

1. 随机误差的处理与评定

随机误差不可能被完全消除，但利用概率论与数理统计的有关理论进行处理，可以估算出误差的范围和分布规律，并采取适当的措施将其减小到允许的范围。实践证明，大多数情况下测量误差是服从正态分布规律的。在第2章中已对误差的正态分布进行了初步介绍，下面将进一步介绍有关概念。

（1）算术平均值原理 在重复性测量条件下，对同一被测量进行一组多次重复测量，

得到一系列测量值 L_i（$i=1,2,\cdots,n$），如果测量值包含随机误差，并且服从正态分布，则其算术平均值 $\bar{L}$ 最接近于真值，此即算术平均值原理，证明如下。

假设 L_0 是被测量值的真值，各测量值 L_i 的误差分别为

$$\delta_i = L_i - L_0, \quad i=1,2,\cdots,n \tag{7-8}$$

对式（7-8）求和，得到

$$\sum_{i=1}^{n} \delta_i = \sum_{i=1}^{n} L_i - nL_0$$

则真值为

$$L_0 = \sum_{i=1}^{n} \frac{L_i}{n} - \sum_{i=1}^{n} \frac{\delta_i}{n} = \bar{L} - \sum_{i=1}^{n} \frac{\delta_i}{n} \tag{7-9}$$

由随机误差的补偿特性可知

$$\lim_{n\to\infty} \left(\sum_{i=1}^{n} \frac{\delta_i}{n} \right) = 0 \tag{7-10}$$

因此，当 $n\to\infty$ 时有

$$\bar{L} = L_0 \tag{7-11}$$

事实上，无限次测量是不可能的，但在进行有限次测量时，可证明算术平均值最接近于真值 L_0。另外，即使随机误差不服从正态分布，由大数定理也可证明，当 n 充分大时，算术平均值也趋近其真值。因此，取算术平均值是减小随机误差行之有效的重要手段。

（2）剩余误差（残差）及其特性 由于真值不能确知，所以在实际应用中常以算术平均值 $\bar{L}$ 代替真值，并以残差 v_i 代替测量误差 δ_i。残差 v_i 为测量值 L_i 与算术平均值 $\bar{L}$ 之差，即 $v_i = L_i - \bar{L}$。残差有以下两个重要特性：

1）由残差定义很容易证明，一组测量值的残差代数和等于零，即

$$\sum_{i=1}^{n} v_i = 0 \tag{7-12}$$

此性质可用来检验算术平均值及残差的计算结果是否正确。

2）残差的二次方和为最小。

$$\sum_{i=1}^{n} v_i^2 = \sum_{i=1}^{n} (L_i - \bar{L})^2 = \min \tag{7-13}$$

利用反证法很容易证明上述结论。假设存在一个 $\tilde{L} \neq \bar{L}$，使得 $\sum_{i=1}^{n} (L_i - \tilde{L})^2 = \min$，按照极值原理应有

$$\frac{\mathrm{d}}{\mathrm{d}\tilde{L}} \sum_{i=1}^{n} (L_i - \tilde{L})^2 = -2 \sum_{i=1}^{n} L_i + 2n\bar{L} = 0, \tilde{L} = \frac{1}{n} \sum_{i=1}^{n} L_i = \bar{L} \tag{7-14}$$

与原假设 $\tilde{L} \neq \bar{L}$ 矛盾，此即最小二乘法原理，这一原理在误差理论与数据处理中具有极为重要的价值。

（3）单次测量极限误差 $\delta_{\lim}$ 的确定 当以一定置信概率估计某一次（只一次）测量结果的误差不会超过某误差界限时，该误差界限称为极限误差。如果置信概率取 $P = 99.73\%$，则 $\delta_{\lim} = 3\sigma$。其中，σ 为随机误差的标准差，其计算表达式由第 2 章给出。

$$\sigma = \sqrt{\left(\sum_{i=1}^{n}\delta_i^2\right)/n} \ (\text{按测量误差}\ \delta_i\ \text{计算}) \tag{7-15}$$

$$\sigma = \sqrt{\left(\sum_{i=1}^{n}v_i^2\right)/(n-1)} \ (\text{按残差}\ v_i\ \text{计算}) \tag{7-16}$$

（4）算术平均值的极限误差 $\delta_{\lim\bar{L}}$　在重复性的条件下，对同一被测量进行 m 组 n 次重复测量，每组结果的算术平均值 $\bar{L}_i$（$i = 1, 2, \cdots, m$）不会完全相同，因为 $\bar{L}_i$ 本身也是服从正态分布规律的随机变量，但其分散性比单次测量值 L_i 明显减小，如图 7-18 所示。

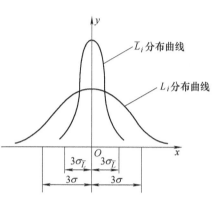

图 7-18　标准偏差示意图

误差理论表明，算术平均值 $\bar{L}$ 的标准偏差 $\sigma_{\bar{L}}$ 与表示单次测量值 L_i 的标准差 σ 有如下关系。

$$\sigma_{\bar{L}} = \sigma/\sqrt{n} \tag{7-17}$$

换句话说，如果以 n 次重复测量值的算术平均值作为测量结果，则其标准差为

$$\sigma_{\bar{L}} = \sqrt{\sum_{i=1}^{n}v_i^2/n(n-1)} \tag{7-18}$$

相应的极限误差为

$$\delta_{\lim\bar{L}} = \pm 3\sigma/\sqrt{n} = \pm 3\sqrt{\sum_{i=1}^{n}v_i^2/n(n-1)} \tag{7-19}$$

测量结果可写成

$$L = \bar{L} \pm 3\sqrt{\sum_{i=1}^{n}v_i^2/n(n-1)} \tag{7-20}$$

由式(7-17)可知，增加重复测量次数 n，取平均值为测量结果，可以提高测量精度，但由于 $\sigma_{\bar{L}}/\sigma$ 随 n 的二次方根衰减，n 很大时，收效并不明显，而且如果延续时间过长，很可能破坏等精度条件。实际测量时，n 一般取 3 ~ 5 次，最多也很少超过 20 次。

2. 系统误差的发现与消除

系统误差是在一定的测量条件下，对同一被测量进行多次重复测量时，误差的绝对值和符号保持不变或按一定规律变化的测量误差。前者称为常值（或已定）系统误差，后者称为变值（或未定）系统误差。

对于常值系统误差，可用不等精度测量法来发现。对于变值系统误差，可根据它对测得值的残差的影响，采用残差观察法来发现。即将各测得值的残差按测量顺序排列，若残差大体上正、负相间，又无显著变化规律，如图 7-19a 所示，可认为不存在变值系统误差；若残差大体上按线性规律递增或递减，如图 7-19b 所示，可认为存在线性变值系统误差；若残差的变化基本上呈周期性，如图 7-19c 所示，可认为存在周期性变值系统误差；若残差按某种特定的规律变化，如图 7-19d 所示，可认为存在复杂变化规律的系统误差。

对于常值系统误差，不能通过观察残差来发现，一般可通过预检法、补偿法或代替法发

现。在实际测量中，发现系统误差并不是很容易，因为测量过程中形成系统误差的因素有时很复杂，而且和随机误差混在一起，往往很难发现。即使能够发现，也不一定能够消除。因此，发现和消除系统误差是测量技术中的重大课题之一。

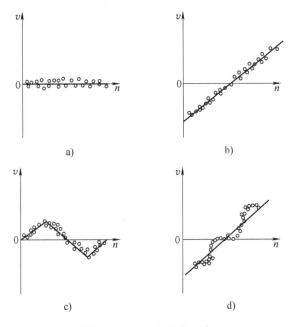

图 7-19 系统误差的判定

系统误差常用以下几种方法消除或减小：

1）从产生误差根源上消除系统误差。要求测量人员对测量过程中可能产生系统误差的各个环节进行仔细的分析，并在测量前就将系统误差从产生根源上加以消除。

2）用修正法消除系统误差。预先检定或计算出计量器具的系统误差，然后将测得值进行修正，即可得到不包含系统误差的测量结果。

3）用抵消法消除定值系统误差。在对称位置上分别测量一次，若这两次测量的系统误差大小相等、符号相反，将两次测量的平均值作为测量结果，就可以消除定值系统误差。

4）用半周期法消除周期性系统误差。周期性系统误差可以每隔半个周期测量一次，取两次测量的平均值作为测量结果，即可有效消除周期性系统误差。

3. 粗大误差

粗大误差又称过失误差，指超出规定条件下预计的误差。粗大误差是由某些不正常的原因造成的。粗大误差使测量结果严重失真，因此应及时发现，予以剔除。粗大误差的判别与剔除，一般也是建立在统计方法基础上的，即对同一量值重复多次测量，按照统计理论给出一个判断的界限，凡超出此界限的误差，均认为属粗大误差，应予以剔除。在正态分布前提下，判别粗大误差常用的统计方法有拉依达准则（又称 3σ 准则）、格拉布斯准则、狄克逊准则等。最简单就是 3σ 准则，也就是说如果一组测量数据中某个测量值残差的绝对值超过 3σ，则认为该数据包含粗大误差，予以剔除后，重新进行统计检验，直到全部残差均不超过 3σ 为止。

粗大误差的产生是由于操作人员的失误或环境条件突变以及其他非正常因素造成的，因此除了操作人员外，各种测量仪器自身也可能造成粗大误差，设计计算机控制的测试系统时，应考虑相应的粗大误差判别子程序。

例7-2　对某零件直径进行 10 次等精度测量，其零件测量值见表 7-4，数据中是否存在系统误差？试判断该测量系列值中是否含有粗大误差的数据。

表 7-4　零件测量值

序号	测量值 L_i/mm	v_i/μm	v_i^2/μm²
1	30.049	+ 1	1
2	30.047	− 1	1
3	30.048	0	0
4	30.046	− 2	4
5	30.050	+ 2	4
6	30.051	+ 3	9
7	30.043	− 5	25
8	30.052	+ 4	16
9	30.045	− 3	9
10	30.049	+ 1	1
Σ	$\overline{L}$ = 30.048	$\sum v_i = 0$	$\sum v_i^2 = 70$

解：

1）系统误差判定：由表 7-4 可得 $\overline{L} = 30.048$mm，且残余误差为

$$\sum_{i=1}^{n} v_i = 0$$

显然，可判断该表测量值中没有明显的系统误差存在。

2）粗大误差判定：将表 7-4 中数值带入式(7-16)，有 $\sigma \approx 2.79$μm，$3\sigma \approx 8.4$μm，按照 3σ 准则，表 7-4 中测量值残差的绝对值均没有超过 3σ，所以判断该测量系列值不包含粗大误差的数据。

7.4.4　测量结果的数据处理

1. 直接测量结果的数据处理

例7-3　在立式光学计（光学比较仪）上，以 2 级量块为基准，检定 $L = 30$mm 的精密零件，重复测量 10 次，测得值按测量顺序列于表 7-5。试求此方法的测量极限误差，并写出测量结果。

表 7-5　测量结果残差

序号	测量值 L_i/mm	v_i/μm	v_i^2/μm²
1	30.009	+ 1	1
2	30.007	− 1	1
3	30.008	0	0
4	30.006	− 2	4
5	30.010	+ 2	4

（续）

序号	测量值 L_i/mm	v_i/μm	v_i^2/μm²
6	30.011	+3	9
7	30.003	−5	25
8	30.012	+4	16
9	30.005	−3	9
10	30.009	+1	1
Σ	$\overline{L}$ = 30.008	$\sum v_i = 0$	$\sum v_i^2 = 70$

解：

1）求算术平均值 $\overline{L}$：由式(7-14) 得 $\overline{L}$ = 30.008mm。

2）计算残差：$v_i = L_i - \overline{L}$，按此式将计算结果填入表7-5 内，并利用残差特性 $\sum v_i = 0$，判断计算无误。

3）计算标准偏差：由式(7-16) 得 $\sigma \approx 2.79$μm。

4）用 3σ 准则判断有无粗大误差：$3\sigma \approx 8.4$μm，所有 $|v_i| < 3\sigma$，故无粗大误差。

5）检查有无系统误差：已知无定值系统误差。根据"残差观察法"，残余误差 v_i 大体上正、负相间且无显著变化，故可以认为无显著系统误差。

6）求算术平均值的极限误差：由式(7-19) 得

$$\delta_{\lim\overline{L}} = \pm 3\sigma/\sqrt{n} = \pm 3 \times 8.4/\sqrt{10}\,\mu m = \pm 2.6\,\mu m$$

7）计算此测量方法总的测量极限误差：在总的测量极限误差中，除 $\overline{L}$ 的测量极限误差外，还要考虑那些在多次重复测量中不能充分反映出来的其他误差因素。本例中需要考虑标准件误差 $\delta_{\lim S} = \pm 0.8$μm。故总的测量极限误差为

$$\delta_{\lim} = \sqrt{\delta_{\lim\overline{L}}^2 + \delta_{\lim S}^2} = \pm\sqrt{2.6^2 + 0.8^2}\,\mu m \approx \pm 2.7\,\mu m$$

8）最后测量结果为

$$L = \overline{L} \pm \delta_{\lim} \approx (30.008 \pm 0.003)\,mm$$

2. 间接测量结果的数据处理

间接测量结果依据与被测的量 L 有函数关系的其他量 L_1，L_2，$\cdots$，L_n 的直接测量结果，并按已知函数关系式，即

$$L = f(L_1, L_2, \cdots, L_n) \tag{7-21}$$

计算求得。因此，间接测量误差不但与有关量的直接测量结果的误差有关，同时还受函数关系的影响。

（1）**定值系统误差的合成** 对式(7-21) 偏微分，则近似得

$$\delta L = \sum_{i=1}^{n} \frac{\partial f}{\partial L_i}\delta L_i \tag{7-22}$$

式中，$\frac{\partial f}{\partial L_i}$ 为误差传递系数；δL_i 为各有关量 L_i 的误差。

利用式(7-22)，即可将各有关量在直接测量中的系统误差进行合成，从而求得综合系统误差 δL，并据此最后修正测量结果。

变值系统误差的合成比较复杂，应在合成前设法从数据中消除。

（2）随机误差的合成 间接测量中随机误差的合成，可用标准偏差 σ 或极限误差 δ_{lim} 合成，因此，应该研究函数 L 的标准偏差 σ 与各测量值 L_1，L_2，$\cdots$，L_n 等的标准偏差 σ_{L_i} 之间的关系。

设函数的一般形式仍为式(7-21)，由概率论理论可知

$$\sigma = \sqrt{\left(\sum_i^n \frac{\partial f}{\partial L_i} \right) \sigma_{L_i}^2} \tag{7-23}$$

将标准偏差折合成极限误差，得

$$\delta_{limL} = \sqrt{\left(\sum_i^n \frac{\partial f}{\partial L_i} \right)_{L_i}^2 \delta_{limL_i}^2} \tag{7-24}$$

式(7-23)及式(7-24)即为随机误差合成计算的基本公式。若各分量之间有较显著的相关关系，则还要考虑相关项，详见有关误差理论与数据处理的文献资料。

7.5 光滑工件尺寸检验

对一般光滑工件（孔和轴）的尺寸，通常用各种游标卡尺、千分尺、指示表和比较仪等仪器来测量。

7.5.1 验收原则、安全裕度和验收极限

1. 验收原则

传统的检测方法是把图样上对尺寸所规定的上、下极限偏差（或极限尺寸），作为判断尺寸是否合格的验收极限。由于任何测量都存在误差，因此这种方法，一方面可能将真值接近极限尺寸的合格品检成废品，造成误废，另一方面又可能将另一些真值接近极限尺寸的废品检成合格品，造成误收。如图 7-20 所示，公差带两端的正态分布曲线表示测量误差。

这种误判（误收与误废）发生的概率与工件尺寸加工方法的工艺能力指数 C_p、工件实际尺寸的分布规律和测量方法的精确度有关。$C_p = T/6\sigma$（T 为工件尺寸公差，σ 为加工方法的标

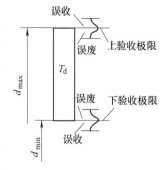

图 7-20 验收极限

准偏差），C_p 越大，则误判的概率越小。误收将影响产品质量，而误废将造成经济损失。工件尺寸的功能要求和重要性不同，对误判的允许程度也不同。

因此，在国家标准 GB/T 3177—2009《产品几何技术规范（GPS）光滑工件尺寸的检验》中验收原则规定：所用的验收方法应只接受位于规定的极限尺寸以内的工件，即只允许有误废，而不允许有误收。测量的标准温度为 20℃。

2. 安全裕度和验收极限

验收极限是指检验工件尺寸时，判断工件合格与否的尺寸界线。为保证零件满足互换性要求，将误收减至最少，标准中规定了内缩方式和不内缩方式两种验收极限方式。

（1）内缩方式 规定验收极限是从工件的最大和最小实体尺寸分别向公差带内移动一

个安全裕度 A 来确定，如图 7-21 所示。A 的数值为工件公差 T 的 1/10。这样可以减少或防止误收，以确保产品质量，但误废会略有增加。

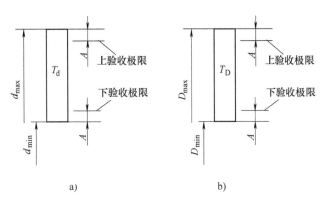

图 7-21 内缩方式验收极限
a) 轴公差带 b) 孔公差带

（2）**不内缩方式** 该方式规定验收极限等于工件的最大实体尺寸和最小实体尺寸，即安全裕度 $A=0$。这种验收方式常用于非配合和一般公差尺寸。

验收方法可按以下原则来决定：

1）对采用包容要求的尺寸及公差等级较高的尺寸，应选用内缩方式确定验收极限。

2）当工艺能力指数 $C_p \geqslant 1$ 时，可用不内缩方式确定验收极限，但当采用包容要求时，在最大实体尺寸的一侧仍用内缩方式，如图 7-22 所示。

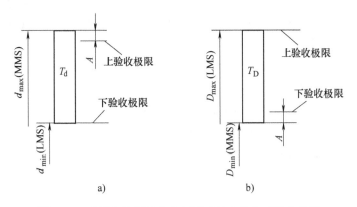

图 7-22 采用包容要求公差原则时的内缩方式验收极限
a) 轴公差带 b) 孔公差带

3）当工件的实际尺寸服从偏态分布时（如操作人员试切法加工工件，轴尺寸多偏大，孔尺寸多偏小），可只对尺寸偏向的一侧按内缩方式确定验收极限，如图 7-23 所示。

4）对于非配合尺寸和一般公差的尺寸，可用不内缩方式。

7.5.2 计量器具的选择

机械制造中，计量器具的选择主要决定于计量器具的技术指标和经济指标。在综合考虑这些指标时，主要有以下两点要求。

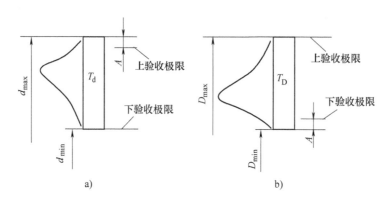

图 7-23 实际尺寸为偏态分布时的内缩方式验收极限

a) 轴公差带 b) 孔公差带

1）按被测工件的部位、外形及尺寸来选择计量器具，使所选的计量器具的测量范围能满足工件的要求。

2）按被测工件的公差来选择计量器具。考虑到计量器具测量误差将会带入工件的测量结果中，因此选择的计量器具所允许的误差极限应当小。但计量器具的误差极限越小，其价格将越高，对使用时的环境条件和操作者的要求也越高。因此，在选择计量器具时，应将技术指标和经济指标统一进行考虑。

通常计量器具的选择可根据国家标准（如 GB/T 3177—2009）进行。对于没有标准的其他工件检测用的计量器具，应使所选用的计量器具的误差极限约占被测工件公差的 1/10～1/3，其中对公差等级低的工件采用 1/10，对公差等级高的工件采用 1/3 甚至 1/2。由于工件公差等级越高，对计量器具的要求也越高，计量器具制造困难，所以使其误差极限占工件公差的比例增大是合理的。

计量器具应根据其不确定度的允许值 u_1 来选择，u_1 应为测量不确定度允许值 U 的 0.9 倍，即 $u_1 = 0.9U$。除 u_1 外，测量不确定度 U 还受测量温度、工件形状误差以及因测量力而产生的工件压陷变形等实测因素的影响。经统计分析，由这些因素产生的测量不确定度，其允许值 u_2 约为 u_1 的一半，即 $u_2 = 0.5u_1 = 0.45U$。

两者合成即为测量不确定度允许值：

$$U = \sqrt{u_1^2 + u_2^2} = \sqrt{(0.9U)^2 + (0.45U)^2}$$

测量不确定度允许值 U 按其与工件尺寸公差（适用于 IT6～IT18）的比值分为 Ⅰ、Ⅱ、Ⅲ 三档（IT12～IT18 只分 Ⅰ、Ⅱ 两档），见表 7-6。一般情况下，优先选用 Ⅰ 档，其次为 Ⅱ 档、Ⅲ 档。选择计量器具时，应保证其不确定度不大于其允许值 u_1。

表 7-6 测量不确定度允许值 U

被测件公差等级	IT6～IT11			IT12～IT18	
分档	Ⅰ	Ⅱ	Ⅲ	Ⅰ	Ⅱ
允许值	$T/10$	$T/6$	$T/4$	$T/10$	$T/6$

选择计量器具除考虑首要因素即测量精度之外，还要考虑其适用性及成本。

计量器具的使用性能，要适应被测件的尺寸、结构、被测部位，被测件的重量、材质软硬，以及批量和检验效率等方面要求。例如，尺寸大的零件一般选用上置式的计量器具；仪表中的小尺寸和复杂的夹板等零件，宜选用光学摄影类仪器；对大批量生产的零件，宜选用量规或自动检验机，以提高检验效率。

选择测量仪器时，还必须使检测成本尽可能低，也就是说在满足测量精度要求的前提下，选用价格低廉的设备，过高地追求现代化高精度的仪器，将使经济效益降低。因此，在选择计量器具时既要保证其精度要求又要考虑经济性和成本。

例7-4　试确定 $\phi50\text{P}6\,^{+0.042}_{+0.026}$ 的验收极限，并选择相应的计量器具。

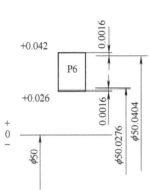

图7-24　工件验收极限的确定

解：对此较高精度的被测件，应采用内缩检测方式。

安全裕度 $A = T/10 = (-0.026 + 0.042)/10\text{mm} = 1.6\mu\text{m}$。

本例的测量不确定度允许值 U 也为 $T/10 = 1.6\mu\text{m}$（按表7-6，本例取Ⅰ档），于是测量器具的不确定度允许值 $u_1 = 0.9U = 1.44\mu\text{m}$。

检测时的验收极限确定如下（图7-24）：

上验收极限等于 $(50 + 0.042 - 0.0016)\text{mm} = 50.0404\text{mm}$；

下验收极限等于 $(50 + 0.026 + 0.0016)\text{mm} = 50.0276\text{mm}$。

查有关资料可知，可选用分度值为 0.001mm 的比较仪来测量该工件，比较仪的不确定度为 0.0014mm，小于 $u_1 = 0.00144\text{mm}$。

7.6　用光滑极限量规检验工件

零件尺寸和几何精度的检测，除了用通用量具和仪器外，还可用光滑极限量规和各种位置量规以及多种专用量规（如螺纹量规、键和花键量规、圆锥量规等）进行检验。限于篇幅，本节只介绍光滑极限量规（主要用于检验光滑轴、孔）的原理和尺寸计算。关于位置量规以及其他专用量规可参考有关国家标准。

7.6.1　光滑极限量规的工作原理和种类

1. 光滑极限量规的作用

光滑极限量规是检验光滑工件尺寸的一种无刻度长度测量器具。用它来检验时，只能确定被测轴或孔是否在允许的极限尺寸范围内，不能测出实际尺寸，但在成批和大量生产中，多采用极限量规来检验。

检验孔径的光滑极限量规称为塞规（图7-25）；检验轴径的光滑极限量规称为环规或卡规（图7-26）。塞规或卡规都有通规（或通端）和止规（或止端）并且成对使用，其中通规相当于孔、轴的最大实体尺寸，其圆柱表面模拟最大实体边界；另一个止规相当于孔、轴的最小实体尺寸。检验时，若通规能通过，而止规不能通过，则表明被检孔、轴的作用尺寸和实际尺寸都在规定的极限尺寸范围内，该孔、轴合格。

2. 光滑极限量规的种类

国家标准 GB/T 1957—2006《光滑极限量规　技术条件》，是参考国际标准（SIO）并结合我国实际情况制定的。根据量规不同用途，光滑极限量规分为三类。

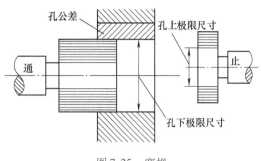

图 7-25　塞规

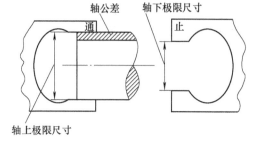

图 7-26　卡规

（1）工作量规　是工人在制造过程中，用来检验工件时使用的量规。工作量规的通规（或通端）用代号"T"表示，止规（或止端）用代号"Z"表示。

（2）校对量规　用来检验轴用工作环规（或卡规）在制造中是否符合制造公差，在使用中是否已达到磨损极限时使用的量规，它分为以下三种。

1）检验工作环规（或卡规）通规的校对量规，称为"校通-通"塞规，用代号"TT"表示。使用时，该塞规整个长度都应进入工作环规（或卡规）孔内，而且在孔的全长上进行检测。

2）检验工作环规（或卡规）止规的校对量规，称为"校止-通"塞规，用代号"ZT"表示。使用时与前述情况相同。

3）检验工作环规（或卡规）通规磨损极限的校对量规，称为"校通-损"塞规，用代号"TS"表示。使用时，该塞规不应进入被校对环规（或卡规）孔内，如果进入表示超出磨损极限。

（3）验收量规　是检验部门和用户代表验收产品时使用的量规。

工作量规的尺寸一般可用精密通用量仪（如光学计、测长仪、干涉仪等）来测量，但轴用量规（卡规）测量较困难，故对轴用量规规定了校对量规。检验孔用的工作量规（塞规），能很方便地用通用量仪测量，故未规定校对量规。

国家标准 GB/T 1957—2006 没有规定验收量规标准，但标准推荐：制造厂验收工件时，生产工人应该使用新的或磨损较少的工作塞规和工作环规（或卡规）通规；检验部门应该使用与生产工人相同形式且已磨损较多的工作塞规和环规（或卡规）通规。从而保证由生产工人自检合格的工件，检验人员验收时也一定合格。

用户代表在用量规验收工件时，通规应接近工件最大实体尺寸；止规应接近工件最小实体尺寸。

在用上述规定的量规检验工件时，如果判断有争议，应使用下述尺寸的量规来仲裁。通规应等于或接近于工件最大实体尺寸；止规应等于或接近于工件最小实体尺寸。

7.6.2　泰勒原则

由于形状误差的存在，工件尺寸虽然位于极限尺寸范围内也有可能装配困难，何况工件上各处的实际尺寸往往不相等。为保证工件满足装配要求的性能，光滑极限量规设计应遵循泰勒原则。

如图 7-27 所示，在配合面的全长上与实际孔内接的最大理想圆柱面直径，称为孔的体外作用尺寸；与实际轴外接的最小理想圆柱面直径，称为轴的体外作用尺寸。当工件存在形状误差时，孔的体外作用尺寸一般小于该孔的最小实际尺寸，轴的体外作用尺寸一般大于该轴的最大实际尺寸；当工件没有形状误差时，其体外作用尺寸就等于实际尺寸。

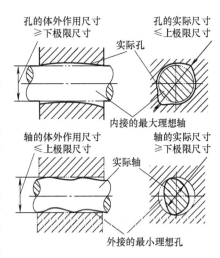

图 7-27 泰勒原则

在生产中，为了在尽可能切合实际的情况下，保证达到国家标准公差、偏差与配合的要求，用量规检验工件时，工件的尺寸极限应按泰勒原则来判断。

泰勒原则是指孔的体外作用尺寸应大于或等于孔的最小极限尺寸，并在任何位置上孔的最大实际尺寸应小于或等于孔的最大极限尺寸；轴的体外作用尺寸应小于或等于轴的最大极限尺寸，并在任何位置上轴的最小实际尺寸应大于或等于轴的最小极限尺寸。

用光滑极限量规检验工件时，符合泰勒原则的量规如下：

通规用于控制工件的体外作用尺寸，它的测量面理论上应具有与孔或轴相应的完整表面（即全形量规），其尺寸等于孔或轴的最大实体尺寸，且量规长度等于配合长度。

止规用于控制工件的实际尺寸，它的测量面理论上应为点状的（即不全形量规），其尺寸等于孔或轴的最小实体尺寸。

在实际应用中，由于量规的制造和使用方法等原因，极限量规常偏离上述原则。在国家标准中规定，符合泰勒原则的量规，在某些场合下应用有困难或不方便时，可在保证被检验工件的形状误差不影响配合性质的条件下，使用偏离泰勒原则的量规。例如，为了用已标准化的量规，允许通规的长度小于接合长度；对大孔用全形塞规通规，既笨重又不便使用，允许用不全形塞规或球端杆规；环规通规不便于检验曲轴，允许用卡规代替；为了减小磨损，止规可以不用点接触工件，一般常用小平面、圆柱或球面代替点；检验小孔的塞规止规，常用便于制造的全形塞规。

泰勒原则是设计极限量规的依据，用这种极限量规检验工件，基本上可保证工件极限与配合的要求，达到互换的目的。

7.6.3 量规的公差带

量规是一种精密检验工具，制造量规和制造工件一样，不可避免地会产生误差，故必须规定尺寸公差。量规尺寸公差的大小决定了量规制造的难易程度。

工作量规通规工作时，要经常通过被检验工件，其工件表面不可避免地会发生磨损，为了使通规有一合理的使用寿命，除规定尺寸公差外，还规定了磨损极限。磨损极限的大小，决定了量规的使用寿命。

量规公差相当于测量中的测量误差，由于量规公差的影响，可能把超出规定尺寸范围的孔、轴误认为合格而接收，即误收，也可能把在规定尺寸范围内的孔、轴误认为不合格而报废，即误废。误收会影响产品质量，误废则造成经济损失。因此，量规公差的存在，实际上将改变孔、轴的公差带，使之缩小或扩大，如图 7-28 所示。可能的最小制造公差称生产公差，而可能的最大制造公差称保证公差。生产公差应能满足加工经济性要求，而保证公差应能满足使用要求，两者实际上是相互矛盾的。为解决这一矛盾，必须合理地规定量规公差大小及其相对于孔、轴公差带的位置。

量规公差带相对于孔、轴公差带的布置一般有两种方案：内缩方案和外延方案，如图 7-29 所示。

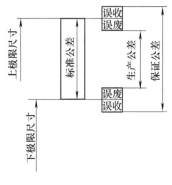

图 7-28 量规误差及影响

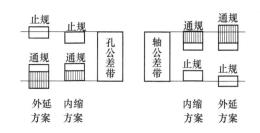

图 7-29 量规公差带布置方案

内缩方案的特点是将量规公差带全部限制在孔、轴公差带内，这样能够保证被检孔、轴尺寸位于其标准公差带内，可以有效地防止误收以保证产品质量与互换性，但存在误废现象，对加工精度要求高的工件，经济性较差。外延方案的特点是量规的部分公差可以超越孔、轴的极限尺寸，此时保证公差将大于孔、轴的标准公差，这对保证产品质量与互换性可能有影响，但可扩大生产公差，经济性较好。当然，不论采用哪种方案，其误收或误废的概率都应很小。国家标准 GB/T 1957—2006 规定采用内缩方案。

图 7-30 所示为工作量规和校对量规的公差带位置。工作量规的止规的公差带布置在轴、孔最小实体尺寸的内侧，工作量规的通规在检验工件时，经常通过被检孔、轴而产生磨损，为了保证通规的合理使用寿命，需要有适当的磨损储备量，于是将通规的制造公差带相对于被检工件的公差带再内移一定距离，在工件最大实体尺寸和通规公差带间形成一段磨损公差带

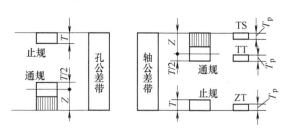

图 7-30 工作量规和校对量规公差带位置

（图中标有纵向阴影线部分），并以被检工件的最大实体尺寸为磨损极限，通规磨损到此极限尺寸即报废。图 7-30 中，T 为量规的尺寸公差值，Z 为通规尺寸公差带的中心到工件最大实体尺寸间的距离，称为位置要素（具体数值见表 7-7）。止规磨损机会很少，故无磨损公差。

国家标准没有制定验收量规的标准，但有如下规定：制造厂检验工件时，加工工人应使用新的或磨损较少的工作量规通规，检验部门应使用与加工工人使用的量规形式相同且尺寸已磨损较多但未到磨损极限的工作量规通规（当作验收量规的通规使用）。用户代表所使用的验收量规，其通规尺寸应接近被检工件的最大实体尺寸，止规尺寸应接近被检工件的最小实体尺寸。

表7-7 IT6~IT14级工作量规制造公差 T 和位置要素 Z 值 (摘自 GB/T 1957—2006)

（单位：μm）

公称尺寸 D/mm	IT6			IT7			IT8			IT9			IT10			IT11			IT12			IT13			IT14		
	孔或轴的公差值	T	Z	孔或轴的公差值	T	Z	孔或轴的公差值	T	Z	孔或轴的公差值	T	Z	孔或轴的公差值	T	Z	孔或轴的公差值	T	Z	孔或轴的公差值	T	Z	孔或轴的公差值	T	Z	孔或轴的公差值	T	Z
≤3	6	1	1	10	1.2	1.6	14	1.6	2	25	2	3	40	2.4	4	60	3	6	100	4	6	140	6	14	250	9	20
>3~6	8	1.2	1.4	12	1.4	2	18	2	2.6	30	2.4	4	48	3	5	75	4	8	120	5	16	180	7	16	300	11	25
>6~10	9	1.4	1.6	15	1.8	2.4	22	2.4	3.2	36	2.8	5	58	3.6	6	90	5	9	150	6	13	220	8	20	360	13	30
>10~18	11	1.6	2	18	2	2.8	27	2.8	4	43	3.4	6	70	4	8	110	6	11	180	7	15	270	10	24	430	15	35
>18~30	13	2	2.4	21	2.4	3.4	33	3.4	5	52	4	7	84	5	9	130	7	13	210	8	18	330	12	28	520	18	40
>30~50	16	2.4	2.8	25	3	4	39	4	6	62	5	8	100	6	11	160	8	16	250	10	22	390	14	34	620	22	50
>50~80	19	2.8	3.4	30	3.6	4.6	46	4.6	7	74	6	9	120	7	13	190	9	19	300	12	26	460	16	40	740	26	60
>80~120	22	3.2	3.8	35	4.2	5.4	54	5.4	8	87	7	10	140	8	15	220	10	22	350	14	30	540	20	46	870	30	70
>120~180	25	3.8	4.4	40	4.8	6	63	6	9	100	8	12	160	9	18	250	12	25	400	16	35	630	22	52	1000	35	80
>180~250	29	4.4	5	46	5.4	7	72	7	10	115	9	14	185	10	20	290	14	29	460	18	40	720	26	60	1150	40	90
>250~315	32	4.8	5.6	52	6	8	81	8	11	130	10	16	210	12	22	320	16	32	520	20	45	810	28	66	1300	45	100
>315~400	36	5.4	6.2	57	7	9	89	9	12	140	11	18	230	14	25	360	18	36	570	22	50	890	32	74	1400	50	110
>400~500	40	6	7	63	8	10	97	10	14	155	12	20	250	16	28	400	20	40	630	24	55	970	36	80	1550	55	120

校对量规的公差带相对被检工作量规的公差带也属内缩方案。其中，校通-通（代号 TT）是轴用工作量规通规的校对量规，检验合格的标志是通过被检通规；校止-通（代号 ZT）是轴用工作量规止规的校对量规，检验合格的标志是通过被检止规；校通-损（代号 TS）是检验轴用工作量规通规是否达到磨损极限的校对量规，检验时若通过轴用工作量规的通规，则该通规即应停止使用。

　　轴用工作量规的通规和止规的制造公差带上极限尺寸都没有设置校对量规，这是因为工作量规的公差值很小，校对量规的公差值更小，如果公差带上限再设置校对量规，不仅增加成本，且会增大新工作量规的误检率（公差带重叠），故国家标准中只规定 TT 和 ZT 校对量规。至于工作卡规尺寸是否过大，在生产中，在用 TT 及 ZT 校对量规检验卡规下极限尺寸时凭手感经验来判断的，若有疑惑，可另用精密量仪来检测。

　　国家标准中规定了公称尺寸到 500 mm，公差等级由 IT6 ~ IT16 各级孔和轴用量规的公差值和技术条件。工作量规的公差 T 及公差带位置要素 Z 可由表 7-7 中查出，量规的形状和位置公差一般为量规尺寸公差的 50%。

　　校对量规的尺寸公差为被校对的工作量规尺寸公差的 50%。形状和位置误差应控制在尺寸公差带内。

7.6.4　量规工作尺寸的计算

　　计算量规工作尺寸时，首先应查出被检尺寸的上、下极限偏差，再从表 7-7 中查出量规的制造公差 T 和位置要素 Z，按图 7-30 画出所有量规的公差带图。其中，三种校对量规的公差值 T_p 均取被校对工作量规制造公差的一半，即 $T_p = T/2$。现以 $\phi 25 H8/ f7$ mm 的孔用与轴用量规为例计算各种量规的有关工作尺寸，其结果列于表 7-8 中。公差带图如图 7-31 所示。

　　量规工作尺寸计算完后，可绘制出如图 7-32 所示的量规工作图。为了给量规制造工人提供方便，量规图样上的工作尺寸也可用量规的最大实体尺寸来标注，这样使上、下极限偏差之一为零，便于加工中控制量规的尺寸。这样标注的量规工作尺寸列于表 7-8 最右列。

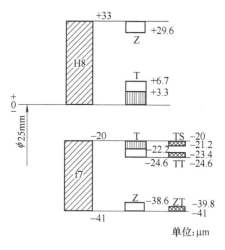

图 7-31　量规公差带图

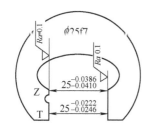
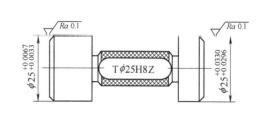

图 7-32　量规工作图

表 7-8 量规工作尺寸的计算

被检工件	量规种类	量规公差 $T(T_p)/\mu m$	位置要素 $Z/\mu m$	量规极限尺寸/mm 上	量规极限尺寸/mm 下	量规工作尺寸 /mm
$\phi 25H8$	T(通)	3.4	5.0	25.0070	25.0033	$25.0067_{-0.0034}^{0}$
	Z(止)	3.4	—	25.0330	25.0296	$25.0330_{-0.0034}^{0}$
$\phi 25f7$	T(通)	2.4	3.4	24.9778	24.9754	$24.9754_{0}^{+0.0024}$
	Z(止)	2.4	—	24.9614	24.9590	$24.9590_{0}^{+0.0024}$
	TT	1.2	—	24.9766	24.9754	$24.9766_{-0.0012}^{0}$
	ZT	1.2	—	24.9602	24.9590	$24.9602_{-0.0012}^{0}$
	TS	1.2	—	24.9800	24.9788	$24.9800_{-0.0012}^{0}$

7.6.5 量规的技术要求

量规测量面的材料，可用淬硬钢（合金工具钢、碳素工具钢、渗碳钢）和硬质合金等材料制造，也可在测量面上镀以厚度大于磨损量的镀铬层、氮化层等耐磨材料。

量规的测量面不应有锈迹、毛刺、黑斑、划痕等缺陷，其他表面不应有锈蚀和裂纹。

量规的测头和手柄联结应牢固可靠，在使用过程中不应松动。

量规测量面的硬度，对量规使用寿命有一定影响，通常用淬硬钢制造的量规，其测量面的硬度不应小于 700HV（或 60HRC）。

量规测量面的表面粗糙度，取决于被检验工件的基本尺寸、公差等级和粗糙度以及量规的制造工艺水平。量规表面粗糙度的大小，随上述因素和量规结构的变化而异。工作量规测量面一般不应大于国家标准推荐的表面粗糙度 Ra 值，工作量规测量面的表面粗糙度见表 7-9。

表 7-9 工作量规测量面的表面粗糙度

工作量规	工作量规的基本尺寸/mm		
	≤120	>120、≤315	>315、≤500
	工作量规测量面的表面粗糙度 Ra 值/μm		
IT6 级孔用工作塞规	0.05	0.10	0.20
IT7 ~IT9 级孔用工作塞规	0.10	0.20	0.40
IT10 ~IT12 级孔用工作塞规	0.20	0.40	0.80
IT13 ~IT16 级孔用工作塞规	0.40	0.80	0.80
IT6 ~IT9 级轴用工作环规	0.10	0.20	0.40
IT10 ~IT12 级轴用工作环规	0.20	0.40	0.80
IT13 ~IT16 级轴用工作环规	0.40	0.80	0.80

注：校对量规测量面的表面粗糙度参数值（Ra）比被校对的轴用量规测量面的 Ra 值略小一点。

校对塞规的表面外观、测头与手柄的联结程度、制造材料、测量面硬度及处理，国家标准规定与工作量规要求相同。

校对塞规测量面的表面粗糙度 Ra 值不应大于表 7-10 的规定。

表 7-10　校对塞规测量面的表面粗糙度 Ra 值

校对塞规	校对塞规的公称尺寸/mm		
	≤120	>120、≤315	>315、≤500
	校对量规测量面的表面粗糙度 Ra 值/μm		
IT6～IT9 级轴用 工作环规的校对塞规	0.05	0.10	0.20
IT10～IT12 级轴用 工作环规的校对塞规	0.10	0.20	0.40
IT13～IT16 级轴用 工作环规的校对塞规	0.20	0.40	

习 题 与 思 考 题

7-1　仪器读数在 20mm 处的示值误差为 + 0.0022mm，当用它测量工件时，读数正好是 20mm，问工件的实际尺寸是多少？

7-2　对某尺寸进行 10 次重复测量，消除系统误差和粗大误差后，得到以下一组读数值：30.454mm，30.459mm，30.459mm，30.454mm，30.458mm，30.459mm，30.456mm，30.458mm，30.458mm，30.455mm。试分别写出以第一次（单次）测得值 30.454mm 及以算术平均值表示的测量结果。

7-3　试组合尺寸为 24.254mm 的量块组，若采用 1 级量块，计算组合后量块组的长度极限偏差。

7-4　用游标卡尺测量箱体孔的中心距（图 7-33），有如下三种测量方案：①测量孔径 d_1、d_2 和孔边距 L_1；②测量孔径 d_1、d_2 和孔边距 L_2；③测量孔边距 L_1 和 L_2。若已知它们的测量不确定度 $U_{d1} = U_{d2} = 40\mu m$，$U_{L1} = 60\mu m$，$U_{L2} = 70\mu m$，试计算三种测量方案的测量极限误差，并确定采用哪种测量方案？

7-5　试计算 $\phi30M7/h6$ 配合的孔、轴工作量规的极限尺寸，并画出公差带图。

7-6　试计算 $\phi50k6$ 的工作卡规及校对量规的极限尺寸，并画出公差带图。

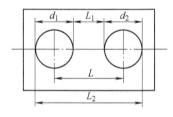

图 7-33　题 7-4 图

综合作业题

综合题图 1 所示为小型发动机中的活塞部件。发动机工作时，在活塞上部的气缸空间内，燃料燃烧使气体膨胀，推动活塞在气缸内做直线运动，通过曲柄连杆机构使曲柄轴（以下简称曲轴）回转，输出动力，因而此部件是发动机的重要部件。此部件中的活塞和活塞销等一直工作在高温下，且承受冲击。本题发动机的功率为 2kW，曲轴最高转速为 3000r/min，生产条件为大批量生产。

1) 确定以下各配合处的配合制、公差等级与配合类别，简述理由，并将结果标注在综合题图 1 的装配图上。

① 活塞 1 和活塞销 2（φ14mm）；

② 活塞销 2 和连杆小铜套 3（φ14mm）；

③ 连杆小铜套 3 和连杆 4（φ18mm）；

④ 连杆 4 和连杆大铜套 5（φ24mm）；

⑤ 连杆大铜套 5 和曲轴销 6（φ18mm）；

⑥ 曲轴销 6 和曲轴 7（φ18mm）；

⑦ 曲轴 7 和滚动轴承 304 内圈（φ20mm）；

⑧ 滚动轴承 304 外圈和曲轴箱孔（φ52mm）。

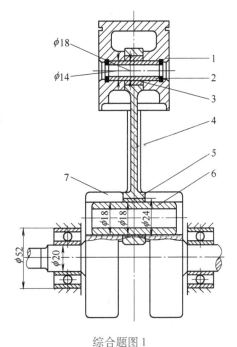

综合题图 1

1—活塞　2—活塞销　3—连杆小铜套　4—连杆
5—连杆大铜套　6—曲轴销　7—曲轴

2) 确定零件曲轴 7（综合题图 2）和曲轴销 6（综合题图 3）的尺寸公差、几何公差和表面粗糙度参数值，并标注在综合题图 2 和综合题图 3 上。

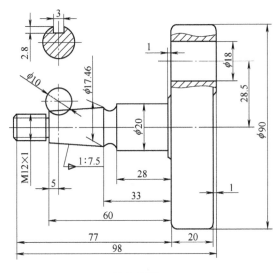

综合题图 2

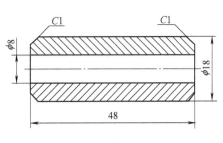

综合题图 3

参考文献

[1] 刘卫胜. 互换性与测量技术 [M]. 北京：机械工业出版社，2015.

[2] 何贡. 互换性与测量技术 [M]. 2 版. 北京：中国计量出版社，2005.

[3] 王伯平. 互换性与测量技术基础 [M]. 4 版. 北京：机械工业出版社，2019.

[4] 方昆凡. 公差与配合速查手册 [M]. 北京：机械工业出版社，2012.

[5] 魏斯亮，李时骏. 互换性与技术测量 [M]. 2 版. 北京：北京理工大学出版社，2009.

[6] 万书亭. 互换性与技术测量 [M]. 2 版. 北京：电子工业出版社，2012.

[7] 费业泰. 误差理论与数据处理 [M]. 6 版. 北京：机械工业出版社，2010.

[8] 廖念钊. 互换性与测量技术基础 [M]. 3 版. 北京：中国计量出版社，2002.

[9] 闻邦椿. 机械设计手册：第 1 卷 [M]. 5 版. 北京：机械工业出版社，2010.

[10] 闻邦椿. 机械设计手册：第 2 卷 [M]. 5 版. 北京：机械工业出版社，2010.

[11] 闻邦椿. 机械设计手册：第 3 卷 [M]. 5 版. 北京：机械工业出版社，2010.

[12] 何贡，顾励生. 机械精度设计图例及解说 [M]. 北京：中国计量出版社，2005.